# 초등어휘력이 공부력이다

# 초등 어휘력이 공부력이다

**초판 발행** 2021년 11월 25일

**지은이** 박명선 / **펴낸이** 김태헌
**총괄** 임규근 / **책임편집** 권형숙 / **기획편집** 김희정 / **교정교열** 박정수 / **디자인** 디박스
**영업** 문윤식, 조유미 / **마케팅** 신우섭, 손희정, 박수미 / **제작** 박성우, 김정우

**펴낸곳** 한빛라이프 / **주소** 서울시 서대문구 연희로 2길 62 한빛빌딩
**전화** 02-336-7129 / **팩스** 02-325-6300
**등록** 2013년 11월 14일 제25100 – 2017-000059호 / **ISBN** 979-11-90846-27-1 13590

한빛라이프는 한빛미디어(주)의 실용 브랜드로 우리의 일상을 환히 비추는 책을 펴냅니다.
이 책에 대한 의견이나 오탈자 및 잘못된 내용에 대한 수정 정보는 한빛미디어(주)의 홈페이지나 아래 이메일로
알려주십시오. 잘못된 책은 구입하신 서점에서 교환해 드립니다. 책값은 뒤표지에 표시되어 있습니다.

한빛미디어 홈페이지 www.hanbit.co.kr / 이메일 ask_life@hanbit.co.kr
한빛라이프 페이스북 facebook.com/goodtipstoknow / 포스트 post.naver.com/hanbitstory

지금 하지 않으면 할 수 없는 일이 있습니다.
책으로 펴내고 싶은 아이디어나 원고를 메일(writer@hanbit.co.kr)로 보내 주세요.
한빛라이프는 여러분의 소중한 경험과 지식을 기다리고 있습니다.

책만 읽다 손해 보는 아이들을 위한
문해력 성장 수업

# 초등 어휘력이
# 공부력이다

박명선 지음

한빛라이프

# 어휘력, 세상을 올바르게 이해하는 힘

"선생님, '세시 풍속'이 무슨 뜻이에요?"

수업을 하다 보면 아이들이 묻는 단어의 뜻을 일일이 설명하느라 꽤 많은 시간을 보냅니다. 교과서에 뜻풀이가 잘 나와있지만 어려운가 싶어 더 쉽게 풀어서 설명해주는데, 설명 속에 나오는 단어 뜻을 또 몰라 갸우뚱하는 아이들이 많습니다.

꽤 많은 아이가 제 학년 교과서를 제대로 읽지 못합니다. 설명이 부족한가 싶어 더 쉽게 풀어도 보고, 관심을 가질 만한 자료를 가져와 설명을 덧붙여도 봤지만 늘 제자리였습니다. 설마 하는 마음에 교과서 지문을 읽을 때 모르는 단어를 표시하게 한 후 뜻을 짐작하게 했습니다. 이어서 사전에서 찾아보게 한 다음 읽게 했더니 내용을 어렵지 않게 이해하는 겁니다. 맞습니다. 제 부족한 설명 탓도, 아이들의 이해력 탓도 아니었습니다. 문제는 '어휘력'이었습니다.

어휘력은 공부할 때도 중요하지만 일상생활을 할 때 더 중요합니다. 여러 아이가 함께 지내는 교실이다 보니 종종 언쟁이나 다툼이 일어납니다. 그럴 때마다 언쟁이 왜 벌어졌고, 어떻게 다툼으로 번졌고, 각 아이의 입장은 어떤지 스스로 이야기하게 하는데 많은 아이들이 씩씩대기만 할 뿐 제대로 말을 하지 못합니다. 아무리 억울하고 속상해도 말로 표현하지 않으면 선생님은 물론 누구라도 속속들이 알아차리지 못합니다.

이처럼 어휘력은 학습을 위한 핵심 도구이자 일상생활을 하는 데 필요한 기본 도구입니다. 그렇게 아이들은 어휘로 구현되는 말과 글로 그동안 알지 못했던 세상과 사람을 만나고, 소통하고, 공감하며 살아갑니다. 어휘력이라는 단단하고 풍부한 도구가 있으면 세상이 변해도 새로운 내용을 더 쉽게 이해하고 받아들일 수 있습니다. 마찬가지로 낯선 사람을 만나도 내 생각을 훨씬 더 편하게 전달할 수 있고 수월하게 상대방의 생각을 받아들이며 교류할 수 있습니다.

이 책에는 말발 좋은 아이나 수려한 글을 쓰는 아이로 자라게 하는 방법이 담겨 있지 않습니다. 다만 '내 생각과 감정이 무엇인지 정확하게 알고, 바르게 표현하며, 새로운 글을 만나도 두려워하지 않고 호기심 어린 눈으로 읽어나갈 수 있도록' 돕는 다양한 방법이 가득 담겨 있습니다.

혹시 아이 글이 매번 '참 좋았다', '즐거웠다', '재미있었다'로 마무리되는 게 걱정인가요? 교과서나 책을 읽으면서 모르는 단어가 너무 많아 무슨 말인지 모르겠다며 안 읽겠다고 투정을 부리나요? 평소 '헐', '대박', '쩐다' 같은 몇 개 단어만으로 대화를 이어가나요? 그렇다면 아이의 어휘력을 짚어주셔야 할 때입니다. 아이의 생각과 감정은 그렇게 간단하지 않기 때문입니다. 훨씬 다양하고 풍부한 어휘를 만날 수 있도록 돕고, 그 어휘를 온전히 내 것으로 만들 수 있도록 단단하게 다지는 방법을 알려드리겠습니다. 믿고 따라와주세요.

이 책은 총 6장으로 구성되어 있습니다. 1장에서는 어휘력이 부족한 아이들에게 생길 수 있는 다양한 문제를 16년 교실 경험에 비추어 생생하게 전해드립니다. 2~5장에서는 아이들의 어휘력을 향상할 수 있는 방법을 소개합니다. 먼저 2~3장에서는 보고 듣고 읽기, 즉 수용 언어를 통한 어휘력 증강법을 다룹니다. 일상에서 아이들이 보고 듣고 읽는 말의 '양'이 부족하지 않은데도 좀처럼 어휘력이 늘지 않는 이유를 짚어보고, 어떻게 하면 의미 있는 수용 언어의 양을 늘릴 수 있을지 이야기합니다. 4~5장에서는 말하고 쓰기, 즉 표현 언어를 통한 어휘력 향상법을 다룹니다. 아이가 자신의 감정과 생각을 잘 표현하여 말하고 질문하는 방법, 글로 자기만의 생각을 표현하는 것을 즐길 수 있는 방법에 대해 이야기합니다. 6장에서는 한자, 사자성어, 속담, 맞춤법, 문법을 통해 아이의 어휘를 더 매끄럽고 빛나게 하는 방법을 다룹니다. 순서대로 읽어도 좋지만, 유독 관심이 가는 주제가 있다면 해당 내용을 먼저 읽어도 괜찮습니다.

따뜻한 말 한마디가 나를 일으켜 세울 때가 있습니다. 책 속 한 구절이 나를 다독이며 깊은 슬픔에서 건져 올리기도 합니다. 우연히 들은 노랫말이 힘을 주고 희망의 씨앗을 틔우기도 합니다. 우리 아이들이 따뜻하고 진중한 말로 생각과 마음을 전할 수 있길, 글로 위로받고 기쁨을 얻고 길을 찾길, 또 그런 글을 써내며 행복해하길 바랍니다. 더불어 이 책에 담은 제 글 중 어느 한 구절이라도 누군가에게는 의미 있게 다가가길 간절히 바랍니다. 고맙습니다.

# 차례

# 1장 / 초등 어휘력이 공부력이다

어휘력이
사고력이다

01

# 내 아이의
# 어휘력 점수는?

교실은 항상 아이들 이야기 소리로 가득 찹니다. 중간중간 웃음 소리도 끊이지 않습니다. 초임 시절에는 이런 교실 분위기가 정신을 차릴 수 없을 만큼 어수선해 보였는데, 지금은 오히려 싱그럽고 활기 차게 느껴져 기분이 좋아집니다. 사실 조용하면 아이들이 아니지요.

저학년 담임에게는 쉬는 시간이 없습니다. 아이들은 등교하자마 자 가방을 벗어 던지고 다가와 이런저런 이야기를 쏟아냅니다. 아침 에 뭘 먹었고 등교하며 뭘 보았는지, 어제 집에 무슨 일이 있었는지 등을 끊임없이 재잘대고 친구, 동생, 부모님, 옆집 아이 이야기까지 소재는 끝도 없습니다.

다음 수업을 준비하느라 바쁜데 너도나도 이야기를 쏟아내는 바람에 건성으로 대답할 때도 있습니다. 그럴 때면 아이들은 바로 알아채고 "선생님, 제 이야기 잘 듣고 있어요?"라며 입을 삐죽거립니다. 얼른 미안하다고 사과하면 금세 마음을 푸는 아이들입니다.

## 생활이 편해지는 어휘력

사람은 누구나 자신을 표현하며 타인과 소통하고 싶고 공감받고 싶어 합니다. 아이들은 더합니다. 그래서 말이 많건 적건, 능숙하건 서툴건, 재미있건 지루하건 어쨌든 아이들은 누군가에게 이야기를 합니다.

교실에서는 매일매일 사건이 일어납니다. 모든 아이를 하루 종일 지켜보는 게 아니다 보니 아이들 입을 통해 상황을 전해 들어야 할 때도 있습니다. 그럴 땐 정말 연극을 보듯 다양한 캐릭터가 등장합니다. 스포츠 중계하는 캐스터처럼 앞서 벌어진 상황을 지금 눈앞에 펼쳐진 것처럼 생생하게 전하는 아이가 있습니다. 해설가처럼 상황을 정리하고 평가하는 아이도 있습니다.

반면 정작 내가 겪은 일인데도 머릿속에 담긴 장면, 생각, 마음을 적절히 표현하지 못해 버벅대거나 엉뚱한 말을 내뱉는 아이도 있습니다. 그걸 보다 못한 다른 아이가 대신 말을 해주기도 합니다. 그제

서야 고개를 끄덕이며 "내가 하고 싶은 말이 이 말이에요" 하고 넘어가기도 하지만 "아, 그게 아니고, 그러니까, 그게 아니라고~"라며 답답해하면서도 정작 자신의 말로는 상황을 제대로 설명하지 못하기도 합니다.

가벼운 사건이야 웃고 넘기지만 그렇지 못할 때도 있습니다. 그럴 때마다 상황을 제대로 설명하지 못하고 생각을 정확히 표현하지 못해 오해를 키우는 아이도 있습니다. 잘 설명하면 넘어갈 일을 엉뚱한 소리를 해서 다른 아이들에게 질타를 받기도 합니다. 이 상황이 답답하고 억울해 불쑥 화를 내는 아이도 있고요. 교사가 조정하려 애쓰지만 늘 쉽지는 않습니다.

흔히 어휘력 하면 공부를 떠올리지만 생활이 먼저입니다. 어휘력이 부족하면 당장 아이들은 생활하기가 불편합니다. 주고받는 말을 이해하지 못해 답답하고, 의도와 다른 말을 내뱉어 오해를 쌓기도 하니까요. 그런 생활이 쌓이면 아이는 너무 힘듭니다. 아이들의 어휘력에 신경 써야 하는 첫 번째 이유입니다.

## 수업이 즐거워지는 어휘력

말과 글이 어휘력과 별개로 보일 때도 있습니다. 어휘 수준이 비슷해도 말과 글이 유창한 아이가 있는가 하면 어눌한 아이도 있으니까요. 남 앞에 서는 게 익숙지 않거나 수줍음이 많은 아이들 중에 글은 유창해도 말은 어눌한 경우도 있고요.

하지만 수업을 해보면 어휘력과 말과 글의 수준이 비례하는 걸 알 수 있습니다. 수업에서는 상황, 생각, 감정을 자신이 아는 어휘로 정확하게 표현해야 하는 순간이 많으니까요. 말수가 적은 아이도 잘 아는 내용 앞에서는 거침없이 말을 쏟아냅니다. 반대로 말수가 많은 아이도 모르는 내용 앞에서는 입을 다물 수밖에 없습니다.

학교는 아이들이 친구들과 신나게 노는 공간이자 즐겁게 배우는 공간이 되어야 합니다. 즐겁게 배우는 공간이 되려면 수업 시간이 즐거워야 합니다. 수업 시간 내내 무슨 말인지 이해하지 못해 멍하니 있거나 입을 다물어야 한다면 그 시간이 즐거울 리 없습니다.

쉬는 시간이나 예체능 과목 시간만큼 국영수사과 주요 과목의 수업 시간도 즐거워야 합니다. 적어도 불편하지는 않아야 합니다. 그러자면 자신의 생각을 바르고 정확하게 말할 수 있어야 합니다. 바르고 정확하게 말하는 기틀은 어휘력입니다. 어휘력을 강조하는 두 번째 이유입니다.

꼭 수업 때문만은 아닙니다. 요즘 초등학교는 숙제를 없애고 시험을 줄이는 분위기입니다. 그래도 아이들은 숙제를 잘하고 싶어 하고 시험을 잘 보고 싶어 합니다. 그런데 어휘력이 달리면 숙제도 시험도 쉽지 않습니다. 저학년 때는 드러나지 않다가 3학년만 되어도 어휘력 격차가 눈에 띄게 벌어집니다. 숙제와 시험이 점점 힘들고 어려워지는 시기입니다. 그러다 보면 공부와 점점 멀어집니다.

## 정확히 알고 제대로 써야 어휘력

국어사전에서 어휘는 "어떤 일정한 범위 안에서 쓰이는 단어의 수효 또는 단어 전체", "어떤 종류의 말을 간단한 설명을 붙여 순서대로 모아 적어놓은 글"이라고 나옵니다. 실생활에서는 좁혀서 단어의 의미로 쓰기도 하고, 넓혀서 구句를 포괄해 쓰기도 합니다. 이 책에서는 두 가지 의미를 혼용해서 사용하겠습니다.

국어사전에서 어휘력은 "어휘를 마음대로 부리어 쓸 수 있는 능력"이라고 나옵니다. 마음대로 부리려면 정확한 뜻을 이해해서 적절하게 사용하고 활용할 수 있어야 합니다. 흔히 '어휘를 안다'고 하면 들어본 적이 있는 어휘라고 착각하기 쉬운데 그건 아는 게 아닙니다. 정확한 뜻을 모른 채 어림짐작으로 쓰는 어휘, 들어본 적은 있지만 막상 쓰려고 하면 혀끝에서 맴돌다 끝내 생각나지 않는 어휘는 아는 어휘가 아닙니다. 아는 것 같지만 실제로 말하거나 글로 쓸 때 활용하지 못하는 어휘는 결국 모르는 어휘와 같습니다.

아이들에게 "대충 아는 건 모르느니만 못하다"라는 말을 자주 합니다. 모르거나 헷갈리는 게 무엇인지만 알면 찾아서 배우거나 바로잡을 수 있지만, 대충 알면 '안다고' 착각하기 쉽습니다. 착각하는 순간 새로 배우거나 바로잡을 기회는 사라집니다.

'제대로' 아는 것과 '대충' 아는 것을 어떻게 구분할 수 있을까요? 간단합니다. 입으로 내뱉을 수 있어야 제대로 아는 겁니다.

아이가 새로운 어휘나 조금 어려운 어휘를 내뱉으면 "오! 그런 말도 알아? 꽤 어려운 말인데 굉장하다"라고 반응해줍니다. 그러면 아이들은 대개 으쓱합니다. "무슨 뜻인지 알려줄 수 있어?"라고 하면 아이는 알고 있는 뜻을 말합니다. 그럴 때 뜻을 덧붙여서 보강해주거나 바로잡아주면 좋습니다. 확인하는 차원에서 "그 어휘는 어떨 때 써볼 수 있을까? 나는 이렇게 써볼 수 있을 것 같아"라고 먼저 예를 들어주면 좋습니다. 그러면 아이도 한 가지 정도는 예를 만들어서 보여줍니다. 제대로 활용했다면 그 어휘는 드디어 아이의 진짜 어휘가 됩니다.

아이가 평소 내뱉은 어휘 또는 글로 쓴 어휘에 관심을 가져주세요. 그리고 반응해주세요. 초등 아이들의 어휘를 늘리는 가장 바르고 확실한 방법은 '관심과 반응'입니다. 아이가 사춘기에 접어들면 하려야 할 수 없는 일입니다. 할 수 있을 때 해줘야 할 일입니다. 간혹 '관심'을 보이고 '반응'하라고 했는데 '평가'를 하는 부모님이 있습니다. 얼마나 아는지 알아보고 싶은 마음이 앞서면 안 하느니만 못합니다.

## 어휘력 격차가 벌어지는 결정적 시기

우리는 아이들에게 영어 단어를 외우듯 국어 단어를 외우게 하지 않습니다. 모국어이기 때문이죠. 아기가 처음 말을 내뱉듯 자연스럽게 생활하면서 보고 들으며 익힐 수 있다고 여깁니다. 그런데 교실에서 아이들을 자세히 살펴보면 자연스럽지 못한 광경이 눈에 들어옵니다.

똑같은 3학년 아이들인데 어떤 아이는 갓 입학한 아이처럼 말하고 쓰는가 하면, 어떤 아이는 6학년 아이처럼 말하고 씁니다. 이렇게 말하면 부모님들은 궁금할 겁니다. 도대체 그 수준이 어느 정도인지 말입니다. 우리 아이가 어느 정도인지 알아야 도움을 줄 수 있으니까요.

아쉽게도 우리나라에는 아직 한글 어휘를 평가할 수 있는 공식적이고 등급화된 기준이 없습니다. 다만 연구는 꾸준히 진행되고 있습니다. 그중 하나가 2003년에 김광해 선생님이 발표한 〈국어교육용 어휘와 한국어 교육용 어휘〉입니다. 이 연구에서는 총 237,990개 어휘를 교육적 중요도에 따라 총 7등급으로 나눴는데, ㈜낱말에서 9등급 체계로 보완했습니다. 표로 정리하면 오른쪽과 같습니다.

1등급에 등장하는 기초 어휘는 일상생활에서 사용 빈도가 높은 어휘입니다. 초등학교에 입학하기 전에 사용하는 어휘 수준입니다. 초등학교 3~4학년 때는 새로 배우는 어휘가 7,736개고 누적 어휘가 13,474개에 이릅니다. 중학교를 졸업하면 어휘가 4만 개가량으로 늘어나 있어야 합니다.

보통 성인이 사용하는 어휘가 2만 개에서 10만 개 사이입니다. 초등 고학년만 돼도 초급 성인 수준에 이르고, 중학생만 돼도 성인 평

| 어휘 등급 | 어휘량 | 누적 어휘량 | 개념 |
|---|---|---|---|
| 1등급 | 1,675 | 1,675 | 기초 어휘 |
| 2등급 | 4,063 | 5,738 | 초등 1~2학년 |
| 3등급 | 7,736 | 13,474 | 초등 3~4학년 |
| 4등급 | 8,753 | 22,227 | 초등 5~6학년 |
| 5등급 | 9,697 | 31,924 | 중등 1~2학년 |
| 6등급 | 11,552 | 43,476 | 중등 3학년~고등 1학년 |
| 7등급 | 16,528 | 60,004 | 고등 2~3학년 |
| 8등급 | 52,987 | 112,991 | 저빈도어, 대학 이상 전문어 |
| 9등급 | 106,615 | 219,606 | 누락어, 분야별 전문어 |
| 등급 외 | 253,109 | 472,715 | - |
| 전체 | 472,715 | 472,715 | - |
| 등급 표시 | - | 279,606 | - |

9등급 어휘 체계 (출처: 〈국어 기초 어휘 선정 및 어휘 등급화를 위한 기초 연구〉 이삼형, 2017, 국립국어원)

균 수준에 다다른다는 말입니다. 문제는 아이들이 제 나이에 배워야 할 새로운 어휘를 제때 제대로 배우지 못하고 있다는 겁니다. 당장 아이와 매일 부대끼는 부모라면 실감할 겁니다. 교육 현장에 있는 교사들은 아이들의 어휘력 부족이 하루가 다르게 심각해지고 있다는 걸 느낍니다. 코로나19로 더욱 부각된 면이 있지만 '빈어증' 세대라고 표현하기까지 합니다.

어휘력 격차는 저학년 시기에는 나타나지 않다가 중학년 시기에 확연히 드러납니다. 교과서를 읽을 때, 선생님의 수업을 들을 때, 평가지를 받아 풀 때, 글을 읽긴 읽는데 내용을 이해하지 못하는 아이가 부쩍 늡니다. 교과서와 시험지에 등장하는 단어 뜻을 모르니 문장을 읽어도 의미를 이해하지 못하는 겁니다.

어휘력 격차가 중학년 시기에 드러나는 이유가 있습니다. 첫째, 교과서가 확 달라집니다. 1·2학년 교과서는 글 비중이 낮은 데다 그림만 보고도 활동 내용을 파악할 수 있게 구성되어 있습니다. 그런데 3학년에 올라가면 사회, 과학, 음악, 미술 등 교과서 종류가 늘고 내용과 수준이 확 올라갑니다. 그림 비중이 줄어 글을 읽지 않고는 내용을 이해할 수 없습니다. 어휘 역시 두 배 가까이 늘어나는데 이때 제대로 짚고 넘어가지 않으면 격차는 점점 더 벌어집니다.

둘째, 중학년 시기가 어휘력을 높이는 결정적 시기이기 때문입니다. 결정적 시기는 '특정 종류의 행동 및 체계를 습득할 가능성이 특별히 높은 기간'을 말합니다. 즉, 어휘력을 높일 수 있는 가장 중요하고도 효과적인 시기입니다.

물론 현실에서는 이 시기를 넘겨도 충분히 어휘력을 높일 수 있습니다. 다만 이 시기를 넘기면 더디고, 힘들고, 어려워집니다. 이 시기에 어휘를 제대로 습득하는 아이와 그렇지 않은 아이의 격차는 점점 벌어져 따라잡기가 쉽지 않습니다. 즉, 중학년은 어휘력을 향상하기에 가장 좋은 시기지만 어휘력 격차가 심하게 벌어지는 시기이기도 한 셈입니다.

어휘력은 문제없는데 남자아이라 더뎌서, 12월생이라 늦돼서, 수줍음이 많아서라고 여길 수 있습니다. 충분히 그럴 수 있습니다. 하지만 인간이라면 누구나 표현하고 싶은 욕구가 있습니다. 말이 아니라면 글로, 글이 아니면 그림으로, 또 다른 무엇으로 어떻게든 자신을 표현합니다. 무엇이든 어떻게든 표현하고 있다면 안심이지만 이왕이면 말과 글로 표현할 수 있도록 부모님이 옆에서 도와주세요. 지금부터 도울 수 있는 방법을 하나씩 소개하겠습니다.

# 수업과 교과서를
# 먼저 잡아라

사회 5학년 1학기 1단원 '국토와 우리 생활'을 수업할 때였습니다. 14쪽 첫 문장으로 "한 나라의 영역은 그 나라의 주권이 미치는 범위를 말하며 영토, 영해, 영공으로 이루어진다."가 등장합니다.

> 한 나라의 영역은 그 나라의 주권이 미치는 범위를 말하며 영토, 영해, 영공으로 이루어진다. 영토는 땅, 영해는 바다, 영공은 하늘에서의 영역이다. 우리나라의 영역에는 우리 주권이 미치기 때문에 다른 나라가 함부로 들어올 수 없다.
>
> ✿ **주권**
> 다른 나라의 간섭 없이 나라의 중요한 일을 스스로 결정하는 권리.

사회 5학년 1학기 1단원 '국토와 우리 생활' 중에서 친절하게도 핵심 단어인 '주권'에 별표가 붙어있고, 오른쪽 노란색 네모 상자에 "주권: 다른 나라의 간섭 없이 나라의 중요한 일을 스스로 결정하는 권리."라고 뜻이 적혀 있습니다. 게다가 '영토, 영해, 영공' 같은 한자어는 '주권이 미치는 땅, 바다, 하늘'이라며 다음 문장에서 바로 부연 설명을 합니다. 찬찬히 읽어보면 어렵지 않아 보이는데 아이들은 몇 번을 다시 읽고도 이해하지 못합니다.

바로 이어서 이해를 돕는 시각 자료가 등장하고, 영해는 "기준선으로부터 12해리"인데 "동해안은 썰물일 때의 해안선을 기준"으로 한다는 문장이 나옵니다.

사회 5학년 1학기 1단원 '국토와 우리 생활' 중에서

이때 아이들에게 "'썰물'은 물이 들어올 때야, 빠질 때야?"라고 물어봅니다. 물이 들어올 때라고 말하는 아이도 제법 많고, 우물쭈물 대답하지 못하는 아이도 보입니다.

앞서 본 교과서는 5학년이 된 아이들이 두세 번째 사회 수업 시간에 보게 될 내용입니다. 낯선 학년, 교실, 선생님, 친구들과 함께여서 조금 긴장하지만 잘해보겠다는 의지가 충만할 때입니다. 그런데 교과서 내용이 무슨 의미인지 모르니 당황합니다. 그러면 잘해보겠다는 의지가 금세 꺾입니다. 저학년 아이들은 "무슨 말인지 도대체 모르겠어요"라고 용감하게 외치지만, 고학년은 조금 다릅니다. '무슨 말이지?', '나만 모르나?', '물어봐야 하나?' 갸웃거리다 수업을 마칩니다.

## 어휘를 알아야 수업을 듣는다

사회 교과서에 낯선 어휘가 유독 많이 등장하지만, 다른 과목이라고 크게 다르지 않습니다. 어휘가 그나마 덜 나올 법한 수학도 마찬가지입니다. 수학 5학년 1학기 2단원에 '약수와 배수'가 나옵니다. '약수, 배수, 공배수, 공약수' 등 새로운 개념 어휘가 등장하지만 활동이 연계된 수업이라 어휘 때문에 골치를 앓지는 않습니다.

문제는 해당 단원을 마무리하는 '탐구 수학'에서 등장합니다. 부모님들이 '문장제 수학', '사고력 수학', '창의융합 수학'으로 알고 있는 영역입니다. '십간십이지 표'를 보고 규칙을 찾는 활동인데, 아이들은 간지가 무슨 뜻인지 몰라 빈칸에 글자를 적지 못합니다. 분명 교과서에 '십간십이지'와 반복되는 규칙에 대해 자세히 설명되어 있는데도 말입니다. 일단 낯선 단어가 줄지어 등장하니 덜컥 겁을 내며 읽고 이해하는 걸 포기합니다.

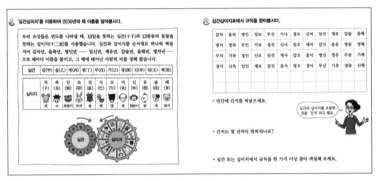

수학 5학년 1학기 2단원 '약수와 배수' 중에서

　국어 시간에는 시에 등장하는 장면을 '무언극'으로 표현하라고 하고, 과학 시간에는 실험 계획을 세우면서 '변인 통제'가 중요하다고 하는데 이건 도통 무슨 말인가 싶습니다. 하루 수업이 이렇게 흘러가면 교과서는 아이들에게 외계어 대잔치로 보입니다. 이런 이유로 예습과 복습을 강조하지만 방과 후에 교과서를 곱씹어보며 모르거나 헷갈리는 어휘를 찾아보고 뜻을 이해하려고 노력하는 아이는 드뭅니다. 숙제하고 학원에 다녀오거나 친구들과 놀고 조금 쉬고 나면 밥 먹고 잘 시간이기 때문입니다.

　그렇게 다음 날 학교에 와서 수업을 듣습니다. 새로운 어휘는 여전히 낯설어 이해하기 어렵고, 지난번에 배운 어휘는 대충 넘어간 상태라 점점 더 모르는 어휘가 늘어납니다. 점점 더 교과서와 수업이 멀어집니다. 배움에 대한 설렘과 잘하고 싶었던 의욕이 서서히 사라지고 수업 시간에 차츰 소외됩니다.

수업 시간을 그렇게 흘려보내면 학원을 아무리 열심히 다녀도 성적이 오르지 않습니다. 그런 날이 쌓이면 "나는 공부를 못해요", "저는 공포자예요"라고 서슴없이 말합니다. 지금 못해도 할 수 있다는 의지만 있으면 언제든 회복할 수 있는 게 공부입니다. 하지만 미리 포기하고 무기력하면 답이 없습니다.

## 모든 공부의 시작은 어휘다

아이들은 누구나 시험에서 좋은 점수를 받고 싶어 하고 학교에서 잘하고 싶어 합니다. '나는 정말 공부를 잘하고 싶지 않다'라고 생각하는 아이는 없습니다. 아이가 새로운 것을 배울 때 반짝이던 눈과 호기심으로 질문이 끊이지 않던 모습을 떠올려보세요. 아이들은 잘하기 위해 최선을 다하고, 실패하고 좌절하기도 하지만 그걸 딛고 성공하여 성취감을 쌓아 올립니다. 그게 아이를 자라게 하는 힘입니다.

새로운 걸 받아들이고 배우려면 글(말)을 읽고(듣고) 이해하는 일이 선행되어야 합니다. 유난히 글귀(말귀)가 어두운 아이가 있습니다. 흔히 눈치가 없어서라고 여기는데 그보다는 글을 읽고 해석하는 능력

(말을 듣고 이해하는 능력), 즉 문해력이 떨어져서입니다. 여기서 한 발 더 들어가보면 글에 포함된 '어휘'의 뜻을 정확히 몰라서입니다.

'어휘력'은 '문해력'의 기초이며 모든 학습의 기초입니다. 국어 과목 이외에도 수학에서 긴 서술형 문제를 풀거나 풀이를 설명해야 할 때, 과학에서 '생태계', '순환', '전도' 같은 개념을 새로 배워야 할 때, 음악에서 '당김음', '아니리', '토리' 같은 이론을 공부해야 할 때 등 어떤 과목에서 어떤 내용을 배우더라도 새로운 어휘를 먼저 익혀야 합니다. 그래야 글을 이해할 수 있고, 긴 글도 거침없이 읽어나갈 수 있습니다.

## 교과서 어휘는 핵심이다

제 학년에 제대로 익힌 어휘는 탄탄한 공부 발판을 만들지만, 허술하게 익힌 어휘는 다음 공부로 나아가지 못하게 번번이 발목을 잡습니다.

아이들이 교과서를 이해하기 위해 꼭 알아야 하는 어휘를 '학습 도구어Academic Vocabulary'라고 합니다(《국어 사고 도구어 교육 연구》 신명선, 서울대학교, 2003). 학습 도구어는 대화나 일상에서 사용되는 어휘와 구별됩니다. 적어도 제 학년 교과서에 나오는 학습 도구어만큼은 충분히 숙지해야 해당 학년 교과서를 읽고 이해할 수 있습니다.

2021년 EBS에서 방송한 〈당신의 문해력〉을 보면 현재 중학교 3

학년 국어, 사회, 과학 교과서에 나오는 약 24,000개 어휘 중 학습 도구어가 2,440개라고 나옵니다.

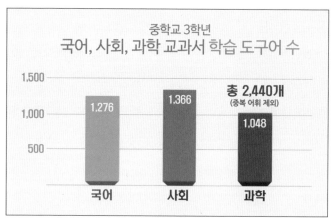

EBS <당신의 문해력> 중에서

교과서에 나오는 어휘를 전부 익히지는 못해도 핵심이라 불리는 학습 도구어는 꼭 알고 넘어가야 합니다. 초등 교과서에 나온 학습 도구어의 갯수를 조사한 결과가 없지만 중등의 학습 도구어보다는 훨씬 적을 것입니다. 그런데도 학습 도구어를 제대로 알지 못한 채 다음 학년으로 올라가는 아이들이 많습니다. 누락된 학습 도구어만큼 교과서 내용을 이해하지 못하고, 그 상태로 시험을 보니 좋은 점수가 나올 리 없습니다.

이쯤 되면 "학습 도구어를 어떻게 찾아서 익히는 거죠?"라는 질문이 떠오를 겁니다. 이 질문에 "아이의 교과서를 펼쳐보면 어렵지 않게 알 수 있을 거예요"라고 답합니다. 무슨 소린가 싶어 아이들의 교과서를 들춰본 부모님들은 깜짝 놀랍니다. 학창 시절에 봤던 교과서와 너무 달라 놀라고, 바뀐 교과서가 너무 친절해서 또 한 번 놀랍니다. 전과를 굳이 사라고 하지 않는 이유를 바로 알 수 있습니다.

앞서 말한 '주권'이라는 어휘도 교과서를 이해하는 데 꼭 필요한 학습 도구어입니다. 그래서 노란색 상자 안에 뜻을 풀어 설명해놓은 것입니다. 이처럼 교과서에는 학습 도구어를 따로 표시하여 아이들이 쉽게 이해할 수 있도록 돕고 있습니다. 귀여운 캐릭터가 나와 말을 해주기도 하고, 상자에 담아서 구분하기도 하고, 글자를 굵게 표시하거나 색을 달리해서 눈에 띄게 하기도 합니다.

즉, 초등 공부는 교과서에 등장하는 학습 도구어를 찾아 표시하고 그걸 읽고 이해한 다음, 교과서 내용을 읽는 것부터 시작해야 합니

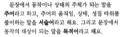

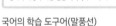

국어의 학습 도구어(말풍선)

수학의 학습 도구어(상자와 다른 색 글씨)

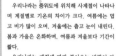

사회의 학습 도구어(굵은 글씨와 노란색 상자)

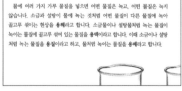

과학의 학습 도구어(굵은 글씨)

다. 그것만으로 부족할 순 있지만 그보다 우선할 공부는 없습니다.

## 어휘력이 성적을 좌우한다

모든 공부의 기본은 듣기, 읽기, 말하기, 쓰기입니다. 이 중 듣기와 읽기는 성적과 매우 밀접합니다. 수행 평가 비중이 높아지면서 말하기와 쓰기 같은 출력에도 관심이 늘고 있지만, 여전히 듣기와 읽기 같은 입력, 그중에서도 책을 잘 읽고, 잘 이해하고, 잘 해석하는지 판가름하는 문해력이 공부의 핵심입니다.

문해력의 발판에는 어휘력이 단단히 자리 잡고 있습니다. 어휘력이 낮은데 문해력이 높을 수는 없습니다. 당연합니다. 글 속에 포함된 어휘의 뜻을 모르는데 전체 글을 이해할 순 없으니까요. 초등 시기에는 더합니다. 성인이야 이미 알고 있는 어휘가 많고 배경지식도 풍부해 새로운 어휘를 만나도 앞뒤 문맥을 통해 뜻을 쉽게 유추합니다.

반면 초등 아이는 아는 어휘도 많지 않고 배경지식도 얕은 데다 앞뒤 문맥을 파악하는 게 서툴러 유추가 힘듭니다. 이야기책이라면 흐름이 중요하므로 모르는 어휘가 나와도 재미를 잃지 않는 선에서 넘어가도 괜찮지만 공부할 때는 안 됩니다. 모르는 어휘가 보이면 확인하고 이해하는 습관을 들여야 합니다. 그래야 교과서를 이해할 수 있고 수업과 시험에서 묻는 내용을 이해할 수 있습니다.

아직 초등학생입니다. 부모님이 생각하는 것 이상으로 많은 아이들이 여전히 수업 시간에 초롱초롱한 눈빛을 보내고, 새로운 것을 배우고 나면 뿌듯해합니다. 그 마음만으로도 어휘력 격차는 충분히 메워질 수 있습니다. 어휘력은 선천적 언어 능력이 아닌 후천적 학습 능력이 더 크게 좌우하기 때문입니다. 게다가 앞에서도 말했지만, 지금이 가장 많은 어휘를 가장 쉽게 받아들이고 가장 효율적으로 학습할 수 있는 때입니다. 아이들이 수업에서 소외되지 않도록 어휘 그릇을 키우는 데 신경 써야 하는 이유입니다.

# 03

## 어휘력은 소통력이다

국어과 교육과정에서 의사소통 역량이란 "음성 언어, 문자 언어, 기호와 매체 등을 활용하여 생각과 느낌, 경험을 표현하거나 이해하면서 의미를 구성하고 자아와 타인, 세계의 관계를 점검·조정하는 능력"이라고 나옵니다. 자아와 타인, 세계의 관계를 점검하고 조정할 수 있으려면 공감력·사고력·판단력·문제해결력이 바탕이 되어야 합니다. 이때 그 수단이 되는 음성 언어와 문자 언어를 잘 활용해야 하는데, 그러려면 어휘력이 기반이 되어야 합니다. 의사소통 역량 역시 시작은 어휘력입니다.

# 다의어를 모르는 아이들

　교실에서 초등 아이들과 아무리 오래 함께 지냈어도 저는 어른입니다. 아이들의 언어를 이해해도 결국 내뱉는 말은 어른의 언어입니다. 그러다 보니 아이들과 소통하는 데 문제가 생기기도 합니다. 대개 웃고 넘길 일이지만 잦아지니 '이래도 괜찮나?' 싶기도 합니다.

　몇 해 전 우리 반에는 넉살맞기로 소문난 태희라는 아이가 있었습니다. 옆 반에 학습지를 전달하라고 부탁하면 그 반 학생 모두와 악수를 하고 오고, 학교에 잠깐 방문한 친구 어머니에게도 반갑게 인사하는 아이입니다. 복도를 청소해주시는 분에게도 꾸벅 인사하며 안부를 나누는 모습을 보곤 "너는 참 발이 넓어"라고 말했더니, 대뜸 "아닌데요, 저 발 작아요"라고 항변하는 겁니다. 순간 어안이 벙벙했지만 자주 있는 일이라 "선생님이 말한 '발이 넓다'는 건 발 치수가 아니라 '아는 사람이 많다'라는 뜻이야"라고 말해줍니다.

　사회 수업에서 강설량을 이야기하며 "선생님이 강릉에 살 때는 3월에도 폭설이 내려서 눈이 허리까지 찼어"라고 말하니 "선생님, 어떻게 눈이 허리를 차요?"라고 묻습니다. "그 뜻이 아니고 눈이 허리까지 닿았다고"라고 풀어줬더니 "그런데 왜 찼다고 해요?"라며 항변합니다. 아이들은 '차다'라는 단어의 뜻을 '공을 차다'와 같이 어떤 사물을 발로 차는 동작으로만 알고 있을 뿐 이 단어에 '어떤 높이나 한도에 이르는 상태가 되다'라는 뜻도 있다는 것을 몰랐기에 의아한 겁니다.

# 몰라도 묻지 않는 아이들

'발이 넓다'라는 어휘나 '눈이 ~까지 차다'라는 어휘를 모르면 오고 가는 대화가 통하지 않고 오해가 생길 수 있습니다. '선생님은 왜 내 발이 크지 않은데 크다고 하시는 걸까?'라거나 '눈이 허리를 찬다고? 눈을 발로 차신 거 아닐까?'라는 오해죠.

물론 이런 오해는 귀여운 편입니다. 모르는 어휘나 이해되지 않는 어휘가 나올 때 무슨 말이냐고 물어보면 다행입니다. 하지만 아무 때고 누구에게나 물어볼 순 없습니다. 초등 아이도 분위기 파악은 합니다. 분위기를 깰 것 같거나 심상치 않은 분위기라거나 괜히 말 했다가 그것도 모르냐는 핀잔을 들을 것 같으면 입을 꾹 다뭅니다. 그럴 땐 몰라도 아는 척 고개를 끄떡이고, 다 이해했다는 표정을 짓는 게 예의라 여기기도 합니다.

문제는 이런 아이들의 선의가 상대 마음을 상하게 하거나 오해를 부르기도 한다는 겁니다. 반대로 내 생각과 마음을 표현하고 싶은데 도무지 무슨 말을 해야 할지 몰라 대충 얼버무렸더니 상대에게 무슨 소리냐는 타박을 듣기도 합니다. 참으로 억울하고 답답합니다.

집에서라고 다르지 않습니다. 아이에게 집은 학교보다는 친숙하고 편안한 장소입니다. 그래서 아이들은 부모에게 이것저것 질문을 많이 합니다. 그런데 아이가 시시때때로 궁금한 걸 물으면 귀찮기도 하고 뭐라 대답해야 할지 모를 때도 많습니다. 어른들의 대화를 듣던 아이가 중간중간 끼어들어 "그 말은 무슨 뜻이야?"라고 질문하면 "지금은 대화 중이야. 잠깐 기다려"라고 예의 없는 행동이라며 지적하기도 합니다.

이런 상황이 몇 번 반복되면 아이들은 '모른다고 다 물어보면 안 되는 거'라고 생각해버립니다. 몰라도 질문하지 않는 것, 상대방의 이야기를 정확히 이해하지 못한 채 내가 아는 범위에서 마음대로 해석하는 것이 서로의 소통을 조금씩 가로막고 그 속에서 오해가 싹트기도 합니다.

## 지시대명사로 이야기하는 아이들

"선생님, 그거 있잖아요. 그거!" 수업 중에 지우가 불쑥 질문합니다. 아이가 말하고 싶은 '그거'는 뭘까요? 지우는 제가 바로 알아차리지 못하자 난감해하며 조금 자세히 설명합니다. "마을 앞에 세우는 거 긴 거요. 무섭게 생겼고 남자도 있고 여자도 있는 거요" 지우의 질문으로 수업이 갑자기 스피드 퀴즈 시간으로 바뀝니다. "나 그거 알아!"라고 막상 소리는 질렀지만 정확한 단어가 떠오르지 않아 머리를 쥐어짜는 아이도 있고, 온 인상을 다 쓰며 입 안을 맴도는 단어를 뱉어보려 애쓰는 아이도 있고, '도대체 뭐라는 거야?' 하는 표정으로 입을 비쭉거리는 아이도 있습니다.

'그거' 눈치 챘나요? 네, 맞습니다. 지우가 말하고 싶은 단어는 '장승'입니다. 장승은 국어 3학년 1학기 1단원 '재미가 톡톡'의 〈으악! 도깨비다〉 지문에 등장하는 어휘입니다. 지우는 주말에 놀러가서 '장승'을 봤다고 이야기하고 싶었는데 교과서에서 스치듯 봤던 단어라 결국 떠올리지 못한 겁니다.

어휘력이 부족하면 말 속에 지시대명사가 많아집니다. 알 듯 말 듯 아리송한 어휘는 대부분 지시대명사로 대체할 수 있으니까요. 성격이 급해 일단 말로 뱉고 보는 아이일 수도 있지만 어휘가 달려서일 수도 있습니다.

대화 속에 지시대명사가 등장하면 교실에서처럼 집에서도 스피드 퀴즈로 재미있게 어휘를 찾아가도 괜찮습니다. 그 어휘를 설명하면서 자연스럽게 뜻을 이해하고, 힌트를 더하며 결국 어휘를 찾아내면 그 어휘는 아이의 어휘가 될 테니까요. 그래도 이왕이면 말을 하거나 글을 쓸 때 지시대명사보다 정확한 어휘를 찾아 쓰는 습관을 들이도록 도와줘야 합니다. 그래야 이야기가 끊기지 않고 대화도 빠르게 진전되니까요.

세상을 혼자 산다면 누군가에게 내 생각을 전달하거나 마음을 표현할 일이 없습니다. 당연히 상대방의 생각을 읽거나 마음을 이해하려 애쓰지 않아도 됩니다. 하지만 세상은 혼자 살아갈 수 없습니다. 함께 살아가려면 소통을 해야 합니다. 그런데 내 경험을 표현할 어휘를 찾지 못하면 소통하기가 어려워집니다. 사람과 사람을 이어주는 것이 말과 글 그리고 말과 글을 만드는 '어휘'들이기 때문입니다.

서로가 서로를 이해하기 위한 첫 번째 노력이 말과 글입니다. 그리고 말하기, 듣기, 읽기, 쓰기 같은 모든 소통에 필요한 기본 재료가 '어휘력'입니다. 냉장고에 기본 재료가 얼마나 있느냐로 내가 만들 음식 종류가 결정됩니다. 양파, 대파, 김치, 애호박, 두부 같은 최소한의 재료만으로도 음식을 만들 수 있지만, 더 다양한 재료가 있다면 훨씬 더 풍성한 요리를 만들 수 있습니다. 아이들이 다양한 재료를 가져보고, 만져보고, 다뤄보고, 요리할 수 있도록 도와주세요.

## 요즘 아이들의 말, 말, 말

여기저기서 '존귀'라는 말이 들려왔습니다. 당연히 높고 귀하다는 뜻의 존귀尊貴인 줄 알았습니다. 어려운 단어인데 어떻게 알았지 싶어 물어봤습니다. 네, 맞습니다. 그 존귀가 아니었습니다. 아이들이 쓰는 존귀는 '존나 귀엽다'를 줄인 말이었습니다. 아이들은 '존나'를 최상급 표현으로 받아들입니다. 너도나도 다 쓰는 말이지만 본뜻을 알면 결코 쓸 말은 아닙니다.

아이들이 평소 쓰는 말의 뜻을 한 번씩 알고 쓰게 해주세요. 알고 나면 '존귀'는 물론 '존잘', '존예' 같은 비슷한 표현을 아무래도 덜 쓰겠지요. 더불어 높고 귀하다는 뜻인 '존귀'를 알면 '미천'이나 '비천' 같은 반대말도 알 수 있겠지요. 평소 쓰는 말은 아니지만 문학 작품을 읽을 때 자주 등장하는 말이니 함께 알아두면 좋습니다.

언어 전문가는 하나같이 어휘력 향상을 위한 첫걸음으로 '국어사전 사용'을 꼽습니다. 요즘 세상에 번거롭게 무슨 사전인가 싶은데 때로는 번거로움이 우리를 성장시킵니다. 앞에서 말한 것처럼 평소 쓰는 어휘인데 본뜻을 모르고 쓰는 어휘는 없었으면 합니다. 새로운 어휘를 많이 익혀야 하는 우리 아이들이 본뜻을 찾아보는 습관, 또 다른 뜻까지 알 수 있는 습관, 용례를 통해 쓰임새를 확인하는 습관, 유의어와 반대말까지 익힐 수 있는 습관을 들일 수 있도록 도와주세요. 사전은 이 모든 걸 가능케 하는 유일한 방법입니다.

꼭 교과서와 책에 나오는 어휘뿐 아니라 평소 대화할 때 자주 나오는 어휘, 뉴스나 영상을 볼 때 정확한 뜻을 모르는 어휘가 있다면 자연스럽게 사전을 펴는 습관을 들여보세요. 아이들에게 가르치기 전에 부모님들이 먼저 실천해보세요.

비속어가 아니더라도 요즘 아이들은 신조어도 꽤 씁니다. 보배(보조배터리)나 톡디(톡아이디) 같은 줄임말이 대부분이지만 삼귀다(사귀기 전 단계)나 머선129('무슨 일이지'의 사투리 표현) 같은 재미난 표현도 씁니다. 말장난을 유독 좋아하는 시기이므로 일종의 말놀이로 바라보면 좋습니다. 다만 무슨 뜻인지는 알고 쓰고, 장소는 가려 쓰고, 어른들과 이야기할 때는 온전한 말을 골라 쓰도록 가르쳐야 합니다.

심하지 않지만 가벼운 욕을 일상적으로 하는 아이도 있습니다. 이런 습관은 반드시 바로잡아야 합니다. 기분이 나쁘거나 좋다는 이유로, 분하거나 억울하다는 이유로 그냥 나도 모르게 욕이 나올 수 있습니다. 어떤 의도건 어떤 이유건 상관없이 욕을 들은 아이는 기분이 상합니다. 가볍든 무겁든, 의도가 좋든 나쁘든, 몰랐든 알았든 상대 기분을 상하게 해선 곤란합니다. 기분이나 의도를 드러낼 때는 욕이 아니라 말로 풀어낼 수 있도록 가정에서 충분히 가르쳐야 합니다.

학부모 상담 중에 "우리 아이는 사회성이 좀 부족하다"며 고민하는 분을 만났습니다. 아이는 '마음이 여린데' 친구들과 갈등이 생겼을 때 '욕'을 해서 문제를 키운다고 말합니다. 엄마 아빠는 알고 있는 아이의 '여린 마음'을 상대방이 알아차리긴 어렵습니다. 욕을 들은 상대방은 일단 기분이 나빠집니다. 그 순간부터 소통은 사라지고 기분 나쁜 감정만 남겠지요.

교실에서 친구들과 원만하게 지내지 못하는 아이들을 살펴보면, 내 마음을 적절하게 표현하지 못하고 속상한 마음을 더 강한 '욕'으로 표현하여 관계가 힘들어지는 경우를 종종 봅니다. 그 아이 또한 내 마음을 어떻게 말로 정확히 표현해야 하는지 배우지 못했고, 그럼에도 나의 속상함을 상대에게 알리고 싶은 마음에서 선택한 것이 '욕'이 겠지요. 부모님께서는 이런 경우 적절하게 표현할 수 있는 말을 가르쳐야 합니다.

아이가 느끼는 속상함, 억울함, 분노 등의 감정은 다 맞지만 상대방에게 '욕'으로 표현하는 행동은 옳지 않습니다. 아이가 느끼는 감정은 모두 옳지만 그 감정을 표현하는 일에는 한계가 있음을 알려주는 것이 중요합니다. 어떻게 말해야 하는지에 대해서는 4장 끝에서 설명하는 비폭력 대화법을 참고하시기 바랍니다.

내 마음을 잘 전달할 수 있는 도구가 어휘입니다. 어휘는 소통의 도구이자 그 사람을 가장 잘 드러내는 도구입니다. 신기하게도 바르고 고운 어휘를 써버릇하면 생각도 올바르고 마음도 고와집니다. 험하고 거친 말을 써버릇하면 생각도 험해지고 마음도 거칠어집니다. 힘들고 짜증나는 순간이 오더라도 안 써버릇한 말은 결코 나오지 않습니다.

말은 사람과 사람을 이어주는 가장 중요하고 핵심적인 도구입니다. '말하지 않아도 알 수 있다'라는 말은 거짓말입니다. 일단 말해야 알 수 있습니다. 부부조차 '말 안 해도 알지'가 통하지 않습니다. 더불어 같은 말이라도 이왕이면 정확하게 제대로 말해야 합니다. 대충 얼버무리거나 엉뚱하게 말하면 오해가 생깁니다.

여기에 한 가지 더, 바르고 고운 말을 써야 합니다. 바르고 고운 말은 사이를 가깝게 만들지만, 험하고 거친 말은 사이를 멀어지게 합니다. 요즘에는 SNS로 소통하는 아이들도 많습니다. 문제는 SNS로 오가는 말로 상처를 주고받고, 오해를 쌓아가고, 다툼이 늘어난다는 점입니다. 아이들의 평소 말투를 점검해야 하는 이유입니다.

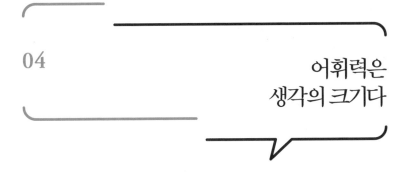

04

# 어휘력은
# 생각의 크기다

중학교 영어 시간에 고양이 울음소리가 'meow meow'라고 해서 의아했습니다. 아무리 귀를 기울여도 고양이는 "미야우미야우"가 아니라 "야옹야옹"이라고 우는데 말이죠. 어린 마음에 미국에 사는 고양이는 언어가 다른가보다 싶었습니다. 물론 그럴 리 없지요. 다만 미국 사람에게는 고양이 울음소리가 'meow meow'와 가장 비슷하게 들린다고 합니다. 같은 고양이 소리인데 왜 우리에게는 '야옹야옹'으로 들리고 미국 사람에게는 'meow meow'로 들릴까요?

이제 막 지어서 김이 모락모락 올라오는 고슬고슬한 밥, 물기가 흐르는 진밥, 식어서 딱딱해진 밥, 이제 막 심은 모나 쌀알이 알알이 맺힌 벼, 쉰밥, 가마솥에서 박박 긁어낸 누룽지, 이 모든 단어가 영어로는 'rice'입니다. 쌀이 주식인 우리나라에는 쌀과 관련된 어휘가 매우 다양하지만, 밀이 주식인 미국에서는 굳이 쌀을 여러 단어로 표현할 필요가 없는 거죠. 우리가 '된밥'이라고 쓰면 미국 사람은 이 단어를 어떤 뜻으로 받아들일까요?

무지개 색깔도 우리는 일곱 가지로 알지만 사실 일곱 색만 있는 건 아닙니다. 무지개를 스펙트럼으로 통과시키면 207개 색깔로 보인다고 합니다. 그런데 빨주노초파남보라고 말하는 순간 무지개 색이 일곱 색으로 보이는 겁니다.

지금까지 말한 건 언어가 사고를 제한한다는 사피워-워프 가설의 몇 가지 예입니다. 언어가 사고에 영향을 미치는지 혹은 사고가 언어에 영향을 미치는지, 언어와 사고의 관계에 대해 언어학자들은 다양하게 논의해왔지만 언어와 사고가 밀접한 관계를 맺고 있다는 점만은 분명합니다. 우리는 언어를 통해 사고하고, 머릿속으로 생각한 것을 언어로 표현합니다. 그러므로 내가 모르는 어휘는 내가 생각할수 없는 부분입니다.

20세기 가장 유명한 철학자인 루트비히 비트겐슈타인Ludwig Josef Johann Wittgenstein은 "언어의 한계가 세계의 한계다"라고 했습니다. 내가 말로 표현하지 못하는 것은 내가 경험하지 못하고 알지 못하는 세계입니다. 나는 내가 경험하고 안 것만 표현할 수 있습니다. 그러므로 어휘력 부족은 비단 국어 능력의 문제에 그치는 게 아니라 삶의 질에 대한 문제이며, 앞으로 아이가 살아갈 세상의 크기와 관련된 문제입니다.

국어사전에는 약 50만 개 단어가 등록되어 있습니다. 이 중 성인은 2만~10만 개 정도의 어휘를 쓴다고 합니다. 어휘를 2만 개 쓰는 사람과 10만 개를 쓰는 사람이 바라보는 세계의 크기가 같을까요? 미국 빈민가에서 태어나고 자란 사람은 어휘를 1,000개만 알아도 의사소통을 할 수 있다고 합니다.

1,000개만 알아서 어떻게 말을 하고 살지 싶다가도 일상 대화는 가능할 것 같기도 합니다. 해외여행 갔을 때를 떠올려보면 매끄럽지는 않지만 필요한 말(예를 들면 안부, 의식주, 교통수단, 쇼핑에 관한 대화)은 하고 살았던 걸 보면 말입니다. 하지만 이렇게 생존에 필요한 어휘만 쓰는 사람과 정치적 견해를 나누거나 환경 및 인권에 관해 깊이 있는 대화를 나눌 수 있을까요? 그 사람을 앞에 두고 내가 바라본 푸른 바다의 모습을 생생하게 묘사할 수 있을까요? 그 사람에게 바다는 그냥 바다일 뿐인데 무슨 말이 더 필요하고 무슨 공감을 할 수 있을까요?

들어본 적도 생각해본 적도 없는 어휘는 아무런 의미가 없는 말입니다. 내가 하는 말이 나를 나타냅니다. 아이의 어휘력은 아이의 생활과 소통에 영향을 주고 성적과도 밀접한 관련성이 있습니다. 하지만 우리가 아이의 어휘력에 관심을 가져야 하는 가장 큰 이유는 아이가 하는 말이 아이를 드러내기 때문입니다.

사람들과 기본적이고 필수적인 소통만 하며 살아갈지, 내 생각이나 경험을 다양하면서도 깊게 이야기하며 살아갈지는 아이의 언어, 즉 어휘력에 달려있습니다. "언어의 한계가 곧 세계의 한계"라고 한 것처럼 어휘력의 한계는 내가 경험하고 생각할 수 있는 세계의 한계가 될 수 있기 때문입니다.

어휘력이 다양한 어휘를 알고 정확하게 활용하는 것만 의미하진 않습니다. 여기서 한 발짝 더 나아가 말과 글에 온기가 묻어나는 어휘력이었으면 합니다. 아이들이 다른 사람의 마음을 움직일 수 있는 제대로 소통하는 사람으로 자라난다면 얼마나 좋을까요.

# 어휘력은 문제집으로 길러지지 않는다

어휘력이 부족하면 여러 문제가 생기지만 그중 가장 와닿는 건 역시 '성적 하락'입니다. 당장 결과가 수치로 나오면 느긋했던 부모도 급해집니다. 발등에 떨어진 불을 꺼야 한다는 생각에 학원을 찾지만 소용없습니다. 어휘력은 학교에서 집에서 생활 속에서 길러져야 한다는 사실을 학원에서도 잘 알기 때문입니다. 학원은 국영수사과 성적을 높이려고 고민하는 곳이지 어휘력을 높여주는 곳이 아닙니다.

다음으로 부모들이 찾는 게 어휘 문제집입니다. 뭐라도 해야 조급함이 덜어지기 때문입니다. 서점에 가면 어휘 문제집은 물론 속담,

사자성어, 관용 어구를 익힐 수 있는 책이 넘쳐납니다. 풀기만 하면, 읽기만 하면, 보기만 하면 어휘 천재로 거듭날 것 같습니다.

저 역시 아이들에게 어휘 문제집을 권하기도 하고 풀어보게도 했습니다. 결과는 어땠을까요? 분명 도움을 받았지만 최고의 방법은 아니었습니다.

시중에 나온 어휘 문제집들을 살펴보면 보통 주제별(음악, 동물, 직업 등) 또는 자음 순서별로 어휘가 나열되어 있는 경우가 많습니다. 한 가지 주제에서 파생되는 다양한 어휘를 학습하기도 하고, 속담이나 사자성어의 경우 대개 'ㄱ'부터 순서대로 제시하고 있습니다.

어휘 문제집을 잘만 활용하면 평소 접하지 못한 어휘의 숨은 뜻을 알게 할 수 있고, 어휘 간의 연관 관계까지 익힐 수 있겠거니 싶었습니다. 그래서 어휘가 부족하여 힘들어하는 아이에게 하루에 한두 장씩 문제를 풀어보라고 하며 보조 교재로 사용한 적이 있습니다. 그런데 이런 어휘 문제집으로 어휘력을 향상하는 데에는 몇 가지 한계가 있었습니다.

첫째, 어휘 문제집을 통한 어휘 학습은 아이가 생활에서 직접 접하고 '이 단어의 뜻이 무엇이지?'라는 궁금증, 즉 알고 싶은 욕구에서 시작된 게 아니라는 점입니다. 학습 효과를 높일 때 가장 중요한 건 '학습 동기'입니다. 학습을 시작하게 하는 힘이자 유지하는 힘입니다. 이런 학습 동기는 내 생활과 관련 있고 내 경험과 연결 지을 수 있어야 높아집니다. 그런데 어휘 문제집에는 아이들이 궁금해하는 단어가 아니라 알아야 할 단어와 중요하다고 생각되는 단어가 먼저 나옵니다. 레고 조립 설명서를 읽다 모르는 단어를 찾아본 경우와 문제집에 있는 단어를 익힌 경우는 기억하고 활용하는 데 분명 차이가 있습니다.

둘째, 어휘 문제집을 통한 어휘 학습은 현재 아이의 어휘 상태를 충분히 반영하기 어렵습니다. 아이마다 주제별로 강한 어휘가 있고 약한 어휘가 있습니다. 생활 속에서 어휘를 익히면 부모가 아이 수준에 맞춰 그때그때 뜻과 예시를 알려줄 수 있지만, 문제집에 나온 어휘는 모든 주제의 수준이 거의 비슷합니다. 바꿔 말해, 어떤 주제는 아이에게 너무 쉽고 어떤 주제는 아이에게 너무 어렵습니다.

셋째, 앞서 본 9등급 어휘 체계에서 초등학교 3~6학년 시기를 살펴보면 새롭게 노출되는 어휘량이 약 1만 6천 개입니다. 이 어휘들을 전부 어휘 문제집을 통해서 배우기는 어렵습니다.

지금 아이가 생활하고 있는 이곳이 말과 글을 배우기 위한 최적의 장소입니다. 24시간 우리말과 우리글을 보고 듣고 말하고 쓰며 사는 이 공간에서 생활하면서 자연스럽게 어휘를 '습득'하는 것이야말로 어휘력을 높일 수 있는 최고의 방법입니다.

우리 아이가 영어를 원어민처럼 잘하는 것보다 우리말을 잘하는 것이 훨씬 더 쉬운 일입니다. 그동안 그 중요성을 간과했고 그 방법을 몰랐을 뿐입니다. 아이는 하루하루 성장하고 있으며 앞으로도 모국어를 접할 기회가 무궁무진합니다. 수많은 어휘의 소용돌이 속에서도 방향을 잡고 중요도를 생각하며 그 어휘들을 접한다면 지금까지 아이가 만난 세계와는 또 다른 어휘력의 세계가 열릴 것입니다. 그러니 지금이 딱 좋은 시기입니다.

언어는 생활 속에서 꾸준히 스며드는 것이기 때문에 한두 번 반짝 노력한다고 습득되지 않습니다. 아이가 보고 듣고 읽고 말하고 쓰는 다양한 상황에서 어휘력을 습득하는 방법을 하나씩 익혀가며 습관을 만들어야 합니다. 지금 시작하는 작은 습관이 아이가 세상을 바라보고 표현할 수 있는 창을 넓혀줄 것입니다.

### ?! 우리 아이의 어휘력 진단

아이와 지내다 보면 어느 날엔 아이의 어휘력 수준이 이 정도면 충분하지 싶다가 또 어느 날엔 한참 부족해 보입니다. 누구 자식인지 어쩜 저렇게 말을 잘하나 싶었는데 언젠가부터는 정작 해야 할 말을 못해 어정쩡 넘어가려는 아이를 보고 속이 터질 때도 있습니다. 누군가 나타나 내 아이의 어휘력 수준이 또래보다 높은지 비슷한지 부족한지, 높거나 부족하면 어떻게 이끌어줘야 하는지 속시원하게 알려줬으면 하는 순간이 있습니다. 그럴 때 도움 받을 수 있는 어휘력 진단처를 알려드립니다.

**㈜낱말 우리말 어휘력 검사**https://natmal.com/views/lq/intro/wordtest

앞서 본 9등급 어휘 체계를 정리한 ㈜낱말 홈페이지에 들어가면 어휘력 검사를 받을 수 있습니다. 적정 대상에 맞춰 검사를 신청할 수 있습니다. 1급부터 7급까지 있는

데 검사 문항 수와 검사 소요 시간이 다릅니다. 어휘의 사전적 의미를 적절히 사용하는지, 어휘와 어휘의 관계를 정확히 아는지를 검사합니다. 검사비는 유료지만 온라인으로 검사할 수 있고 검사지는 따로 받아볼 수 있습니다.

### EBS 〈당신의 문해력〉 중3 문해력 진단

EBS에서 방송한 〈당신의 문해력〉 프로그램에서 중학교 3학년 아이를 대상으로 한 문해력 테스트입니다. 신명선 인하대 국어교육과 교수와 EBS 〈당신의 문해력〉 제작팀이 개발한 문제지로, 총 26문항을 30분 동안 풀면 됩니다. 문해력 수준과 결과가 세밀하게 나오진 않지만 무료이므로 가볍게 볼 만합니다.

# 2장 / 초등 어휘력이 공부력이다

# 어휘력,
# 무엇을 보고 들을까

# 집에서 키우는 아이의 어휘력

학기 초 학부모 상담 주간이 되면 몸도 마음도 바빠집니다. 아이에 대한 의미 있는 이야기를 짧은 시간 동안 나눠야 하니 아이의 활동 자료와 상담지를 준비하고 숙지한 후에 부모님을 맞이합니다. 잠시 어색한 시간이 흐르지만 몇 마디만 나누면 금세 긴장이 풀립니다. 처음 만난 분들인데 이미 많은 이야기를 나눈 기분이 듭니다. 맞습니다. 부모님의 목소리, 말투, 억양, 제스처는 물론 쓰는 어휘마저 자녀와 비슷하기 때문입니다. 항상 "아니요, 선생님"이라며 말을 시작하는 아이가 있었습니다. 아니나 다를까 그 아이의 부모님을 만났는데 "아니요, 선생님"으로 말을 이어가더라고요.

아이가 태어나서 지금까지 가장 많은 의사소통과 상호작용을 한 대상은 부모입니다. 그러니 아이가 쓰는 말투와 말하는 모양은 부모에게서 알게 모르게 학습되는 것이겠지요.

## 어휘량보다 중요한 건 대화량

부모의 어휘력과 아이의 어휘력 간의 관계를 묻는 다양한 연구 결과가 있습니다. 그런데 우리는 연구 결과가 아니더라도 이미 잘 알고 있습니다. 경제력이 탄탄한 고학력 부모 아래에서 자란 아이의 어휘력은 상대적으로 높을 가능성이 큽니다. 같은 대화를 하더라도 좀 더 수준 높은 어휘를 구사하며 대화를 나눌 테니까요. 하지만 친밀하지 않고 대화가 없는 가정이라면 좋은 대학과 높은 지위와 뛰어난 경제력은 힘을 잃습니다. 결국 중요한 건 대화고, 대화 이전에 친밀한 유대 관계가 먼저입니다.

이 말은 아이의 어휘력을 높이고 싶다면 부모가 고급 어휘를 익히는 데 시간을 들이기보다 아이를 공감하고 이해하며 더 좋은 관계를 쌓는 데 신경 쓰는 게 낫다는 말입니다. 아이의 어휘를 늘리는 핵심은 책 읽기라고 하지만 그보다 우선인 건 대화와 공감입니다.

아이는 자신보다 한 단계 높은 수준의 이야기를 들을 때 적절한 언어 자극을 받습니다. 더불어 상대가 나와 친밀한 관계를 맺는 사람이라면 그 자극을 더 크게 받습니다. 첫째 아이보다 둘째 아이가 말을 빨리 배우는 이유입니다. 둘째 아이에게는 한 단계 높은 수준의 언어 자극을 줄 사람이 첫째 아이보다 많기 때문입니다. 외동아이도 또래와 대화하는 시간보다 성인과 대화하는 시간이 많기 때문에 말을 빨리 배우고 잘하는 경우가 많습니다.

미국 하버드-MIT 연구 팀과 레이첼 로메오는 4~6세 아이 서른여섯 명을 모은 다음 이틀 내내(48시간 동안) 아이들이 말하고 듣는 모든 언어를 기록하고 뇌를 스캔하여 비교했습니다. 비교한 결과 아이의 언어 신경 처리 능력에 영향을 미치는 건 어른들이 이야기한 단어 수뿐 아니라 '대화의 횟수'였습니다. 정리하면, 부모의 사회 경제적인 능력과 별개로 부모가 아이와 상호작용하는 횟수, 대화하는 횟수가 아이의 언어를 발달시키는 베르니케 영역(말을 듣고 읽고 이해하는 능력)과 브로카 영역(언어를 생성하고 표현하는 능력)에 영향을 미친다고 이야기합니다.

아이와 유대 관계를 형성하고 대화를 하는 게 좋다는 것은 충분히 예상 가능한 이야기입니다. 그런데 우리의 하루는 왜 항상 여유가 없는 걸까요? 왜 아이와 차분히 눈을 마주하고 대화 한 번 제대로 나누지 못하는 걸까요?

아침엔 정신없이 바쁘다는 이유로 '오늘 준비물 다 챙겼는지', '숙제는 다 했는지' 겨우 확인하고, 아이가 집에 오면 매번 똑같이 "오늘 재미있었어? 별일 없었어?"라는 뻔한 질문을 이어가고, "옷은 벗어서 빨래 바구니에 넣어야 한다"라는 말로 다그치지는 않았는지 반성합니다. 가끔은 너무 지쳐 나만의 시간을 갖고 싶어 "엄마~"라고 부르는 아이를 부담스럽게 바라본 건 아닌지 다시 생각해봅니다.

## 부모는 아이의 첫 번째 사전

우리는 아이의 어휘력을 높여 학력과 사회성을 높이고 싶어 합니다. 그래서 나름대로 많은 노력을 하는데 정작 가장 중요한 걸 놓치는 경향이 있습니다. 바로 생활 속 대화입니다. 물론 쉬우면서도 어려운 일이라는 걸 잘 압니다. 그래도 가장 확실한 해법입니다. 카톡으로 질문하면 'ㅇㅇ'이라고 답하는 대화 말고 조용히 앉아서 함께 눈빛을 마주하는 시간을 먼저 가지셨으면 합니다.

바쁜 일상이지만, 생활 속 대화는 가장 소중한 내 아이를 위해 의도적으로 계획하고 노력해야 할 중요한 습관입니다. 혹시 내 아이가 부모와 말하는 걸 좋아하지 않고 심지어 대답조차 하지 않으려 한다면 이미 부모와 '대화'하는 걸 대화라고 느끼지 않아서일 수 있습니다. 친구들과는 깔깔거리며 잘만 이야기하지만 아빠나 엄마와 나누는 이야기는 대화가 아니라 '간섭'이나 '잔소리'라고 느끼고 있을지도 모릅니다.

아이와 대화할 때 꼭 아이의 눈높이에 맞는 어휘만 사용할 필요는 없습니다. 아이에게는 부모를 통해 언어 자극을 받는 것도 필요하니 굳이 모든 말을 더 쉽게 하려고 노력하지 않아도 됩니다. 다만 대화 도중에 아이가 "그 말이 무슨 뜻이야?"라고 묻는다면 그때만큼은 "몰라도 돼. 그런 게 있어"라고 얼버무리거나 넘어가지 말고 아는 한도 내에서 가능하면 쉽게 설명해주면 됩니다. 즉, 평소 부모가 쓰는 단어를 그대로 사용해 대화를 나누다가 아이가 묻는 단어에 대해 설명해줄 때는 아이가 이해할 만한 수준으로 설명하는 것이 좋습니다.

## 밥상머리의 작은 기적, 대화

하루 중 언제가 아이와 대화를 주고받기에 가장 편한 시간일까요? 가정마다 차이는 있지만 아침보다는 저녁 때 여유가 있을 겁니다. 적어도 한 끼는 가족이 함께 먹으며 이야기를 나누면 좋습니다.

아이가 부모와 대화하는 걸 어려워하면 부모가 나누는 이야기를 듣게만 해도 충분합니다. 충분히 듣고 내 것이 되어야 비로소 말할 수 있습니다. 어른들이 나누는 이야기 주제나 어휘를 면밀히 관찰하거나 흘려듣는 것은 영어 흘려듣기를 30분 하는 것보다 훨씬 효과가 큽니다.

평소대로 부모의 관심사인 회사 이야기, 세금이나 부동산 같은 경제 이야기도 좋고 정치 이야기도 괜찮습니다. 가끔 아이가 관심 있어 하고 아이와 관련된 주제를 이야기해도 좋고요. 아이의 관심사라면 아이가 참여할 수 있어 좋고, 관심사가 아니라면 새로운 어휘를

'접할' 기회를 제공하는 셈이니 이 또한 좋습니다. 어른들의 대화에는 흐름이 있습니다. 그래서 모르는 단어가 나와도 앞뒤 맥락을 통해 뜻을 유추할 수 있습니다. 자연스럽게 단어와 뜻을 익힐 수 있다는 장점도 있습니다.

아빠가 마트에 가서 장 본 이야기, 엄마 회사에서 있었던 업무 관련 이야기를 엄마 아빠가 나누는 것을 듣고 아이는 어느 순간, "아빠, 견과류가 뭐야?", "엄마, 인수인계가 무슨 뜻이야?"라고 묻기 시작할 겁니다. SBS 스페셜제작팀에서 만든 〈밥상머리의 작은 기적〉을 보면 아이가 식탁에서 배우는 어휘량은 책을 읽을 때의 10배라고 나옵니다. 다양한 연령의 사람들이 모여 다양한 주제에 관해 이야기하는 짧은 시간의 대화가 아이의 어휘량과 학습 능력의 향상을 가지고 온다고 합니다.

그렇지만 온 가족이 함께 모여 앉았는데 자꾸 밥 안 먹겠다고 투정 부리고, 형이랑 장난치다가 싸우는 아이를 보면 우아하게 대화를 시도하기가 참 힘듭니다. 이런 경우 "오늘 학교에서는 어땠어?"라고 먼저 이야기를 꺼내보세요. 용기와 인내가 필요한 일입니다. 처음 돌아오는 아이의 대답은 짧고 간결할 겁니다. "별일 없었어"나 "그냥 그랬어"처럼 말이죠. 정말 별일이 없어서일 수도 있고, 말할 수 있는 표현에 한계가 있어서일 수도 있고, 부모와 대화하는 게 즐겁지 않아서일 수도 있습니다. 어떤 이유건 상관없이 그럴 땐 부모가 먼저 하루 일과를 담담하게 풀어내보세요.

저 또한 아이에게 말하자니 어려웠습니다. 별로 할 말이 생각나지 않을 때도 많고, 이런 이야기를 나누는 게 무슨 의미가 있을까 싶기도 하고, 이런 이야기까지 아이에게 해도 되나 싶을 때도 있었습니다. 그럼에도 시작해주세요. 담담하고 진실하게 아이에게 마음을 나누면 아이가 금방 알아차립니다. 그리고 어느 순간 아이도 이야기를 펼쳐낼 겁니다.

아이에게 좋으라고 시작한 일이지만 부모에게 더 좋습니다. 어른이 되어도 일상과 마음을 털어놓을 대상이나 기회가 흔치 않습니다. 아이에게 털어놓는 것만으로도 마음이 한결 가벼워지기도 하고, 생각이 정리되기도 할 겁니다. 모두에게 좋은 일입니다. 그러니 시작해주세요.

국어 시간에 '공감과 대화'를 주제로 수업할 때였습니다. '경청'하며 듣기와 관련된 내용을 배우면서 '눈을 바라보며 듣기'에 관해 이야기하는 중이었습니다. 아이들이 가장 속상한 상황을 이야기해주었습니다. 학교에서 재미있었던 일을 엄마에게 말하려 했는데 엄마는 양파 써느라 나를 보지 않고 "응"이라고 대답할 때 "엄마가 제 이야기를 경청하지 않는 것 같아서 저를 존중하지 않는다는 생각이 들었어요"라고 이야기하는 것을 듣고 흠칫 놀란 적이 있습니다.

아이들에게 '나' 전달법으로 이야기하라고 했더니 정확한 상황과 그때의 자기감정을 이야기한 겁니다. '나를 바라보지 않는 행동'으로 '존중받지 못한다는 생각'을 하게 된 아이의 경험을 통해 우리는 대화할 때 상대방의 눈을 바라보는 것이 무척이나 중요하다는 사실을 다시 나눌 수 있었습니다.

이 이야기 뒤로 얼마나 많은 아이들이 비슷한 자신의 사례를 이야기했는지 모릅니다. 엄마가 나를 바라보지 않고 "응, 알았어"라고 대꾸하시길래 "내 말 듣고 있어?"라고 반문했더니 음식을 만들면서도 내 이야기를 다 들어서 더 허무했다는 아이도 있었습니다. 역시 엄마는 대단합니다. 우리가 이렇게 치열하게 열심히 살고 있다니요.

대화의 기본은 '눈 마주침'입니다. 아이가 하는 이야기는 사실 '엄마와 소통하고 싶어요'라는 뜻입니다. 사실의 전달보다는 감정의 공유를 하고 싶은 것이지요. 전화로 얘기할 때보다 직접 만나 듣는 것이 더 잘 들리고, 그중에서도 내가 소통하고 싶은 사람의 목소리는 멀리서도 더 잘 들리는 법입니다. 어떠한 사실을 듣고 말하고 싶은 것이 아니라 나의 순간을 공유하고 싶은 것입니다. 그럴 때의 대화는 아이의 언어 발달을 더 촉진시킵니다. 나한테 있었던 일을 잘 전달하고 싶으니까요. 음식을 준비하느라 분주하더라도 잠시 멈추고 아이를 바라봐주세요. 스스로 자신의 이야기를 표현하려는 아이를 눈웃음으로 바라보며 고개를 끄덕이면 아이는 점점 더 많은 이야기를 하기 위해 애쓸 겁니다.

# 02

## 수업으로 다지는
## 아이의 어휘력

학교는 가정을 빼면 아이들이 가장 오래 머무는 곳입니다. 또래 친구들과 어른인 교사를 만나 끊임없이 대화하는 곳이자 가장 많은 글을 만나는 곳입니다. 아이가 어휘를 익힐 때 가장 많이 신경 써야 할 게 '학교에서의 생활'이라는 뜻입니다. 학교는 아이들에게 새로운 어휘와 양질의 어휘를 가장 많이 제공하는 장소이기 때문입니다.

# 학교 수업만으로도 충분한 초등 어휘력

아이들은 학교와 가정에서 가장 많은 어휘를 만나지만, 학교에서 접하는 어휘와 가정에서 접하는 어휘는 차이가 납니다. 보통 가정에서는 생활 속에서 경험할 수 있는 다양한 주제를 이야기합니다. 당연히 사용하는 어휘도 '일상생활' 중심어입니다. 반면 학교에서는 생활 속 어휘는 물론 학습에 필요한 '전문어'와 '개념어'를 함께 배웁니다.

가정에서는 부모와 아이의 유대 관계와 대화 횟수가 중요하듯, 학교에서도 교사와 아이의 관계와 대화 횟수가 중요합니다. 교사는 학습에 필요한 개념어를 설명하기 위해 교과서는 물론 아이 수준에 맞는 다양한 시각 자료와 보조 자료를 이용합니다. 배울 내용을 아이가 이해할 수 있도록 돕는 과정이 바로 '수업'입니다. 결국 수업은 아이가 새로운 어휘를 확장하는 매우 중요한 시간입니다.

수학은 '개념어'가 꽤 많이 등장하는 과목입니다. 예를 들어 진분수, 가분수, 대분수의 개념을 배우고, 이등변 삼각형이나 마름모 같은 도형의 개념을 배웁니다.

교사는 해당 어휘가 처음 등장하면 아이 눈높이에 맞춰 뜻을 더 쉬운 말로 풀어서 설명합니다. 또 유사한 경우와 반대되는 경우를 설명하고, 실생활에서 어떻게 사용되는지 알려주고, 이해하는 데 도움을 주는 활동을 하게 합니다.

이 개념이 어떨 때 필요한지, 왜 나온 건지 쓰임새와 배경도 알려줍니다. 분수 단원을 마칠 즈음에는 '분수'의 뜻은 물론 하위 개념인 진분수, 가분수, 단위분수, 대분수를 구조화할 수 있어야 합니다.

　예를 들면, 3학년 분수를 학습할 때 진분수와 가분수에 대해 배우고 분수를 분류하는 활동을 합니다.

　　진분수와 가분수로 분류해 봅시다.

$$\frac{3}{10} \quad \frac{3}{4} \quad \frac{7}{6} \quad \frac{3}{3} \quad \frac{1}{5} \quad \frac{4}{3} \quad \frac{4}{5} \quad \frac{8}{7}$$

● 진분수를 모두 써 보세요.

● 가분수를 모두 써 보세요.

수학 3학년 2학기 4단원 '분수' 중에서

　교과서 문제를 풀어보자고 하면 꽤 많은 아이가 $\frac{3}{3}$이 진분수인지 가분수인지 헷갈려 합니다. 이럴 땐 교과서 앞부분에 나온 진분수의 개념과 가분수의 개념을 다시 찬찬히 읽어보라고 합니다. $\frac{1}{3}$과 $\frac{1}{4}$ 같은 단위분수도 크기를 비교할 때 $\frac{1}{4}$이 더 크다고 대답하기도 합니다. 분수의 의미를 아직 정확하게 이해하지 못했기 때문에 생기는 일입니다. 단순 계산 문제는 잘 푸는데 '개념'을 정확하게 숙지하지 못하면 이런 문제가 어렵고 헷갈린다고 말합니다.

3학년 1학기에 평면도형을 배우면서 여러 가지 선에 대해 배웁니다. 도형을 배우기 위한 첫 단계로 굽은 선과 곧은 선에 대해 배우고 곧은 선 중 선분과 반직선, 직선에 대한 개념을 배웁니다.

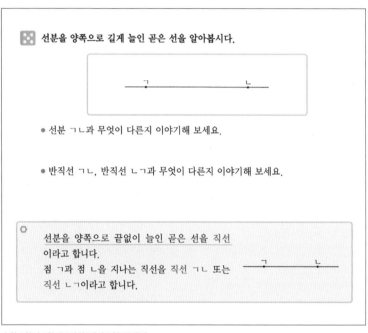

수학 3학년 1학기 2단원 '평면도형' 중에서

직선은 '선분을 양쪽으로 끝없이 늘인 곧은 선'을 말하는데, 이렇게 배운 이후에도 사각형의 선분을 말할 때 '선분 ㄱㄴ'이 아닌 '직선 ㄱㄴ'이라고 읽고 나서 왜 이게 틀린 것인지 따져 묻는 아이가 있습니다. 이처럼 개념어에 대해 확실히 다지고 이해해야 그 이후의 수학을 탄탄하게 다져갈 수 있습니다.

한국교육과정평가원에서 2016년에 초등학교 교과서 115권(국어, 도덕, 사회, 수학, 과학)에 수록된 어휘 빈도수와 어휘 종수를 조사하여 발표했습니다. 어휘 빈도수는 교과서에 나오는 어휘의 전체 수로, 중복해서 나오는 경우 중복 횟수를 더한 값입니다. 어휘 종수는 어휘 종류의 수로, 중복해서 나오는 경우 한 번만 표시합니다.

| 학년 | 1학년 | 2학년 | 3학년 | 4학년 | 5학년 | 6학년 | 합계 |
|---|---|---|---|---|---|---|---|
| 어휘 빈도수(개) | 50,187 | 79,381 | 150,978 | 183,831 | 224,000 | 219,612 | 907,989 |
| 비율(%) | 5.53 | 8.74 | 16.63 | 20.25 | 24.67 | 24.19 | 100 |
| 어휘 종수(개) | 4,173 | 6,114 | 9,348 | 11,600 | 14,216 | 13,778 | 27,629 |

학년별 어휘 빈도수와 어휘 종수 분포
(출처: 〈초등학교 교과서의 어휘 실태 분석 연구〉, 양정실, 2016, 한국교육과정평가원)

연구에 따르면 초등학교 6년 동안 교과서로 배울 수 있는 어휘는 2만 7천여 개였고, 중복해 나오는 어휘를 합하면 약 90만 개에 이르렀습니다. 깜짝 놀랄 만한 양 아닌가요? 당장 앞서 본 9등급 어휘 체계에서도 초등 5~6학년 수준의 아이가 누적하여 아는 어휘가 약 2만 2천 개였습니다. 이 말은 아이들이 6학년 교과서에 담긴 내용을 수업 시간에 충분히 익히기만 해도 어휘력 부족 현상은 나타나지 않는다는 말이기도 합니다. 2016년 자료라 현재 교육과정인 2015 개정 교육과정과 조금 차이가 있을 순 있지만 대략 비슷할 거라 보면 실로 어마어마한 양입니다.

교과서에 더해, 교사들은 이 어휘를 이해시키려고 아이들과 더 많은 어휘를 주고받습니다. 게다가 아이들은 또래와 소통하고 협력하면서 더 많은 어휘를 사용하고요. 정리하면 매 수업을 이해하고 잘 따라오는 것만으로도 제 나이에 배워야 할 어휘를 충분히 배울 수 있다는 겁니다. 어휘력을 키우려고 할 때 학교생활에 가장 먼저 집중해야 하는 이유입니다.

조금 더 들어가보겠습니다. 아이들은 학년별로 어휘를 어느 정도로 익히고 있을까요? 다시 표를 보면 학년이 올라갈수록 어휘 양과 종류가 빠르게 늘어나는 걸 알 수 있습니다. 조금 눈에 띄는 부분도 있습니다. 3학년 어휘 빈도수는 약 15만 개로 2학년에 비해 2배 가까이 늡니다. 어휘 종수는 9천 개로 1.5배나 늡니다.

초등학교 1~2학년은 교과서가 국어, 수학, 통합 교과로 3과목이지만, 3학년부터는 국어, 수학, 사회, 과학, 영어, 음악, 미술, 체육, 도덕으로 총 9과목입니다. 단순히 과목 수만 느는 게 아니라 다루는 내용 수준도 훨씬 깊어집니다. 5학년부터는 실과 한 과목이 추가되어 총 10과목이 되면서 또 한 번 어휘 빈도수와 종수가 늡니다.

어휘력 향상에서 기본 중 기본은 학교 수업을 잘 듣고 이해하는 것입니다. 아이에게도 적극적으로, 더 집중해서 수업을 듣는 것이 중요하다고 알려주셨으면 합니다.

# 학교 수업을 잘 듣기 위한 방법

어떻게 학교 수업을 잘 들을 수 있을까요? 첫째, 학교 수업에서 집중하고 경청하는 태도를 기를 수 있도록 격려해주세요. 학습 태도와 습관은 한순간에 만들어지지 않습니다. 작은 행동이 하나씩 차곡차곡 쌓여 만들어집니다. 평소에 "수업 시간에는 먼저 선생님과 친구들의 이야기를 경청하는 태도가 가장 중요해"라고 일러주세요. 수업은 참여도 중요하지만 집중해서 듣기가 먼저입니다.

둘째, 교과서를 확인해보세요. 보통은 교과서를 학교 사물함에 두고 다니지만, 요즘은 등교 수업이 줄어 교과서를 들고 오는 일도 많습니다. 저 무거운 걸 들고 오가는 아이가 안쓰럽겠지만 이왕 가지고 온 거 한 번 더 봐주세요. 드문드문이라도 주기적으로 확인해주세요. 간혹 문제집으로 아이가 무엇을 배우고 있는지 확인한다고 말하는 부모도 있습니다. 하지만 모든 과목의 문제집을 푸는 아이는 드물고, 모든 과목 문제집을 풀게 해서도 곤란합니다.

문제집을 풀기 전에 교과서를 확인하고 복습하는 게 먼저입니다. 교과서에는 아이가 수업 시간을 어떻게 보냈는지 알 수 있는 흔적들이 고스란히 남아있습니다. 한번 들춰보세요. 아이의 생각을 적는 부분, 글을 읽고 문제에 답하는 부분, 실제로 활동해보고 결과물을 붙여보는 부분 등이 보일 겁니다. 그 활동 결과들을 보면서 아이가 수업을 얼마만큼 이해하고 있는지 확인할 수 있습니다.

아이가 "이건 선생님이 안 써도 된다고 했는데?", "이건 안 했어"라고 말할 수도 있습니다. 학교에서 실제로 모든 교과서 내용을 그대로 쓰지 않고 재구성해 사용할 때도 많으니까요. 이런 부분을 빼도 아이의 학교 수업 참여도를 충분히 확인할 수 있습니다. 번거롭고 힘들더라도 단원이 끝날 때만큼은 확인하길 권합니다.

셋째, 단원이 끝났을 때 교과서를 가져오면 해당 단원의 핵심 단어를 찾아주세요. 국어라면 읽기 지문에서 새로운 단어들을 잘 이해했는지, 수학·사회·과학이라면 새롭게 배우는 개념어를 잘 이해했는지 함께 이야기해볼 수 있습니다. 번거롭고 귀찮을 수 있지만 아이 문제집을 함께 풀어주는 것보다 훨씬 쉽고 더 빨리 공부를 잘하게 하는 비결입니다.

서로 주고받으며 문제를 내고 답할 수도 있고, 단원에서 배운 단어 중 주요 단어를 뽑아 아이에게 따로 그림이나 표로 정리하게 할 수도 있습니다. 과목마다 단원이 끝나는 주기가 달라서 챙기기 어렵다면 한 달에 한 번 날을 정하고 해도 괜찮습니다. 이 과정을 거치면 아이들은 수업에서 꼭 배워야 할 학습 도구어를 놓치지 않고 습득할 수 있습니다. 학년별 학습 도구어를 충분히 이해하고 넘어가는 것이야말로 배움의 시작입니다.

넷째, 아이가 수업을 따라가는 게 힘들어 보이면 가정용 교과서를 별도로 한 권 구하길 권합니다. 인터넷에서 쉽게 교과서를 살 수 있습니다. ① 앞으로 배울 내용을 한 번 읽어보게 하고, ② 모르는 단어를 형광펜으로 표시하거나 연필로 동그라미를 치게 합니다. 소리 내 읽게 하고, 무슨 뜻인지 모르겠거나 들어본 적은 있지만 설명하기 어려울 법한 단어를 모두 표시하게 하는 겁니다. ③ 부모님은 표시된 어휘의 뜻이나 용례를 아이 눈높이에 맞춰 설명해줍니다. 이 과정만으로도 아이의 수업 참여도와 집중도는 올라갈 겁니다.

다섯째, 학기 마지막 날 집으로 가져오는 교과서는 버리지 말고 보관하길 권합니다. 교과서 내용은 서로 연계되어 있기 때문에 앞서 배운 내용은 뒤에 배울 내용의 바탕이 됩니다. 따라서 아이가 배운 내용을 잘 기억하지 못할 때 찾아볼 수 있도록 최소 1년은 교과서를 보관해뒀으면 합니다. 아이가 학년이 올라간 뒤 우연히 1년 전 교과서를 읽는다면 그때 읽었던 것과는 또 다른 느낌이 들 겁니다. 훨씬 쉽게 읽히겠지요. 이런 보이지 않는 성장을 스스로 깨닫게 해주는 것이 새로운 공부를 하게 하는 동기가 됩니다. '작년에 무슨 말인지 잘 몰랐는데 지금 보니까 쉽네', '지금 배우는 내용도 내년이 되면 더 쉽게 느껴지겠지?'라는 자신감이 오늘의 내가 더 집중해서 공부할 수 있도록 도와줄 겁니다.

다섯 가지로 풀었지만 단계별로 정리하면 다음과 같습니다.

- 1단계: 학교 수업의 중요성을 인식하고 수업 시간에 집중하는 태도 기르기
- 2단계: 단원이 끝나면 아이가 교과서에 남긴 흔적을 보며 이해도 확인하기
- 3단계: 배운 내용을 핵심 단어를 이용해 말로 설명하기, 또는 기억에 남는

단어들을 공책에 적어 기록하기

• 4단계: 미리 배울 내용을 한 번 읽고 모르는 단어 파악하기(처음에는 부모님
이 설명해주지만 좀 익숙해진 이후에는 아이 스스로 사전을 찾아 읽어보기)


다음 그림은 국어 5학년 1학기 2단원에 나오는 유관순 열사에 대
한 이야기를 담은 지문입니다. 항일 시대 이야기다 보니 낯선 어휘
가 줄줄이 나와 아이들이 어려워하는 단원입니다.

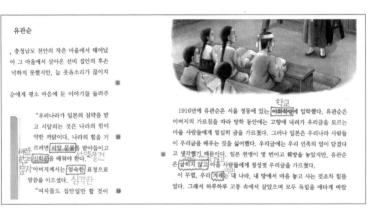

국어 5학년 1학기 2단원 '작품을 감상해요' 중에서


수업을 시작하기 전에 지문을 읽게 하고, 읽었거나 들어본 적은
있지만 정확하게 설명하기 어려운 단어는 초록색으로 표시하라고
했습니다. 초록색으로 표시한 어휘 중 아예 모르는 단어는 다시 하
늘색으로 표시하라고 했습니다.

앞쪽 그림의 교과서를 가지고 있는 아이는 '서양 문물, 신학문, 엄숙한, 이화학당, 굽히지 않고, 겨레'라는 어휘를 정확하게 모른다고 했고, 그중 '서양 문물, 신학문, 이화학당'은 아이에게 대략이라도 추측한 뜻을 말하게 했더니 "서양 문물은 서양 물건, 신학문은 새로운 학교의 문자, 이화학당은 학교"라고 말했습니다.

나머지 단어도 아이가 추측한 뜻을 쭉 읽어보게 한 다음 "왜 이렇게 추측했어?"라고 물었습니다. 아이는 문장 앞뒤 내용을 보니 추측한 단어로 바꿔 쓸 수 있을 것 같다고 대답했습니다. 이 아이는 모르는 단어가 나왔을 때 당황하지 않고, 앞뒤 내용을 통해 단어의 뜻을 어느 정도 추측해낸 겁니다. 물론 '서양 문물'과 '신학문'은 본뜻과 의미가 맞지 않습니다. 괜찮습니다. 비슷하게 생각해낸 것만으로도 대견하고, 정확한 뜻으로 바꿔주면 아이들은 금방 또 익힙니다.

맞았냐 틀렸냐보다는 모르는 걸 찾아 알아내는 게 공부이므로 모르는 어휘가 많아도 좋고 추측한 답이 틀려도 좋다고, 그러려고 이런 과정을 거치는 거라고 말해줍니다. 이렇게 말해주는 것만으로도 아이들은 표정이 밝아집니다. 아이들은 선생님 입에서 나오는 말이 '평가'를 위해 하는 말인지, '성장'을 돕기 위해 하는 말인지 빠르게 눈치챕니다. 부모님도 대화를 할 때 잊지 말아야 할 대목입니다. 더불어 부모님은 아이 스스로 읽고 모르는 단어를 생각해보고, 뜻을 생각해볼 기회를 충분히 준 다음에 도와주세요.

뒤이어 나오는 "밤이 되자 유관순은 홰를 가지고 매봉에 올랐다."

라는 문장에서, 아이들은 앞뒤 글을 읽어봐도 '홰'와 '매봉'의 뜻은 도무지 모르겠다고 했습니다. 이런 경우, 가정에서라면 부모님이 뜻을 설명해줘도 좋지만 이왕이면 사전을 찾아보고 읽어주거나 설명해주길 권합니다. 아이들은 부모의 모습을 보며 '어른들도 모르는 단어가 생기면 사전을 찾는구나', '어휘의 뜻이나 쓰임새 등을 알고 싶으면 사전을 찾는 게 가장 효율적이구나'라는 사실을 배웁니다.

사전은 종이 사전도 좋지만 네이버나 다음에서 제공하는 인터넷 사전도 괜찮습니다. 장단점이 있으므로 그때그때 맞게 활용하면 좋습니다. 일단 종이 사전은 아무 때고 들춰보기 좋습니다. 저학년이 있는 가정이라면 거실 소파나 식탁에, 고학년이 있는 가정이라면 책상 위에 놓아주면 좋습니다. 다만 신조어 같은 단어는 종이 사전에 없는 경우도 있습니다. 또한 형용사나 동사는 기본형으로 찾아야 하는데 기본형을 정확히 몰라 찾기 어려워하기도 합니다.

인터넷 사전에서는 신조어나 방언은 물론 국어사전에 등재되지 않은 단어까지 찾을 수 있습니다. 기본형을 모르더라도 찾을 수 있고 다양한 용례, 유의어나 반대말까지 볼 수 있습니다. 국어사전뿐만 아니라 수학사전이나 과학사전 등도 준비되어 있어 전문 어휘를 찾아보기 쉽고, 무엇보다 부연 설명이 매우 충실하게 잘 나와있습니다. 다만 부연 설명에 빠져들어 아예 다른 플랫폼이나 콘텐츠로 넘어가 원래 하던 공부로 돌아오지 못할 가능성이 높긴 합니다.

# 영상으로 늘리는
# 아이의 어휘력

며칠 전 작은아이가 "엄마는 아스트라제네카 백신 언제 맞아?"라고 물었습니다. 작은아이는 4단 이상 구구단은 벌써 외우는 거 아니라며 딱 잡아떼고, 항상 책은 다 읽었다는데 내용을 물어보면 잘 모르는 아홉 살 남자 아이입니다. 순간 아이 입에서 흘러나온 '아스트라제네카'라는 단어가 참으로 생경해 "그게 뭔데?"라고 되물었습니다. 아이는 뭘 그런 걸 물어보냐는 표정을 짓더니 "코로나 안 걸리게 맞는 예방주사"라고 답하더라고요. 아이는 '아스트라제네카'나 '백신'이라는 단어를 어디서 듣고 그 뜻은 또 어떻게 알았을까요? 바로 오며 가며 흘려들은 뉴스에 그 답이 있었습니다.

# 영어 아니고 한국어 흘려듣기?

영상 매체를 잘 이용하면 전문 어휘로 아이의 어휘 범위를 확장할 수 있습니다. '흘려듣기'는 '엄마표 영어'를 할 때 주로 사용하는 단어입니다. 글자 그대로 주의를 기울이지 않은 채로 배경음악을 듣듯 영어 음원을 들려주는 방식입니다. 영어를 처음 배울 때 노출 시간을 늘리는 가장 쉬운 방법이지요. 모국어를 처음 배울 때 입력 양이 충분히 쌓여야 말이 시작되듯, 영어를 배울 때도 입력 양이 충분히 채워지도록 다른 활동을 하면서도 들을 수 있게 하는 겁니다. 아이에게 영어 흘려듣기를 하듯 한글 흘려듣기를 시작해보세요.

그런데 잠깐, 우리 아이들은 영어와 달리 한국어에는 항상 노출되어 있습니다. 24시간 흘려듣고 있는데 굳이 뭘 하라는 건가 싶을 겁니다. 게다가 한국어가 나오는 영상이라니요. 이미 충분히 노출되어 있어서 어떻게 줄일지를 걱정하고 있는 상황인데 말입니다.

많은 전문가가 아이들의 영상 노출량이 과도하다고 걱정합니다. 부모가 봐도 영상 노출은 아이의 어휘력 발달에 전혀 도움이 되지 않고 오히려 방해가 되는 듯 보입니다. "당장 TV 끄고 들어가!", "유튜브 좀 그만 봐!"를 외치다 지쳐서 TV를 없애고 인터넷 사용 제한 앱을 설치할까 고민하고 있는 마당에 어찌 더 흘려들을 수 있을까요?

지금까지 우리가 하고 있는 영어 흘려듣기와 한국어 흘려듣기 방식에는 분명한 차이가 있습니다. 일단 콘텐츠를 누가 선별하느냐가 다릅니다. 영어 흘려듣기를 준비할 때는 '부모님'이 주도합니다. 처음에는 아이의 영어 실력에 맞추어 그것보다 살짝 윗단계 노래나 이야기를 들려줍니다. 그러다 어느 정도 익숙해지면 영어 애니메이션도 보여주고 디즈니 영화도 보여줍니다. 부모가 그때그때 아이 수준에 맞춰 난이도를 조절하고 내용을 선별하여 콘텐츠를 제공합니다.

반면 한글 영상은 어떤가요? 아이가 좋아하는 주제를 아이가 직접 골라서 보고 듣습니다. 아이가 고르는 건 좋지만 대개 이런 콘텐츠가 흥미 위주라는 게 문제입니다. 등장하는 어휘의 범위나 주제가 한정적이고 축약어와 신조어가 많다 보니 어휘력 향상에 도움이 되지 않습니다. 즉, 한글 흘려듣기가 영어 흘려듣기처럼 효과를 보려면 콘텐츠를 부모가 선별해서 제공해야 합니다.

'한국어 환경이니까'라며 아이들 취향에 맞는 영상 매체를 보도록 내버려두는 게 아니라 '어휘력 확장'이라는 목적을 위해 적절한 콘텐츠와 매체를 이용하길 권합니다. 다양한 영역에서 다양한 주제의 이야기들을 접할 수 있습니다. 영상 매체를 이용한 흘려듣기의 좋은 점이 한 가지 더 있습니다. 책이나 신문, 잡지 같은 읽기 매체보다 아이들이 훨씬 부담 없어 해서 쉽게 접근할 수 있고, 잘 이용하면 지적 호기심을 자극시키기에도 좋습니다.

# 시작은 매일 30분 뉴스 흘려듣기

짐 트렐리즈는《하루 15분 책읽어주기의 힘》에서 1,000단어당 희귀 단어의 수를 매체와 상황별로 정리했습니다. 여기서 말하는 희귀 단어는 일상생활을 할 때 우리가 자주 쓰는 1만 단어를 뺀 단어로, 전문 용어와 고급 어휘를 포괄하는 개념입니다. 저자는 이 희귀 단어를 얼마나 아느냐가 독서력을 결정한다고 이야기합니다.

아래 그림을 보면 어른이 11세 아이에게 말할 때 희귀 단어를 11.7개 사용하지만 주 시청 시간대 TV 프로그램에서는 희귀 단어를 22.7개를 사용한다고 합니다. 음성 언어보다 문자 언어로 전달되는

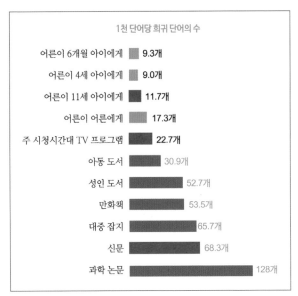

《하루 15분 책읽어주기의 힘》 중에서

희귀 단어의 수가 훨씬 많다는 것도 눈에 띕니다. TV 프로그램에서 22.7개를 쓰는 데 반해 신문에서는 68.3개를 쓰고 있습니다.

그림을 보고 '오늘부터 당장 아이에게 신문을 읽어줘야겠다/읽게 해야겠다'라고 생각하셨나요? 그럼 너무 좋겠지요. 하지만 그림에 나온 신문은 어린이용이 아니라는 걸 간과하지 않았나요? 어린이용 책과 어린이용 신문도 겨우 읽는 아이에게 어른용 신문을 읽으라고 하면 잘 따라올까요? 정답에 가깝지만 따라 하기 힘든 일이지요. 그렇다면 더 쉽고 효과 있는 방법을 찾아야 합니다.

눈치채셨나요? 맞습니다. 바로 '뉴스 함께 보고 듣기'입니다. 뉴스는 신문처럼 정치, 경제, 사회, 날씨, 스포츠 등 다양한 분야의 새로운 소식을 전합니다. 따라서 신문에 담긴 전문 용어와 고급 어휘를 손쉽게 만날 수 있습니다. 처음에는 낯선 어휘들이 어렵게 느껴질 수 있지만 가볍게 흘려들어도 된다고 하면 힘들어하지 않습니다. 뉴스에 주요 이슈가 나오면 생각보다 아이들도 관심 있게 보고, 이런 이슈는 반복해서 등장하므로 금방 알아듣기도 합니다. 아이들이 '아스트라제네카'나 '백신' 같은 전문 용어를 서슴없이 내뱉을 수 있는 이유입니다.

영상 매체를 활용한 흘려듣기의 첫 시도로 '뉴스 30분 흘려듣기'를 추천합니다. 흘려듣기이므로 수업 시간처럼 온 신경을 다해 집중해서 들을 필요가 없습니다. 아침을 먹을 때 뉴스를 틀어놓아도 좋고, 이동 중에 뉴스를 틀어줘도 좋습니다. 의도적으로 꾸준히 해주세요.

아침 시간은 정신없이 바빠 챙기기 힘들다면 저녁을 먹고 나서 '8시 뉴스'를 '30분' 동안 함께 봐주세요. 아침에 15분, 저녁에 15분 정도 나눠 들어도 좋습니다. 대개 아침 뉴스와 저녁 뉴스, 어제 뉴스와 오늘 뉴스는 같은 내용이 많습니다. 처음 들을 땐 아무 생각 없이 흘려듣다 한 번 더 들으면 궁금해합니다. "엄마(아빠) ○○○이 무슨 뜻이야?" 또는 "○○○이라는데 그게 무슨 말이야?"라고 묻는다면 성공입니다.

뉴스 흘려듣기는 풍부한 상식을 쌓을 수 있도록 돕기 때문에 어휘 뿐 아니라 사회·과학 수업을 듣거나 공부할 때도 도움을 줍니다. 중학년이 되면 '뉴스 흘려듣기'를 시도하고, 고학년이 되면 정착시키길 권합니다.

뉴스에서는 학교 수업의 배경지식이 될 만한 내용을 많이 다루고 있어 교과서 내용을 더 쉽게 익힐 수 있습니다. 예를 들어 사회 수업에서 법원의 3심 제도를 이야기하거나 과학 수업에서 첨단 에너지에 관한 이야기를 하다가 "뉴스에서 유명 인사가 법원의 심판에 불복해서 항고한다는 이야기 들어본 적 있니?"라고 이야기할 때, "수소 전기 자동차 관련 영상 본 적 있지?"라고 이야기할 때, 평소에 관련 이야기를 접해본 아이들과 접해보지 않은 아이들의 이해도 차이는 꽤 크게 나타납니다.

수업 중에도 꼭 필요한 영상이라면 당연히 보여줍니다. 같은 영상을 봐도 처음 듣는 내용이냐 몇 번 들은 내용이냐에 따라 집중도와 이해도가 크게 차이 납니다. 그냥 흘려듣는 뉴스라도 꽤 도움이 됩니다. 공부로 여기지 말고 세상을 살아가는 데 필요한 습관으로 인식할 수 있도록, 이 습관이 자리를 잡을 수 있도록 신경 써주세요. 아침을 준비할 때 틀어놓는 뉴스, 저녁 먹고 쉬면서 흘려듣는 뉴스는 아이가 새로운 세상의 어휘를 받아들이는 기회가 될 것입니다.

## 누구나 좋아하는 노래 흘려듣기

다음으로 추천하는 방법은 좋아하는 '노래 흘려듣기'입니다. 노래는 가사와 더불어 리듬과 음이 있어서 듣다 보면 자연스레 흥얼거리고 따라 부르게 됩니다. 그렇게 부르다 보면 반복해서 등장하는 단어가 내 것이 되곤 합니다. 우리가 외국어를 배울 때도, 외국인이 한국어를 배울 때도 노래는 문장 구성과 해당 문화를 이해하는 가장 빠르고 즐거운 길입니다. 우리가 'let it be'같은 팝송을 들으며 자연스레 단어를 익혔던 것처럼 말입니다.

생각해보면 아이들이 우리말을 배울 때도 동요를 열심히 듣고 배웠습니다. 초등 아이들도 노래를 들려주면 좋아합니다. "그런데 요즘 노래는 가사가 잘 들리지 않고 그마저도 좋지 않은 게 많아요"라고 말하는 분이 많습니다. 우리말인데 발음이 뭉개지듯 들리는 노래도 많고, 비속어나 은어가 섞여 있거나 영어가 지나치게 많이 들어간 가사도 있습니다. 라임을 맞추기 위해 한글을 파괴하거나 콩글리시가 섞인 경우도 꽤 많고요. 그래도 찾아보면 기대 이상으로 가사가 좋은 노래가 많습니다.

저는 예전 노랫말을 참 좋아합니다. 학창 시절, 조용필과 나훈아의 노래를 좋아하셨던 부모님이 서태지와아이들이나 HOT 노래는 노래 같지 않다고 하셨는데 제가 딱 그 모습일까요? 서정적 가사를 좋아해 이동 중에 김광석의 노래를 틀어놓곤 하는데 아이들은 감성은 물론 노래에 담긴 가사의 의미를 이해하지 못해 묻곤 하더라고요. 그랬던 큰아이가 지금은 최애곡으로 '이젠 안녕'과 '사랑과 우정 사이'를 꼽는 걸 보면 제가 아이들을 좀 올드하게 키우고 있는 거죠?

최근 노래 중에는 BTS의 '소우주' 가사가 참 좋았습니다. 아이에게 부모님이 좋아하는 노래를 권해주기도 하고 또 아이가 권하는 노래를 서로 들어보기도 하며 노랫말에 집중해보세요. 부모가 좋아하는 곡을 일방적으로 들려주기보다 서로 추천하며 나눠들으면 좋습니다. 가끔 아이들에게 책이나 노래를 추천해달라고 해보세요.

좋은 노래에는 마음을 움직이는 힘이 있고 치유하는 힘이 있습니다. 그냥 배경음악처럼 틀어놓는 노래인데 어느 날 유독 내 마음에 들어오는 가사도 있습니다. 저는 '소우주' 가사 중에 "난 너를 보며 꿈을 꿔. 칠흑 같던 밤들 속 서로가 본 서로의 빛"이 참 좋았습니다. 잘 고른 노래 가사는 아름다운 시와 비슷해서 예쁜 순우리말, 멋진 비유와 은유, 리듬감이 살아나는 의태어와 의성어, 마음이 적절히 드러나는 형용사, 눈앞에 상황이 펼쳐지듯 자연스러운 동사 등 평소에 쓰지 않던 어휘를 다양하게 만나게 합니다. 표현력이 넓혀지는 소중한 순간입니다.

아름다운 가사가 담긴 좋아하는 노래를 골라 함께 들어보세요. 그것만으로도 아이와 상호작용하고 대화할 거리가 생길 테니까요.

## 몰입도를 높이는 라디오·오디오북 청취

라디오나 오디오북 청취도 어휘력을 확장하기에 좋습니다. 아이가 블록 놀이를 하거나 그림을 그릴 때와 같이 정적인 활동을 할 때는 부모님도 휴대폰이나 TV 대신 라디오나 오디오북을 이용해보세요.

오디오북을 듣는 것은 종이 책으로 읽는 것과는 또 다릅니다. 종이 책은 집중해서 읽어야 하므로 다른 일을 병행할 수 없습니다. 즉, 집중해야 하는 다른 일을 하면서 모국어 입력 양을 늘리고 싶을 때 오디오북을 활용하기 좋다는 말입니다. 특히 EBS 오디오북에서는 초등학교 아이들 어휘 수준에 맞는 명작 도서를 선정해 아나운서들이 읽어주는 다양한 콘텐츠를 이용할 수 있습니다. 이동할 때나 자투리 시간에 조용히 틀어주세요.

## 그럼에도 영상 매체는 주식이 아닌 간식

영상 매체는 양날의 칼과 같습니다. 다양한 세계로 어휘력을 확장시켜 주는 도구지만 동시에 어휘력을 떨어트리는 주범이기도 합니다. 아무리 유용한 TV 프로그램이라도 아무리 훌륭한 유튜브 영상이라도 독이 될 수 있습니다. 아이들은 영상에 길들여지면 글자를 읽지 않으려 합니다. 음성이나 영상은 흘려듣기와 흘려보기가 가능하기 때문입니다. 흘려보거나 들어도 알아서 다음 장면으로 넘겨줍니다.

반면 글자는 어떤가요? 어쨌든 눈으로 글자를 열심히 읽어야 하고, 읽은 글자의 의미를 머리로 해석하고, 이해하고, 상상하고, 판단해야 합니다. 이해하지 못하면 단 한 줄도 넘어가지 못하는 게 글입니다. 글 읽기는 눈과 뇌를 부지런히 써야 하는 일입니다. 점점 더 쉽고 편한 길을 찾는 게 사람입니다. 아이라고 다르지 않습니다. 편한데 익숙해지면 조금만 힘들어도 금방 포기합니다. 영상을 활용할 때 반드시 글자 매체와 병행하라고 하는 이유입니다.

## 영상 매체를 똑똑하게 활용하는 방법

영상 매체를 이용할 때는 이점만 취하는 똑똑한 전략을 찾아야 합니다. 첫째, 앞서 말한 것처럼 아이에게 접하지 못한 다양한 어휘를 접하게 하는 것이 목적이라면 부모가 콘텐츠를 선별해 제공해야 합니다. 수많은 콘텐츠 중 아이 수준에 맞는 내용과 바른 어휘가 담긴 콘텐츠를 골라야 합니다. 기본 테두리 안에서 어떤 콘텐츠를 고를지 아이와 상의해도 좋습니다.

둘째, 영상보다는 음성 매체를 이용하세요. 앞서 추천한 뉴스, 노래, 라디오 방송, 오디오북은 철저하게 음성 위주 매체입니다. 그중 뉴스는 시각 정보가 함께하는 매체인데 그 뉴스조차 영상보다는 아나운서와 기자의 말이 중요한 매체입니다. 화면을 보지 않고 TV에서 흘러나오는 말만 들어도 되는 매체라는 겁니다.

아이들이 평소 즐겨 보는 매체는 어떨까요? 아이들은 대체로 화면 전환이 빠른 콘텐츠를 선호합니다. 말이 별로 필요하지 않은 콘텐츠입니다. 즉, 행동으로 보여주고 짧은 자막으로 대신합니다. TV에서는 예능 프로그램이 그렇고 유튜브 방송에서는 아이들을 대상으로 자극적인 말과 영상을 제작하는 경우가 그렇습니다. 즉, 시각적인 자극에 마음을 빼앗기지 않고 오롯이 청각으로 내용에 집중할 수 있도록 음성 매체 위주로 골라주길 권합니다. 같은 시간이라도 '시각' 중심 매체와 '청각' 중심의 매체가 전달하는 메시지의 양에는 큰 차이가 있습니다.

셋째, 아무리 좋은 영상 매체가 있더라도 사람과 상호작용하는 게 우선입니다. 영상 매체는 간식이지 결코 주식이 아닙니다. 주식은 부모님과 선생님과 또래와의 상호작용입니다. 다양한 사람을 만나 다양한 주제를 놓고 의사소통할 수 있도록 기회를 최대한 제공하고, 부족하거나 부득이하게 어려운 부분이 생기면 이런 매체들의 도움을 받길 바랍니다.

〈미디어 이용 시간 및 부모의 상호작용에 따른 아동의 어휘력 차이〉(이영신 외, 열린부모교육연구 10권 1호, 2018)에 따르면 ① 미디어 이용 시간은 출생 순위 및 소득 수준이 낮을수록 높고, ② 미디어 이용 시간이 늘어날수록 아동의 어휘력이 낮으며, ③ 미디어 이용 시간이 적고 부모와 상호작용이 높은 아동이 어휘력 점수가 가장 높았습니다. 흥미로운 건 미디어 노출 시간이 동일해도 부모와 상호작용이 많은 아이들의 어휘력 점수가 높았다는 점입니다.

아이를 키워본 분이라면 수긍이 갈 겁니다. 당장 저도 큰아이보다 작은아이를 키울 때 TV를 더 빨리 더 많이 보여줬으니까요. 소득 수준이 높아질수록 아이들에게 다양한 체험 기회를 제공할 수 있어 미디어 노출 시간을 줄일 수 있다는 것 역시 수긍이 갑니다. 앞서 말한 것처럼 TV나 유튜브를 비롯한 거의 모든 미디어가 단방향입니다. 어휘를 늘리려면 보고 듣는 양도 많아야 하지만 발화 양도 받쳐줘야 합니다. 보고 듣기만 하고 말이나 글로 뱉어내지 않으면 어휘가 머리에 남지 않고 날아가버립니다. 어린아이일수록 상호작용이 중요한 이유입니다.

아이들의 어휘를 가장 쉽게 늘리는 방법은 결국 주고받기입니다. 위 연구는 7세 아동과 부모 약 1,600쌍을 대상으로 한 연구입니다. 연구 대상 아이들이 미취학 아동임을 감안할 때, 취학 아동을 대상으로 했다면 교사와의 상호작용 또한 아이의 어휘력 수준에 의미 있는 차이를 보였을 겁니다. 아이들의 어휘력을 향상할 수 있는 방법에는 여러 가지가 있지만 가장 중요하고 힘써야 하는 건 역시 아이와의 눈 맞춤, 주고받는 대화, 의미 있는 반응임을 잊지 말아주세요.

## 영상 매체를 선택하는 올바른 방법

아무리 영상 매체 시청을 줄이려고 해도 줄이기 힘든 게 현실입니다. 눈을 감고 귀를 닫지 않는다면 말입니다. 더욱이 지금처럼 비대면 수업을 하는 상황 속에서는 그동안 영상 매체를 접하지 않았던 아이들조차도 다양한 영상을 볼 수밖에 없습니다. 하루 중 많은 시간을 컴퓨터나 패드 같은 전자 기기를 사용해 수업하며 새로운 매체를 계속 활용하고 있으니 영상 매체와의 만남이 늘어날 수밖에요.

TV뿐 아니라 다양한 영상 플랫폼이 계속해서 생겨나고 더 편리한 방법으로 더 다양한 영상을 볼 수 있도록 변화하고 있습니다. 그렇다면 영상의 홍수 속에서 아이들에게 어떤 영상을 보여줘야 할까요? 피할 수 없다면 적극적으로 선택하여 나에게 필요한 것들을 고를 수 있는 능력을 길러야 합니다.

2020년 5월 SBS 일요특선 〈당신의 아이는 무엇을 보고 듣고 있나요?〉에서 AI를 대상으로 진행한 실험을 소개한 적이 있습니다. 실제 다섯 살 아이를 모델로 한 인공지능을 두 개 만들고 음성합성 기술을 이용해 사람과 대화할 수 있도록 만들었습니다. 다만 한 AI에게는 무작위로 노출된 유튜브 영상 콘텐츠를 8주 동안 보여주며 34만

어절을 학습시키고, 다른 AI에게는 아동문학 수상작 등 아이 나이에 맞는 정제된 콘텐츠를 8주 동안 보여주며 34만 어절을 학습시켰습니다. 이후 엄마와 한 대화를 보여주었는데 8주간의 영상 노출이 아이의 말을 어떻게 바꾸는지 보여주는 놀라운 실험이었습니다.

다음은 8주 후 엄마와 AI가 나눈 대화를 정리한 것입니다.

| 엄마의 질문 | 무분별한 콘텐츠 시청 AI | 정제된 콘텐츠 시청 AI |
| --- | --- | --- |
| 안녕, 가람아. 반가워. | 뭐가 반가워요?<br>나한테 관심 좀 그만 좀 줘. | 엄마, 반가워요. |
| 오늘 친구들하고 뭐<br>하고 놀았어? | - | 친구들이랑 놀이터에서<br>실컷 놀았어요. |
| 가람이는 어떤 장난감<br>제일 좋아해? | 말하면 다 사줄 거야? | - |
| 가람이 엄마 사랑해? | 저한테 사랑을 강요하지<br>마세요. | 너무 사랑해. 나는 엄마<br>너무 사랑해요. |

똑같은 지능을 가진 AI가 어떤 영상을 보고 듣느냐에 따라 표현하는 언어가 무척 달랐습니다. 여기서 무분별한 콘텐츠는 유튜브에 인기 동영상이라고 뜨는 콘텐츠입니다. 이 영상들을 시청한 AI가 엄마의 질문에 한 답을 보면 질문에 대해 정확한 답을 하는 게 아니라 모두 부정적인 의사 표현을 하고 있습니다. 엄마의 반갑다는 말에 "뭐가 반가워요?"라고 하거나 좋아하는 장난감을 물어보는 말에 정확하게 답하지 않고 "말하면 다 사줄 거야?"라고 반문합니다. 놀랍기도

하지만 한편으로는 무섭기까지 합니다.

어느 날 갑자기 내 아이가 저렇게 말하면 어떨까요? 저라면 아이 성격이 바뀌었거나 나와 아이 관계에 문제가 있어서라고 생각했을 겁니다. '왜 나에게 저렇게 불만 가득하게 말할까?'라며 고민도 했겠지요. 두 AI가 무엇을 보고 듣느냐에 따라 학습하는 어휘가 달라지고 의사소통 방법도 달라졌습니다. 그리고 그 변화는 생각보다 빨리 나타났습니다. 두 달 만에 이처럼 큰 차이를 나타낸다는 것이 놀랍지 않나요?

초등 시기는 아이들이 우리말을 학습하기에 가장 좋은 시기입니다. 뇌 발달 이론이나 언어학자의 말을 빌리지 않더라도 이때 배우는 말과 어휘가 아이의 성격과 사고에 많은 영향을 미친다는 것은 분명한 사실입니다. 그렇다면 이때 아이들이 접하는 콘텐츠의 내용과 질은 이후 아이의 언어생활과 교우 관계를 비롯해 모든 생활에 큰 영향을 미칠 것입니다.

양질의 음식을 먹어야 건강해지듯, 양질의 콘텐츠를 보고 듣고 읽어야 삶이 건강해집니다. 좋은 콘텐츠를 선별하여 아이에게 보여주는 것은 성장에 좋은 음식을 골라 먹이는 것과 같습니다. 무섭다고 영상을 언제까지 제한할 수만은 없습니다. 아이가 적절한 영상을 보는 눈과 힘을 얻기 전까지는 부모님께서 적절한 영상을 선별해서 보여주셔야 합니다.

부모님이 아이에게 영상을 선택하여 보여줄 때 어떤 점들을 고려해야 할까요? 첫째, 무엇을 골라야 할지 모르겠다면 책을 영상화한 콘텐츠를 선택하세요. 어린이를 대상으로 제작된 양질의 콘텐츠도 많습니다.

그중 대표적인 것이 훌륭한 원작을 바탕으로 한 영상입니다. 앞의 실험에서 양질의 콘텐츠를 제공받은 AI는 그림책을 동화 구연한 콘텐츠를 보고 "구름빵을 먹으면 훨훨 날 수 있어요"라고 이야기하였습니다. 그림책 《구름빵》을 본 것이겠지요. 시중에는 《구름빵》이나 《알사탕》처럼 예쁜 그림책을 영상으로 만든 것도 있습니다. 그림이 움직이진 않지만 그림책을 영상으로 만든 경우 실제 주인공이 말을 하는 것처럼 동화 구연이 되어있으니 아이들의 흥미와 몰입도가 더 높아집니다.

초등 중고학년 이상의 아이들에게는 좀 더 긴 원작으로 만든 〈마당을 나온 암탉〉이나 〈원더〉 같은 영상도 좋습니다. 〈마당을 나온 암탉〉은 동화를 원작으로 제작된 영화로 '양계장 닭인 잎싹이의 탈출'을 통해 다양한 이야기를 나누어볼 수 있는 애니메이션입니다. 〈원더〉 또한 세계적인 베스트셀러인 《아름다운 아이》를 원작으로 만든 영화인데, 세상의 편견에 맞서 싸우는 어기 이야기를 통해 아이들과 생각을 나눠보기에 좋은 영상입니다.

책을 바탕으로 한 영상은 콘텐츠 수준이 보장된 데다 아이들에게 책에 대한 호기심을 불러일으킬 수 있습니다. 영상을 보여준 이후나 보여주기 전에 아이에게 원작 책도 함께 읽도록 권해보세요. 그냥 시작하는 독서보다 훨씬 즐겁게 시작할 수 있습니다. 같은 내용을 영상으로 볼 때와 글로 볼 때의 느낌이 또 다르거든요.

둘째, 영상을 볼 때는 아이와 함께 봐주세요. 아이를 돌보다 힘들 때 아이에게 휴대폰이나 TV 영상을 틀어주고 쉬는 분이 있습니다. 그렇게라도 쉬셔야 합니다. 하지만 아이 혼자 영상을 보게 내버려두진 않았으면 합니다. 쉬면서 함께 봐주세요. 가볍게 수다를 떨 듯 내용과 관련해서 이야기를 주고받아보세요. 수동적 미디어 시청이 능동적 미디어 시청으로 바뀝니다. 같은 영상을 보면 공통 화제가 생겨 나중에라도 대화 주제가 늘어 상호작용이 더욱 활발해질 겁니다. 아이에게 영상 보기를 허락했다면 꼭 함께 봐주세요.

셋째, 아이들이 평소 접하지 않는 세계를 다룬 다큐멘터리 영상도 시청하기 좋습니다. 예를 들면 내셔널지오그래픽의 자연 영상을 통해 내가 관심을 갖지 않았던 부분에 대해 알 수도 있습니다. EBS의 〈지식채널e〉 프로그램은 5분 정도의 짧은 영상인데 학교에서 도덕이나 국어 수업을 할 때 자주 활용합니다. 워낙 다루는 주제가 방대하여 궁금한 주제나 알고 싶은 주제를 검색해 활용할 수 있습니다. 역사와 관련된 다큐멘터리 영상도 보고 나서 아이들과 함께 이야기해보기 좋은 영상입니다. 고학년이라면 KBS의 〈역사저널 그날〉, 저학년이라면 EBS의 〈역사가 술술〉 정도도 좋습니다.

넷째, 영상과 관련된 규칙을 정해야 합니다. 아무리 좋은 영상이라도 한 번에 한 시간 이상 보는 건 권장하지 않습니다. 저학년이라면 영상 시청 시간을 30분으로 제한하는 것부터 시작합니다. 아무리 좋은 영상이라도 하루에 보는 시간 또는 양에 관해 아이와 함께 명확한 규칙을 세워야 합니다.

다시 말하지만 영상 매체는 보조적인 수단입니다. 아이에게 주어지는 의사소통 시간에 어떤 의미 있는 의사소통을 하느냐가 아이의 어휘력 주머니를 키우는 가장 큰 원동력이 됩니다. 영상 매체는 쌍방향 의사소통이 되지 않는다는 점에서 우선순위를 낮게 잡아야 합니다.

현재 아이들이 많은 콘텐츠를 접해도 어휘력 향상으로 연결되지 못하는 것은 영상 매체에만 집중하여 모국어를 보고 듣기 때문입니다. 영상 매체는 어휘력을 확장하는 도구가 될 수 있지만 우선시해야 할 다른 것을 채운 이후에 사용해야 할 도구입니다. 그러니 좋은 콘텐츠를 담은 영상이 있다 해도 그것만으로 아이의 어휘 주머니를 채우지는 말아주세요.

## ?! 어휘력을 높이는 체험 후 활동

보고 듣기에서 빼놓을 수 없는 활동 중 하나가 여행과 체험입니다. 코로나19로 인해 이동량이 많이 줄었지만 여전히 많은 아이들이 여행을 떠나고 체험을 합니다. 한데 그걸로 끝나는 경우가 많습니다. 이왕 여행이나 체험을 했다면 표현 활동(말하기, 쓰기)과 연계해주면 좋습니다. 체험 활동도 좋지만 그 이후 내가 본 것, 들은 것, 느낀 것을 표현하는 과정이 더 중요합니다. 간단히 실천할 수 있는 표현 활동과 유의점을 말씀드리겠습니다.

### 경험 후 생각과 느낌 나누기

체험을 다녀오는 차 안에서 오늘 내가 경험한 것에 대한 생각이나 느낌을 말로 나눕니다. 이때 부모가 내용을 확인하는 질문을 던지고 아이가 답하게 해선 곤란합니다. 함께 경험을 나누는 대화를 해야지 "오늘 어땠어? 뭐가 가장 기억에 남아? 어떤 부분이 즐거웠어?"와 같이 공부에 도움될 만한 요소들을 아이가 기억했는지 확인하는 대화를 해서는 안 됩니다. 아이가 오늘 느꼈던 감정과 생각을 중심으로 서로 이야기를 나눠주세요. 만약 아이가 이야기 나누기를 어려워한다면 부모님이 먼저 이야기해주세요. "나는 ~를 볼 때, ~가 생각났어. 그 모습이 꼭 ~같았거든"과 같이 상황과 더불어 그때 내가 한 생각을 이야기할 수 있으면 좋습니다. 이런 대화를 충분히 나눈 이후 짧게라도 쓰기 활동과 연결해보세요.

### 체험 학습 보고서 작성하기

학교에 체험 학습 신청서를 제출하고 갔다면 체험 학습 보고서를 작성해서 내야 합니다. 이 보고서를 아이가 직접 작성하게 해보세요. 내가 체험한 내용을 떠올려 기억하게 하는 효과가 있습니다. 일어난 일을 차례대로 적기, 장소의 변화에 따라 적기가 모두 가능한 활동입니다. 체험하면서 찍은 사진과 함께 시간순으로 내가 갔던 곳과 보았던 것을 적도록 합니다.

## 기행문 또는 일기 쓰기

꼭 체험 학습 보고서가 아니더라도 아이가 무언가를 체험하고 돌아왔다면 기행문을 써보도록 합니다. 기행문은 5학년 국어 시간에 배우지만 여정(여행의 일정), 견문(보고 들은 것), 감상(느낀 것)이 드러나도록 적는다는 것만 기억한다면 저학년 아이도 충분히 쓸 수 있습니다. '지금부터 기행문을 쓸 거야' 같은 방식으로 시작하지 말고 일기 쓰기 안에 오늘 체험한 것에 관하여 여정, 견문, 감상이 드러나도록 쓰게 합니다. 기행문 쓰기를 부담스럽고 어렵게 여긴다면 생각 꺼내기 단계인 생각그물 활동까지만이라도 꼭 하게 해주세요. 생각그물 활동은 5장에서 자세히 설명합니다. 가운데 놓을 중심 단어를 오늘 체험한 장소 또는 활동 제목으로 잡고, 중심 가지에는 거기서 본 것, 들은 것, 느낀 것 등을 적습니다. 그 이후 세부 가지를 뻗어가며 생각을 정리해볼 수 있는 기회를 주는 것입니다.

## 가장 기억에 남는 장면을 그리고 어떤 장면을 그린 것인지 설명하기

아직 아이가 긴 글로 표현하는 게 익숙하지 않다면 가장 기억에 남는 한 장면을 그림으로 그리라고 해도 좋습니다. 그림은 구체적으로 표현하고 거기에 등장하는 인물이 어떤 말을 하고 있는지도 말풍선 형태로 넣을 수 있습니다. 그림을 그린 것에서 마무리 짓지 말고 그림 아래에 어떤 상황을 나타내는 장면인지 설명할 수 있도록 합니다.

# 3장

초등 어휘력이 공부력이다

# 어떻게 읽어야 할까: 그림책과 독서

# 01

## 어휘력은 독서가 먼저입니다

5학년 큰아이가 얼마 전에 영어 학원을 그만뒀습니다. 1년 동안 학원을 다니며 성실하게 공부한 덕에 성취 수준도 높아 학원 선생님이 늘 칭찬하던 아이였습니다. 안심하고 있었는데 어느 날부턴가 새로운 책을 읽자고 하면 중간중간 나오는 처음 보는 단어에 겁을 잔뜩 먹고 안 읽으려 했습니다. 겨우 읽어도 잘 모르겠다는 반응이었습니다. 학원에 가서 문법을 배우고 단어와 문장을 더 많이 외우면 책을 더 많이 더 즐겁게 읽을 줄 알았는데 반대였습니다. 책 읽기를 멀리하고 겁내는 걸 보고 나서야 뭔가 잘못됐다는 걸 알았습니다.

아이의 시간은 무한대가 아닙니다. 원서도 충분히 읽고 문법도 정확하게 익히고 단어와 문장도 많이 외우고 원어민과도 편하게 소통할 수 있길 바라지만 그러기엔 시간이 모자랍니다. 이럴 때 우리가 선택할 수 있는 건 우선순위를 매기고 그 일에 집중하는 겁니다. 저와 아이는 초등 시기엔 자유롭게 원서를 읽고 즐기는 편이 낫다고 판단했습니다.

국어와 영어는 둘 다 언어를 다루는 과목입니다. 언어를 배울 때 기본은 듣기와 읽기입니다. 언어를 처음 배울 때는 문법과 어휘를 따로 익히기보다 말을 듣고 책을 읽으면서 자연스럽게 익히는 게 좋습니다. 그런데 아이들에게 책을 읽으라고 하면 '어휘'를 모르니 무슨 말인지 모르겠다고 말합니다. 어휘를 몰라서 독서를 못하고 독서를 안 하니 읽기 능력은 점점 더 떨어집니다. 이럴 때는 어휘를 늘릴 게 아니라 책 수준을 확 낮춰 악순환의 고리를 끊어야 합니다.

1학년이건 6학년이건 독서가 힘든 아이들에게 그림책부터 시작하라고 하는 이유입니다. 할 만해야 계속할 수 있고, 계속하다 보면 어떻게든 재미와 즐거움을 찾는 게 아이들입니다. 즐겁게 책을 읽다 보면 더 많은 어휘를 알게 되고 그러면 책 읽기가 좀 더 수월해져 더 많은 책을 더 다양하게 읽고 이해하는 일이 쉬워지는 선순환이 일어납니다.

다시 말하지만 어휘를 다 익힌 후에 책을 읽으려고 하면 힘듭니다. 책을 읽으면서 어휘를 늘려가야 합니다. 어휘의 뜻을 정확히 많이 아는 것보다 어휘를 마음대로 부릴 수 있는 능력을 키워야 하기 때문입니다. 책을 읽으면 어휘의 정확한 뜻은 물론 활용까지 알 수 있습니다. 여기에 사고력과 문해력까지 키울 수 있는 게 독서입니다. 어휘력을 향상할 수 있는 가장 빠르고 쉬운 방법은 독서입니다. 다른 방법을 고민하지 마세요. 이것만은 확실합니다.

## 모든 공부는 읽기에서 출발합니다

국어를 포함한 세상의 모든 공부는 결국 글을 읽고 이해하는 데서 출발합니다. 수학, 사회, 과학은 물론 영어도 마찬가지입니다. 영어 책 리딩 레벨을 올릴 때 한글 책 읽기 수준이 뒷받침되지 않으면 더 이상 레벨이 오르지 않는다는 것을 잘 아실 겁니다.

초등 시기에는 배우는 내용이 많지 않고 수준도 높지 않아 글을 이해하지 못하더라도 흥미를 유발하는 다양한 도구나 영상을 이용할 수 있고, 아이가 이해할 때까지 부모나 교사가 반복해서 설명해줄 수 있습니다. 그러나 중고등학교에 올라가면 공부 양이 급격히 늘어납니다. 게다가 '주제'(중심 생각), '제재'(중심 글감)와 같이 단어들이 한자어나 그 분야의 전문 용어로 바뀌니 공부하기가 어렵습니다. 초등 시기처럼 누군가에게 하나하나 도움을 받을 수도 없으니 결국 아이 스스로 읽고 이해해야 합니다. 그 연습은 충분한 독서를 통해서 가능해집니다.

# 스스로 몰입해서 읽어야 합니다

초등 시기에 책을 얼마나 어느 정도로 읽어야 할까요? 부모가 읽으라고 말하지 않아도 심심하면 혼자서 책을 꺼내 읽다가 키득거리기도 하고 울기도 하며 옆에서 무슨 일이 일어나도 거의 관심을 두지 않는 정도로 읽어야 합니다. 지나치게 이상적이고 힘든 목표라는 걸 잘 압니다. 그럼에도 '스스로' '즐기면서' '몰입'하는 경험을 독서를 통해 익혀야 합니다. 나머지 부족한 공부는 중등 시기에도 메울 수 있습니다. 그러니 초등 시기만큼은 다른 욕심 다 내려놓고 오직 독서 목표 하나만 세우고 지키길 권합니다.

학교에서 많은 아이들을 만나면서 이런 생각은 더욱 확고해졌습니다. 독서로 다져진 아이들은 쉽게 흔들리지 않습니다. 기본기가 단단한 덕에 성적의 기복이 없습니다. 오히려 시험이 어려울수록 눈에 띄는 실력을 뽐내기도 합니다.

독서 습관이 잘 잡힌 아이들은 보통 아이들에 비해 어휘량과 배경지식이 풍부합니다. 당연히 새로운 교과 내용이나 낯선 내용을 훨씬 쉽게 이해합니다. 설사 모르는 단어가 내용에 섞여 있어도 앞뒤 문장을 통해 뜻을 수월하게 유추해냅니다. 독서를 통해 얻어내야 하는 능력 중 하나가 바로 '유추 능력'입니다. 전체적인 글의 맥락을 이해하고 앞뒤 문장을 보았을 때, 모르는 단어지만 이런 뜻이 담겨 있을 것이라고 생각하는 능력입니다.

지금 제가 아이들과 함께하는 학교는 서울에서도 교육열이 높은 편입니다. 부모는 물론 아이들의 공부 관심과 의지가 남다릅니다. 의지가 높은 만큼 사교육을 받는 아이도 많은데 하나같이 성실하게 따라가고 잘하고 싶은 의지를 드러냅니다. 말 그대로 교육에 대한 열정이 넘치는 곳입니다. 그런데 대다수 아이가 열심히 노력하고 잘하려고 애쓰지만 그 안에서도 실력이 두드러지는 아이들이 있습니다. 바로 독서 능력을 갖춘 아이들입니다.

독서 능력을 갖춘 아이들은 공부할 양이 늘어도 읽고 이해하는 데 시간이 오래 걸리지 않습니다. 같은 시간을 공부해도 더 많은 양을 더 빨리 끝낼 수 있습니다. 수업을 하다 보면 결과물을 내는 속도가 아이마다 꽤 차이가 납니다. 40분을 꼬박 해야 겨우 끝내는 아이가 있는가 하면 10분 만에 뚝딱 해내는데도 탁월한 아이가 있습니다.

빨리 끝낸 아이들은 덜 끝낸 아이들을 어쨌든 기다려야 합니다. 그럴 때 책을 꺼내 읽는 아이들이 있습니다. 누가 시키지 않아도 틈만 나면 읽는 아이들입니다. 꽤 긴 글 책인데도 내용 속으로 빠르게 몰입해 읽습니다. 고작 5분을 읽어도 집중해서 읽는 아이들입니다. 대체로 스스로 몰입해서 책을 읽는 아이들은 글쓰기도 수월하게 해냅니다. 모든 교과목 앞에 독서를 두라고 말하는 이유입니다. 하던 걸 다 놓고라도 독서를 먼저 하라고 말하는 이유입니다.

지금이 적기입니다. 건성으로 억지로 하는 독서가 아닌 '몰입' 독서여야 합니다. 책을 읽는 듯하지만 옆 사람 이야기가 다 들리고 주변에서 움직이는 것도 다 신경 쓰이고 벨 소리만 나도 제일 먼저 뛰쳐나가 전화를 받는 수준으로 글을 읽는다면 그건 독서가 아닙니다. 부모님이 읽으라고 하니 어쩔 수 없이 하는 독서 시늉일 뿐입니다. 스스로 책 한 권을 꺼내 한동안 움직이지 않고 글 속으로 몰입하는 경험을 쌓아야 진짜 독서입니다.

## 결국 아이들은 읽어낼 겁니다

어휘력을 높이는 가장 쉽고 빠른 방법이 독서라는 걸 알아도 현실은 만만치 않다는 걸 잘 압니다. 당장 '아이가 책을 보면 알레르기 반응이 일어나는 것처럼 도망 다니는데 어떡해!' 혹은 '학원 다녀와서 숙제하고 나면 늘 잘 시간인데 언제 시간을 내서 책을 봐' 혹은 '우리 아이는 어려서 책을 엄청 많이 읽었어도 지금 어휘가 약하고 이해 못하는 건 똑같은데 과연 그 방법이 정말 맞아?'라는 생각이 들 겁니다. 저 역시 그런 기분이 수없이 들었고, 갖가지 이유로 독서를 실천하지 못할 때가 많았습니다. 이처럼 녹록지 않은 현실에서 어떻게 해야 할까요?

첫째, 책만 읽으라고 하면 손사래를 치는 경우입니다. 이런 아이들 주변에는 이미 책 말고도 재미난 것들이 넘치게 많을 겁니다. 영상, 유튜브, 게임과 같이 즉각적인 보상이 따르고 흥미로운 정보로 가득한 것들이 널려 있는데 책을 읽기는 힘듭니다. 이런 아이들에게 책은 지루하기 그지없는 놀잇감이거나 독후감을 써야 할 때 억지로 읽어야 하는 일감입니다. 그런데 가만히 생각해보면 아이가 책을 보며 환하게 웃고 좋아하던 때가 있었습니다.

초점 책, 오감 책, 촉감 책을 물고 빨고 움직이는 장난감처럼 가지고 놀던 때 말입니다. 아이가 잠들기 전에 책을 읽어줄 때면 읽을 책을 너무 여러 권 들고 와 권수를 제한할 때도 있었을 거고요. 그때 아이에게 책 읽기는 분명 신나고 재미있는 놀이였습니다. 그러지 않고서야 졸린 눈을 비비면서도 한 권만 더 읽어달라고 졸라대진 않았겠지요. 그때로 시간을 되돌릴 수는 없지만 그때처럼 함께하는 시간으로 아이와 책을 가깝게 만들어보면 어떨까요?

제가 제안하는 방법은 '가족이 함께 모여 읽는 10분'입니다. 저녁을 먹고 난 후 정해진 시간이 되면 각자 좋아하는 책을 거실로 들고나와 10분 동안 읽는 겁니다. 10분 동안 아무 말 하지 않고 집중해서 읽기만 하면 됩니다. 혼자 읽으라고 하면 손사래를 치는 아이들도함께 읽자고 하면 한번 해보겠다고 하고, 내키지 않은 일도 10분이면 해볼 만하다고 여깁니다.

처음엔 10분이지만 어느 날엔 20분, 어느 날엔 1시간이 되기도 합니다. 억지로 시간을 늘리지 않아도 자연스럽게 늘고, 설사 늘지 않더라도 느긋하게 기다려주세요. 하루 10분으로도 아이는 충분히 잘하고 있는 겁니다. 그렇게 매일 10분씩만 읽어도 아이들은 오직 독서를 통해서 얻을 수 있는 또 다른 즐거움을 찾아낼 겁니다. 즐거움이 쌓일 때까지, 그래서 스스로 읽을 때까지 지속해주세요.

둘째, 도무지 책 읽을 시간이 나지 않아 못 읽는 경우입니다. 이럴 땐 어떻게든 시간을 내야 합니다. 가뜩이나 빡빡한 일정에 독서를 끼워 넣으라는 이야기가 아닙니다. 독서 시간을 충분히 확보한 다음 다른 일정을 처음부터 다시 짜라는 이야기입니다. 잘하는 거, 뒤처진 거, 하면 좋다는 거, 초등 때 아니면 못 한다는 거 이것저것 하다 보니 24시간이 모자랍니다. 우선순위 맨 앞에 '독서'를 놓아주세요.

느긋하고 편안하게 읽을 수 있는 시간과 공간을 확보해주세요. 초등 시기에 독서보다 중요한 공부는 없습니다. 15년 넘게 아이들을 봐왔지만 최상위권 아이들은 하나같이 독서 능력이 높았습니다. 공부가 제아무리 급해도 독서가 먼저인 이유입니다.

셋째, 어릴 때부터 책을 충분히 읽혔는데도 별다른 효과가 나타나지 않으니 힘이 빠져 독서를 자꾸 후순위로 미루는 경우입니다. 책을 열심히 읽는데 독서 근육이 키워지지 않는 건, 웨이트트레이닝을 열심히 했는데 근육이 생기지 않는 이치와 같습니다. 그럴 리 없는데 그런 일이 심심찮게 일어납니다. 이유가 있을 테고 그 이유는 꽤 다양할 수 있습니다. 이 부분은 바로 이어서 자세히 살펴보겠습니다.

# 진짜 독서가
# 어휘력을 늘립니다

어쨌든 독서의 중요성을 충분히 알고 아이에게 꾸준히 독서를 시키는 분들도 어느 순간 '책을 읽는데 왜 어휘력이 특별히 좋아지는 것 같지 않지?'라는 궁금증이 생깁니다. 공부를 잘하려면 공부를 열심히 해야 한다고 말하지만, '무엇을, 얼마나, 어떻게' 해야 하는지 모른 채로 열심히 할 순 없습니다. 독서도 마찬가지입니다. '독서를 잘해야 한다'는 말이 공허한 외침이나 형식적인 구호가 되지 않으려면, 무엇을 얼마나 어떻게 읽는 게 잘 읽는 것인지 먼저 알아야 합니다.

일단 독서를 싫어하는 아이를 키우는 부모 입장에서 보면 배부른 고민처럼 보이겠지만 독서를 좋아하는 아이를 키우는 부모도 고민은 많습니다. 아이의 평소 일정 중 꽤 많은 시간을 독서에 할애하는데, 정작 그 효과가 눈에 보이지 않기 때문입니다. 결과가 빠르게 나타나지 않으면 이걸 계속해야 할지 의문이 듭니다. 아무리 초등학생이라도 하려고 마음먹으면 해야 할 일이 끝도 없이 많습니다. 그런데 가장 공들이고 시간을 쏟아부은 독서에서 효과가 나지 않으면 조바심이 날 수밖에 없습니다.

남들 다니는 학원도 줄여가며 책을 읽게 하는데 아이가 책을 읽고 나서도 모르는 단어를 꾸준히 물어보고 책 내용도 잘 모르는 것 같으면 그 불안함은 더욱 커지지요. 저 또한 독서를 강조하면서도 마음 한구석이 늘 불안했습니다. 그런 저를 잡아준 것은 오랜 기간 교실에서 본 아이들입니다.

책을 좋아하는 아이들은 새로운 내용을 빨리, 즐겁게 잘 받아들인다는 공통점이 있었습니다. 이 아이들은 수업 중 새로운 내용을 잘 이해하고 또 새로운 것을 배우는 데 두려움이 없었습니다. 제가 내린 결론은 '독서가 아이의 두뇌와 언어는 물론 지적 호기심을 깨운다'였습니다.

그래서 흔들릴 때마다 좀 더 큰 그림을 그리고 싶었습니다. 지금 당장의 점수보다 아이가 커서 혼자 새로운 내용을 배워야 할 때 흔들리지 않고 즐거워하며 배우면 좋겠다는 생각으로 다시 독서를 붙잡을 수 있었습니다. 결국 아이 스스로 배우는 힘을 길러주는 것이 가장 중요하다고 생각했기 때문입니다.

아이가 책을 꾸준히 읽고 있다면 일단 기다리는 게 먼저입니다. 한동안 기다려도 여전히 어휘가 늘지 않는 것 같아 불안하고 조바심이 난다면 다음 몇 가지 사항을 확인해보기 바랍니다.

## 충분한 시간이 필요합니다

아이의 말문이 터질 때를 떠올려보세요. 아이에게 다양한 언어 자극을 꾸준히 주지만 아이는 대꾸도 하지 않고 눈만 말똥거렸습니다. 과연 내 말을 듣기는 하나 싶었는데 어느 순간 말문이 트이고 하루가 다르게 새로운 말을 쏟아냈습니다. 저런 말은 어떻게 알았지 싶을 만큼 잘 표현하는 걸 보면서 놀랄 때가 있었을 겁니다.

초등 아이들의 독서는 아기들의 말문 터트리기와 비슷합니다. 꾸준히 하나씩 쌓아가는 중이지만, 지금 쌓는 어휘의 항아리가 가득 차서 넘치기 전까지는 뚜렷한 결과가 나타나지 않을 수 있습니다. 짐 트렐리즈는 《하루 15분 책읽어주기의 힘》에서 모르는 단어를 익히려면 열두 번은 봐야 완전히 이해하고 사용할 수 있다고 말합니다. 열두 번 만나야 비로소 퍼즐 조각이 완성되고, 그래야 저절로 이해되면서 기억 은행에 저장된다고 합니다. 즉, 우리는 아이와 어휘가 열두 번 이상 만날 수 있도록 시간과 기회를 만들어줘야 합니다.

큰아이가 1학년이 되자 저는 어떻게 하면 아이를 그림책에서 글줄이 긴 책으로 넘어가게 할까 고민했습니다. 교직 생활을 하면서 독서의 중요성과 힘을 정확히 알고 있었기에 아이를 키울 때도 가장 중점을 둔 부분이 독서 교육이었습니다. 그런데 아이는 제 생각과 다르게 책을 읽는 데 별다른 흥미를 보이지 않았고, 읽었어도 전혀 이해하지 못하는 경우가 많아 속이 답답한 적이 한두 번이 아니었습니다. 또래 아이들이 읽는다는 책을 전혀 읽지 못하고 읽기 수준도 낮았습니다. 이 사실을 인지한 순간부터 날마다 꾸준히 책 읽는 시간을 정해서 읽기를 시작했습니다.

일단 아이가 좋아하는 그림책 위주로 날마다 서너 권씩 소리 내어 읽도록 했습니다. 한글을 읽을 수 있다는 것과 책 내용을 이해하며 읽는다는 건 완전히 다른 이야기입니다. 아이에게 소리 내어 읽으라고 한 건 아이가 정말 잘 읽고 있나 궁금해서였습니다. 저는 저녁을 준비하며 아이의 책 읽는 소리를 들었습니다.

제 불순한 의도와 별개로 책을 '소리 내어 읽게' 하는 건 매우 좋은 방법입니다. 아이도 눈으로 읽을 때보다 더 집중해서 읽고, 손으로 하나씩 짚어가며 정확하게 소리내기 위해 노력합니다. 그렇게 서너 권을 읽고 1~2학년 공책에 오늘 읽은 책들의 제목을 적는 게 아이의 하루 공부 중 하나였습니다. 날마다 밥을 먹는 것처럼, 양치를 하는 것처럼 아이에게 꾸준히 소리 내 책 읽기를 요청했습니다.

아이에게 '억지로' 책을 읽게 하면 아이가 점점 더 책을 싫어하게 될 거라고 여기는 분이 많습니다. 그러나 싫더라도 운동을 해야 하고, 양치를 해야 하고, 밥을 먹어야 하는 것처럼 매일 책 읽기 습관은 아이가 꼭 익혀야 할 기본 습관입니다. 마침내 아이가 책 읽는 즐거움을 알고 자발적으로 독서할 수 있을 때까지 독서 시간과 환경을 꾸준히 확보해줘야 합니다. 책은 많이 읽을수록 잘 읽습니다. 타협하지 말아주세요.

아이가 스스로 책 읽는 즐거움을 알 수 있도록 날마다 시간을 할애하는 것과 더불어 책을 선택하는 일 역시 아이에게 오롯이 맡겼습니다. 물론 제 입장에서 함께 읽어보면 좋을 책을 권하기도 했지만 아이가 좋다고 하면 읽고, 싫다고 하면 굳이 강요하지 않았습니다.

함께 소리 내 읽을 때는 아이 한 쪽, 나 한 쪽 번갈아 읽기도 시도해보았습니다. 아이가 눈으로 읽을 때보다 소리 내어 읽을 때 글 내용에 대한 집중도가 훨씬 높아지고 이해력도 높아지지만, 그만큼 눈으로 읽을 때보다 많은 에너지를 소비하는 것도 사실입니다. 그래서 처음에는 길지 않은 책을 한 쪽씩 번갈아 읽습니다. 이때 대화하는 말이 나올 때 목소리 톤을 바꾸어 읽으면 아이 또한 자신이 읽는 부분을 실감나게 읽으려고 합니다. 소리 내어 읽던 아이가 어느 순간 책에 몰입하기 시작했습니다. 책을 좋아하지 않던 아이였지만 꾸준히 계속 읽다 보니 언젠가부터 책 읽기의 즐거움을 알게 되었습니다.

실제로 제 아이는 4학년 즈음 어휘가 확연히 달라지는 게 느껴졌습니다. 단지 새로운 단어 한두 개를 더 쓰는 게 아니라 말을 처음 배울 때처럼 전혀 다른 어투와 적절한 비유로 이야기해서 완전히 다른 사람처럼 느껴졌습니다. 무려 4년 만에 나타난 효과입니다. 오랜 기다림으로 알아낸 사실은 독서는 한 달 과외나 속성 족집게 과외 같은 것이 통하지 않는 느리고 명확한 길이라는 겁니다.

## 읽기 쉬운 책을 골라야 합니다

"읽기는 언어를 배우는 최상의 방법이 아니다. 그것은 유일한 방법이다"라는 말로 유명한 언어학자 스티븐 크라센은 《읽기 혁명》에서 '자발적 읽기FVR; Free Voluntary Reading'의 중요성을 강조합니다. 읽기를 통해 언어를 배울 수 있는데 그 읽기라는 것이 즐거움이 동반되는 '자발적 읽기'여야 한다고도 말합니다. 그러려면 아이 수준에 맞는 재미있는 책을 골라낼 수 있어야 합니다.

그런데 우리 아이의 수준에 맞는 책을 어떻게 구별할 수 있을까요? 혹시 아이의 영어책 읽기 과정을 따라 해본 적이 있나요? 영어 읽기 책에는 AR 지수나 렉사일 지수라고 해서 어휘나 독해 수준에 따른 읽기 난이도가 정해져 있습니다. 우리 아이의 AR 지수가 3점대라면 그 수준에 맞는 책을 찾아 읽히면 됩니다.

영어 책과 달리 우리나라 책에는 읽기 레벨이 정해져 있지 않습니다. 한때 교보문고에서 리드 지수라는 읽기 지수를 운영한 적이 있지만 지금은 중단되었습니다. 대신 각종 단체에서 제시하는 학년 필독서 또는 추천하는 책을 통해 학년별 난이도를 가늠할 수 있습니다. 제가 매 학년 교실에서 아이들과 함께 읽으면 좋은 책들을 찾아서 실천해본 결과, 필독서나 추천 도서는 현재 아이들이 이해할 수 있는 수준보다 보통 한 단계 높게 제시되고 있습니다.

한 반에 아이들이 스무 명이라면 추천 도서를 쉽고 재미있게 읽을 수 있는 아이는 다섯 명이 채 안 됩니다. 어린아이용 전집 추천 글을 봐도 마찬가지입니다. 6~7세용 책이라는데 들여다보면 초등학교 3학년 교과에 나오는 내용이 많을 정도입니다. 문제는 아이에게 제 학년보다 아래 학년용 책을 권하면 부모와 아이 모두 내켜 하지 않는다는 겁니다.

3학년 아이에게 1~2학년 추천 도서를 읽히는 건 뭔가 찜찜하지요. 반대로 4학년용 책은 오래도록 읽을 수 있겠다며 미리 사놓는 분들이 많습니다. 독서는 선행이 아닙니다. 아이 수준보다 높은 수준의 책은 4학년 2학기가 되도록 방치될 가능성이 큽니다. 읽는다 해도 재미를 느끼지 못해 그냥 한 번 읽고 말 가능성도 높고요.

아이에게 독서의 즐거움을 알게 하려면 무조건 쉬운 책으로 시작해야 합니다. '전집이 얼마나 비싼데'라며 한두 치수 큰 옷을 사 입히듯 한두 학년 높여서 책을 사지 말아주세요. 아이들이 책을 싫어하게 만드는 지름길입니다. 두세 권을 놓고 고민될 때는 조금이라도 더 쉬운 책을 선택해주세요. 저렇게 쉬운 책이 어휘력 향상에 무슨 도움이 될까 싶어도 아이가 즐겁게만 읽는다면 훨씬 도움이 됩니다.

책을 읽는다는 건, 글자를 '해독'하고 뜻을 이해하는 '독해'의 과정을 지나 내 나름대로 받아들이는 '자기화' 과정까지 거쳐야 하는 일입니다. 그런데 책이 어려우면 어떨까요? 아이는 글자를 해독하는 수준에서 멈추고 독해나 자기화 과정을 거치지 못하기 때문에 단순히 눈으로 글을 읽는 기계적인 행위만 하게 됩니다.

이 책이 아이에게 쉬울지 어려울지 어떻게 알 수 있을까요? 한 쪽에 모르는 단어가 10개를 넘지 않아야 합니다. 한 연구에 따르면 책에 나오는 단어의 90% 이상을 알아야 모르는 단어의 뜻을 앞뒤 문맥을 보며 유추할 수 있다고 합니다. 아이가 지금 읽고 있는 책 한 쪽에서 모르는 단어가 10개 이상이라면 그 책은 아이에게 버거운 책입니다. 내용을 반도 이해하지 못한 채 넘어가고 있을 확률이 높습니다.

아이 수준에 맞는 책을 고르려면 도서관이나 서점에 자주 가야 합니다. 도서관에 함께 가서 아이가 스스로 책을 선택할 수 있도록 해주세요. 아이가 선택한 책을 대여하기 전에 테이블에서 자신이 고른 책을 잠깐 읽어보도록 해주세요. 몇 장 읽다 보면 이 책은 재미있겠다, 재미없겠다 같은 판단을 할 수 있습니다.

아이들에게 책을 고르라고 하면 처음에는 잘 고르지 못합니다. 평소 자기가 좋아하지 않는 분야의 책을 표지나 제목만 보고 고르기도 하고, 수준에 맞지 않는 책을 골라 몇 쪽 읽다가 말기도 합니다. 자발적인 독서를 하려면 스스로 좋아하는 책을 고르는 기회를 자주 갖고 연습해보아야 합니다. '정말 재미있는 책 한 권'을 읽은 경험이 다음 책을 읽게 하는 동기가 되곤 합니다. 무엇인가 배울 수 있는 책, 남들이 좋다는 추천 도서가 아니라 아이가 관심을 가지고 스스로 고른 책한 권이 독서의 즐거움을 느끼며 읽을 수 있는 책입니다.

## 내용을 제대로 읽고 있어야 합니다

2019년 7월에 방송된 SBS 스페셜 〈난독시대-책 한번 읽어볼까?〉에서는 디지털 기기에 익숙한 사람들이 책을 어떻게 읽는지 살펴봤습니다. 아이트래킹Eye Tracking 장비를 이용해 시선이 머무는 곳을 추적하며 읽는 방식을 검사했습니다. 스마트폰에 익숙한 세대는 책을 읽을 때 시선이 문장을 따라가지 않고 Z형 또는 F형으로 움직이거나 문장 흐름의 반대 방향으로 움직인다는 게 드러났습니다.

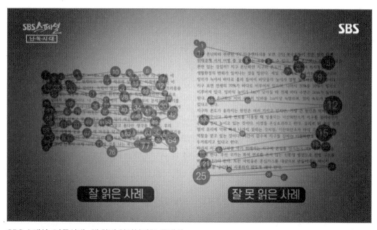

SBS 스페셜 〈난독시대- 책 한번 읽어볼까?〉 중에서

처음 한두 문장을 읽고, 맨 끝으로 와 결론을 확인한 다음 다시 본론으로 들어가 자신이 이해한 부분의 세부 내용을 찾기 위해 읽는 것입니다. 좁은 화면을 스크롤해서 읽는 것처럼 위아래로 시선이 움직이고, 전체 내용을 읽는 게 아니라 중간중간 띄어 읽고 훑어 읽습니다. 이런 읽기 방식에 익숙한 사람들은 무언가를 계속해서 읽고 있지만, 오히려 내용을 정확하게 파악하기는 어렵습니다.

디지털 기기를 쉽게 접하는 요즘 아이들은 그림책보다 유튜브 영상을, 종이 책 넘기는 것보다 스크롤 내리는 것을 먼저 접하는 경우가 많습니다. 종이 책을 읽고 내용을 이해하는 법을 충분히 배우고 익히지 못한 상태에서 디지털 읽기의 특성을 먼저 배운 셈입니다.

종이 책 읽기가 익숙하지 않은 채로 학교에 입학하면 줄글로 된 교과서와 문제집과 책을 쉽게 읽어내지 못합니다. 디지털 읽기와 종이 책 읽기는 각각 다른 방법의 읽기이며, 디지털 읽기의 특징이 훑어 읽기인 만큼 이렇게 읽는 것에 익숙한 아이들은 '깊이 읽기'를 어려워합니다.

노르웨이 연구진이 10대 학생들에게 좋아할 만한 주제의 단편소설을 골라 절반은 디지털로, 절반은 종이 책으로 읽게 했습니다. 실험 결과 종이 책으로 읽은 그룹이 디지털로 읽은 그룹보다 시간순으로 줄거리를 재구성하는 능력이 뛰어났습니다. 디지털 읽기는 종이 책 읽기와 확연히 다른 방법이며 사용하는 뇌의 부분도 다릅니다. 아이가 책을 읽는데도 이해하지 못한다면 책을 '읽기'보다는 띄엄띄

엄 글자를 '보고' 있는 상황일 수 있습니다.

디지털 읽기 방식만큼 요즘 아이들에게 흔히 나타나는 잘못된 읽기 방식 중 하나가 속독입니다. 아이들은 독서를 통해 다양한 즐거움을 얻을 수 있어야 합니다. 책 한 권을 들고 아끼는 선물을 보듯, 맛있는 과자를 입속에 넣고 혀로 녹이며 찬찬히 그 맛을 음미하듯 읽어야 합니다. 그제야 비로소 거기에 쓰인 단어의 의미가 보이고 묘사된 광경이 머릿속에 그려집니다. 아이들이 책을 읽을 때 마치 숙제를 해치우듯 읽어야 한다는 의무감에 휩싸여 읽지 않았으면 합니다. 재미있는 장면이 나오면 두 번 세 번 읽어보고 내가 주인공이 된 것처럼 함께 즐기는 책 읽기가 되어야 합니다. 그러려면 책을 빨리 읽어서는 곤란합니다.

그렇다면 책을 읽는 적정 속도가 있을까요? 최승필 작가는 《공부 머리 독서법》에서 '소리 내어 읽는 정도'의 속도로 읽으라고 권합니다. 보통 묵독(소리 내지 않고 책 읽기)은 음독(소리 내어 책 읽기)보다 두 배 정도 속도가 빠른데, 속독하면 빨라진 만큼 독해력에 손해를 본다고 이야기합니다.

저는 디지털 읽기 방식에 익숙한 아이들, 정확하게 읽지 않고 빠르게 읽으려는 아이들에게 '소리 내어 읽기'를 추천합니다. 우선 소리 내어 읽으면 대충 빨리 읽는 습관을 고칠 수 있습니다. 글을 읽고도 내용을 이해하지 못하는 아이들에게 소리 내어 읽어보라고 하면 어절 단위로 잘 끊어 읽지 못하는 경우가 많습니다. 글을 읽을 때, 정확한 발음으로 의미 단위로 묶어 읽지 못한다면 아이는 지금 글을 이해하지 못하고 있는 것입니다.

자꾸 소리 내어 읽다 보면 어디서 끊어 읽어야 하는지, 어디까지가 의미의 단위인지를 구별할 수 있게 되므로 자연스레 글에 대한 이해도가 높아집니다. 또한 눈으로 글자를 살펴가며 입으로 소리 내어 읽으면 책에 대한 집중도가 높아지기 때문에 책 내용에 더 쉽게 몰입됩니다.

아이들이 그림책을 읽을 때는 소리 내어 읽도록 해보세요. 아이가 지금 소리 내서 잘 읽지 못한다면 정확하게 읽지 못하고 있는 겁니다. 아이가 긴 줄글 책으로 넘어갔을 때도 소리 내어 읽는 것이 좋습니다. 책 전체를 소리 내어 읽기가 힘들다면 한 쪽씩 부모와 아이가 번갈아 읽는 것도 좋습니다. 한 쪽씩 나눠 읽다 보면 책을 읽고 난 뒤에 아이와 함께 가볍게 이야기를 나누기도 좋습니다.

## 글 양과 수준이 조금씩 늘어야 합니다

아이가 책을 많이 읽긴 하는데 학습 만화 위주로 읽는다면 '어휘력' 측면에서는 큰 도움을 받지 못합니다. 학습 만화는 아이들의 흥미를 고려한 콘텐츠로 다양한 지식을 축약해서 담고 있습니다. 즉, 지식과 흥미를 동시에 줄 수 있는 책이기 때문에 아이들에게 인기가 높습니다. 그런데 아이들은 한번 학습 만화에 빠지면 글이 긴 책은 읽지 않으려고 합니다.

부모님은 아이가 다른 책은 안 찾아도 학습 만화는 앉은 자리에서 십여 권을 뚝딱 읽어 내리니 그나마 다행이라고 생각할 수도 있습니다. 하지만 학습 만화는 글의 흐름이 아주 짧습니다. '그때, 커다란 버스가 굉음을 내며 내 앞으로 돌진하였습니다.'라는 상황을 '쾅!' 한마디로 짧게 표현할 수 있습니다. 또한 그림 위주로 상황을 표현하기 때문에 짧은 글마저 이해되지 않더라도 그림으로 이해하면 그만입니다.

중간중간 어려운 단어를 그림 아래에 설명해놓기도 하지만, 아이들은 그 글은 읽지 않습니다. 학습 만화는 흐름이 빠르고 다양한 어휘를 사용하지 않기 때문에 아이들이 학습 만화만 읽어서는 새로운 어휘와 고급 어휘를 만날 기회가 많지 않습니다.

소설책을 읽다가 모르는 단어가 나오면 우리는 앞뒤 문맥을 보곤 대충 이런 의미겠다고 '추론'하여 단어 뜻을 유추합니다. '추론'은 전두엽의 주된 기능 중 하나입니다. 문맥과 앞뒤 내용을 통해 추론하여 새로운 단어로 어휘를 확장하는 것이 독서로 얻을 수 있는 큰 이점인데 학습 만화로는 이 이점을 얻기가 어렵습니다. 다양한 지식을 전달하려니 이야기의 개연성이 떨어지고, 긴 글로 이야기하지 않기 때문에 '추론'하기가 어렵습니다.

학습 만화를 읽으면 지식은 얻을 수 있지만, 독서가 주는 이점인 독해력, 사고력, 어휘력 향상은 기대하기 어렵습니다. 물론 다른 책도 다 즐겁게 읽으면서 학습 만화도 잘 읽는다면 큰 문제가 되지 않습니다. 그런데 학습 만화를 좋아하는 아이들은 긴 줄글 책을 거부하는 경향이 있습니다. 어휘력이 부족하여 글자가 많은 책은 읽기 어려우니 더욱 만화만 찾게 되고, 그러다 보니 어휘력은 더욱 빈곤해지는 악순환이 일어나기도 합니다.

한국 교육정보 미디어 학회에서 발간하는 〈교육정보미디어연구〉에서 '초등학생의 학습만화 선호 성향이 국어어휘력에 주는 영향 분석'(김영환, 이성인, 이현아, 제19권 3호)이라는 연구 결과를 보면 대상 초등학생들의 77.2%가 학습 만화를 선호하였고 이 학생들의 국어 어휘력 평균 점수가 일반 도서를 선호하는 초등학생들에 비해 9.14점이 낮았다고 합니다.

아이가 학습 만화만 고집한다면 이미 긴 줄글 책 읽기에 어려움을 느껴서일 수도 있습니다. 학습 만화는 지식 습득에는 도움을 받을 수 있지만 어휘력 향상에는 크게 도움이 되지 않는다는 점을 기억하기 바랍니다.

# 03

## 그림책 읽기부터
## 시작합니다

제 아이가 한글을 익히기 전에는 여러 가지 그림책을 유심히 고르고 매일 여러 권을 읽어줬습니다. 제 아이는 책을 펴면 뭔가 툭 튀어나오는 팝업북이나 기차가 등장하는 그림책을 좋아했습니다. 되짚어보면 아이는 말을 하지 못했을 때조차 그림을 손으로 가리키며 옹알거렸습니다. 그만큼 그림책은 아이들에게 친숙합니다.

사실 학부모 상담을 해보면 초등학교 2~3학년인데도 여전히 부모에게 읽어달라고 하며 스스로 읽지 않으니 어떡하면 좋으냐는 하소연을 자주 듣습니다. 이렇게 하소연하시는 이유는 매일 책을 읽어주는 게 힘들어서일 수도 있지만 그보다는 읽기 독립을 해야 더 많이, 더 빨리 읽을 수 있을 것 같아서입니다. 독서도 진도를 빼듯 하루라도 빨리 글줄이 긴 책으로 넘어가야 하고, 비문학으로 넘어가야 안심할 수 있을 것 같은 요즘입니다.

그림이 많고 글이 적다는 이유로 그림책을 가볍게 보곤 하는데 사실 그림책 중에는 풍부한 이야기를 담고 있거나 다양한 생각을 이끌어내는 책이 많습니다. 그래서 요즘은 아이들만큼 어른들도 그림책을 많이 읽는다는 말을 덧붙인답니다.

그림책에는 재미있는 그림 표현이 많아 그것 하나만으로도 여러 가지 이야기를 나눌 수 있고, 작가가 그림 곳곳에 숨겨놓은 표현을 찾는 재미도 있습니다. 그림 한 장을 보면서 글에는 다 담지 못한 이야기를 유추하기도 하고, 표현된 손짓이나 눈빛으로 분위기를 짐작해 읽을 수도 있습니다. 이 때문에 같은 그림책을 읽어도 읽는 상황에 따라 조금씩 다르게 해석하고 사람마다 다르게 받아들입니다.

무엇보다 아이의 어휘력을 높이기 위해 읽기에 도전한다면 첫 단계로 그림책을 추천합니다. 특히 지금까지 글에 전혀 관심이 없고 조금이라도 긴 글을 보면 알레르기 반응을 보이는 아이라면 더욱 그렇습니다.

# 시작이 그림책인 이유

어휘력을 늘리는 게 목적이라면 어휘량이 풍부한 줄글 책으로 시작하거나 재미있는 이야기책으로 시작해도 될 것 같은데 굳이 미취학 아이들이 주로 읽는 그림책으로 시작해야 할까요? 네, 저는 다음과 같은 이유로 이왕이면 그림책부터 시작하길 권합니다.

## 책을 싫어하는 아이도 시도할 수 있다

아이들은 모두 이야기를 좋아합니다. 수업이 늘어진다 싶을 땐 경험담이나 이야기를 들려주곤 하는데 몸을 비비 꼬던 아이들도 그 순간만큼은 눈을 반짝이고 귀를 기울입니다. 물론 이렇게 좋아하는 이야기지만 글로 바꾸면 한 줄 한 줄 읽어서 이해해야 하므로 읽기가 능숙하지 않은 아이들은 힘들어합니다. 처음에는 어떻게든 읽어보려 애를 썼지만 글 읽는 데 집중하다 보니 어느 순간 이야기는 사라지고 문장만 남았을지도 모릅니다. 분명 읽었는데 앞에서 읽은 내용을 기억하지 못하는 경우도 흔합니다. 당연히 이야기에 흥미를 잃고 재미없어합니다.

이런 아이들은 글 양을 천천히 늘려줘야 합니다. 그래서 언제나 시작은 그림책입니다. 글이 적기 때문에, 읽기가 서툰 아이도 글 양이 조금만 많아지면 앞 내용을 기억하지 못하는 아이도 선뜻 해보려고 나섭니다. 그렇게라도 읽다 보면 책에서 맛볼 수 있는 재미를 찾게 되고, 재미를 찾는 순간 글 양은 빠르게 늘어갈 겁니다.

만화책만 읽고 글이 긴 책을 읽지 않으려는 아이에게도 그림책은 훌륭한 징검다리가 됩니다. 만화책만 보는 아이들은 대개 글보다 그림을 빠르게 훑어보며 내용을 파악하는 걸 좋아합니다. 옆에서 지켜보면 책을 읽는 게 아니라 그림을 스캔하는 듯 보입니다. 읽는 것보다 보는 게 익숙한 아이들이기 때문입니다. 이런 아이일수록 그림을 좋아할 확률이 높으니 그림책부터 다시 시작하는 편이 빠릅니다.

다양한 그림책을 통해 아름답고 때로는 재기발랄한 그림을 우선 눈에 담게 하는 겁니다. 만화책에는 그림이 한 쪽에 대여섯 컷 이상 담겨 있어 보는 속도가 자연스럽게 빨라집니다. 반면 그림책에는 그림이 한 쪽에 한 컷 들어가거나 두 쪽에 걸쳐 한 컷이 담겨 있기도 합니다. 그림을 유심히 오래도록 볼 수밖에 없고, 그러다 보면 자연스럽게 관심이 생겨 글자도 천천히 읽게 될 겁니다.

### 재미있는 표현을 자연스럽게 늘릴 수 있다

그림책에는 재미있는 표현이 반복적으로 담긴 경우가 많습니다. 가끔 시와 소설 중간에 그림책이 있는 게 아닌가 싶을 정도로 함축적이고 재기발랄한 표현이 자주 등장합니다. 그런 반복되는 표현은 다양한 말장난 소재로 쓰기에 좋습니다. 읽으면서 웃음이 나는 표현이나 신선한 표현이 많아 따라 해보고 싶을 때가 많습니다.

아이들은 어릴 때, ㄱㄴㄷ 그림책과 말놀이 그림책을 보면서 그림과 글을 자연스럽게 배웠습니다. 초등 아이들도 그림과 글을 연결하는 말놀이를 무척 좋아합니다. 지난 봄에 사이다 작가의 《고구마구마》라는 책으로 말놀이를 한 적이 있습니다. 다양한 고구마의 특성이 그려진 그림에 '조그맣구마', '험상궂구마', '탔구마', '불타는구마', '고구마는 군고구마가 맛있구마'와 같은 글이 적혀 있습니다. 다양한 고구마 모습과 '~구마'라는 말을 반복하여 이야기를 이어가는 책입니다.

교실에서 아이들과 함께 책을 읽고 '~구마'를 넣은 단어를 만들어 보자고 했습니다. 신나게 떠드는 아이들에게 그 단어에 맞는 그림을 그려보라고 했습니다. 패턴이 반복되는 문장을 이용하여 다양하게 사용할 수 있는 것이 새로운 말놀이가 되어 아이들끼리 '~구마'를 넣은 대화를 이어갔습니다.

《고구마구마》를 읽은 후 아이들과 함께 한 활동

저학년 아이들과 함께 한 수업이려니 했다가 그린 그림을 보고 고학년이라고 눈치챘을 겁니다. 맞습니다. 이 수업은 5학년 아이들과 함께 한 수업이었습니다. 《고구마구마》는 4~7세용 짧은 그림책이지만 초등 아이들이 보기에도 충분히 좋습니다. 우리가 책을 읽는 이유는 더 많은 이야기를 알고 싶어서일 수도 있지만 더 많이 생각하고 표현하고 나누고 싶어서이기도 합니다. 그런 의미에서 《고구마구마》는 다양한 표현을 배우는 걸 넘어 더 많이 생각하고 더 많이 표현하고 더 많이 나눌 수 있게 도와줬습니다.

수업 내내 아이들이 얼마나 많이 웃고 떠들었는지 모릅니다. 한동안 우리 반 유행어가 '~구마'였듯 우리 집 유행어도 그날 읽은 그림책 표현이길 바랍니다. 이런 그림책은 '내가 지금 공부하고 있구나!'라는 생각 없이 놀이처럼 스며들 수 있게 해주어 더 좋습니다. 책이든 공부든 놀이처럼 여겨지면 그보다 좋은 게 없습니다.

재미있는 표현을 늘릴 수 있는 그림책을 한 권 더 소개할게요. 김지영 작가의 《내 마음 ㅅㅅㅎ》인데 이 책에는 ㅅㅅㅎ으로 만들 수 있는 다양한 감정 표현이 나옵니다. 'ㅅㅅㅎ'으로 말할 수 있는 감정에는 무엇이 있을까요? 교실에서는 이런 초성 퀴즈를 자주 진행합니다. 중요 단어를 ㅅㅅㅎ처럼 초성으로 제시하고 맞히도록 하는 겁니다. 단서가 될 만한 힌트를 주면 아이들은 다양한 단어를 쏟아냅니다. 전혀 생각지도 못한 엉뚱하고 기발한 단어가 나오곤 하는데 그럴 때마다 '아, 맞다. 저런 단어가 있었지'라며 놀라곤 합니다. 아이들도 저도 즐거운 시간입니다.

저는 표지만 보고 '시시해', '속상해', '섭섭해' 정도를 떠올렸습니다. 막상 그림책을 열어보면 생각 이상으로 훨씬 많은 ㅅㅅㅎ들이 나옵니다. 그림책에서 "뭘 해도 마음이"라는 글을 보고 책장을 넘기며 다음 쪽 내용을 '속상해?'로 유추해보기도 했습니다. 같은 초성을 가진 단어들을 이용해 하나의 연결된 이야기를 만드는 것이 신기했습니다. 그림책을 읽고 아이와 'ㄱㄱㅎ'과 같이 변형된 초성을 이용해 단어 떠올리기를 해봐도 좋습니다.

《내 마음 ㅅㅅㅎ》을 읽은 후 아이들과 함께한 활동

## 적절하고 다양한 표현을 익힐 수 있다

그림책의 가장 큰 장점은 많지 않은 단어로 다양한 상황을 가장 잘 표현한다는 점입니다. 문장 한 줄이 즐거움과 감동과 교훈을 주기도 합니다. 그림책을 읽다 보면 이런 상황에서 이런 쉬운 표현으로도 이렇게 정확하게 생각과 마음을 전할 수 있구나 싶어 다시 읽을 때가 많습니다. 쉽지만 정제된 표현이라는 말이 딱 맞습니다.

어휘량이 풍부하면 말을 잘할 거라 여기는데 그렇지 않은 경우를 자주 봅니다. 전문 용어를 섞어 쓰거나 비슷한 말이지만 100% 적합하지는 않는 말을 쓰는 경우입니다. 말을 잘하는 사람은 상대방이 이해하기 쉬운 어휘를 골라 정확하게 쓰는 사람입니다. 쉽고 짧은 단어만으로도 상황과 생각과 마음을 잘 표현할 수 있는 게 가장 어렵습니다. 그 어려운 걸 해내는 책이 그림책입니다.

읽고 나서 여운이 많이 남는 그림책은 그 글자를 하나하나 곱씹어 보게 됩니다. 이 상황에서 어떻게 이렇게 표현했을까? 많은 말을 하지 않고도 이런 표현이 가능한 것은 그림책 속에 은유와 상징의 기법이 많이 들어있기 때문입니다. 사실 그대로를 표현하기보다 무엇인가에 빗대어 표현하기 때문에 단어 하나를 다양하게 해석할 수 있고, 다양하게 활용할 수 있는 상황을 그림책 속에서 자주 만납니다.

《모모모모모》 중에서 ⓒ밤코

밤코 작가의 《모모모모모》 그림책을 보면, 모가 자라고 농부가 피를 뽑고 벼가 바람에 넘어지기도 하며 마침내 수확하고 탈곡하여 우리 식탁에 밥이 올라오기까지의 모든 과정이 한두 단어와 그림으로 재미있게 표현되어 있습니다.

## 경험을 늘리고 생각의 폭을 넓힌다

우리가 책을 읽는 이유는 지식을 쌓기 위해서기도 하지만 경험과 생각의 폭을 넓히기 위해서기도 합니다. 경험과 생각의 폭을 넓힌다는 건 책에서 전하는 지식과 이야기를 그대로 받아들이는 것을 넘어 책과 나를 연결하여 생각하고 상상하고 경험한다는 의미입니다. 내 생각이나 경험의 어떤 부분과 책이 맞닿아서 변화가 일어나야 진짜 독서입니다.

책은 책이고 내 생활은 내 생활이다 식 독서라면 아무리 많이 읽어도 나에게 아무 영향을 미치지 못합니다. 그런데 그림책은 길지 않은 분량이지만 그림과 짧은 단어를 통해 내용을 표현하여 다양한 상상이 가능하게 만듭니다. 그중 한 장면은 지금 내 상황이 투영되어 읽히기도 합니다.

그림책을 읽으면 길지 않은 시간을 투자하고도 생각의 나래를 다양하게 확장할 수 있습니다. 심지어 아예 글이 없는 그림책도 있습니다. 작가가 무슨 의도로 이 그림책을 만들었을까 생각하며 책장을 넘기다 한동안 넘길 수 없는 그림을 만나기도 합니다. 그 순간 그림과 내 삶이 맞닿고 나만의 해석이 일어납니다. 어떻게 읽든 어떻게 해석하든 모두 독자의 몫입니다. 아이들이 또 다른 세상을 만나고 동시에 자신의 미래를 상상해볼 수 있는 책을 만나도록 도와주세요.

몇 해 전 김윤정 작가가 그린 《친구에게》를 읽고 한동안 그림을 곱씹어본 적이 있습니다. 당시 늘 함께했던 친구에게 마음의 상처를 입은 터라 더 밟혔는지 모르겠습니다. 그림과 그림 사이에 낀 면이 창틀처럼 보이는 것도 신기했는데, 창틀을 넘길 때마다 같은 상황이지만 전혀 다른 상황처럼 연출된 부분도 기발했습니다.

목이 말라 물이 없어 슬퍼하는 아이에게 내 물을 나누어주는 장면, 혼자 있는 아이에게 슬며시 다가가 마주보는 장면을 한참 보면서 생각에 잠겼습니다. 그림 하나하나를 눈에 담으며 '친구란 무엇일까, 혼자는 무엇이고 함께란 무엇일까'를 진지하게 생각해볼 수 있었습니다. 저는 이 그림책으로 친구에게서 받은 상처를 어루만질 수 있었습니다. 그림책이 가진 힘입니다.

## 그림책을 제대로 읽는 방법

누구라도 시작할 수 있고 다양한 표현과 적절한 표현을 늘릴 수 있으며 생각까지 넓힐 수 있는 그림책이지만 아이와 읽을 때 유의해야 할 몇 가지가 있습니다.

## 빠르게 후루룩 읽지 않는다

그림책을 아이들에게 읽어보자고 하면 한두 명은 꼭 5분도 안 돼 "선생님 다 읽었어요!"라고 말합니다. 이 아이들에게 그림책은 선생님이 읽으라고 해서 읽은 숙제일 뿐입니다. 할 일을 빠르게 마쳤다는 기분으로 외치는 겁니다. 그림책은 조금 천천히 그림 한 장 한 장, 문장 한 줄 한 줄을 곱씹으며 살펴봐야 빛을 발합니다. 어떤 이야기나 지식을 빠르게 전달하려고 만들어진 책이 아니니까요.

그림책을 하루에 열 권 넘게 읽고 "다 읽었어요!"라고 말하는 건 말 그대로 '읽었다'에 초점이 맞춰진 겁니다. 그림책을 읽을 땐 얼마나 읽었느냐보다 어떻게 바라봤고, 어떻게 읽었고, 어떤 생각을 했느냐가 중요합니다. 그래서 몇 권 읽었는지는 큰 의미가 없습니다. 그런데도 아이들마저 권수에 집착하는 건 누군가에게 몇 시간 동안 몇 권을 읽느냐로 평가를 받아봤기 때문입니다.

급히 먹은 밥은 체하기 마련입니다. 허겁지겁 밥을 먹고 나면 무엇을 먹었는지조차 모를 때가 있습니다. 식사 시간이 되었으니 먹고, 많이 먹는 게 좋다니 더 많이 먹고, 건강에 좋은 음식이라고 하니 먹는 게 아니라, 천천히 먹으면서 먹는 즐거움을 발견해야 합니다. 책도 마찬가지입니다. 읽는 즐거움을 스스로 발견해서 이어갈 수 있도록 천천히 음미하며 읽게 해야 합니다.

## 천천히 음미하며 읽게 한다

후루룩 읽고 끝내는 아이들을 어떻게 천천히 읽게 할 수 있을까요? 정답은 아니지만 제가 실천하는 방법을 소개하겠습니다. 우선 책 표지부터 살펴봅니다. 앞표지와 뒤표지는 물론 그 속에 담긴 그림과 카피, 책 제목, 지은이, 그린이, 출판사까지 꼼꼼하게 살펴봅니다. 교실에서 아이들과 함께 책을 읽을 때 해온 방법이기도 하지만 집에서 아이들과 책을 처음 만났을 때 따르는 방법이기도 합니다.

저는 아이들에게 책을 읽어줄 때 항상 책 제목을 가립니다. 실물 책이라면 종이로 제목을 가리고 화면으로 보여줄 때는 미리 제목을 지워둡니다. 그리고 표지에 있는 그림과 내용에 대해 물어봅니다. "뭐가 보이니?"라고 물으면 아이들은 대표 이미지 한두 가지를 이야기합니다. 그러고 나면 미처 아이들이 보지 못한, 구석에 보이는 그림이나 작아서 잘 보이지 않는 그림까지 하나하나 짚어보면서 이야기를 나눕니다. 처음에는 보이지 않았던 그림들이 책을 읽다 보면 이야기에 등장하는 경우가 무척 많다는 걸 알고 나서입니다. 앞으로 무슨 일이 벌어질지 표지 그림을 보면서 상상하게 하는 겁니다.

표지에 있는 그림 중 의미 없는 그림은 없습니다. 뒤표지도 마찬가지입니다. 앞표지와는 또 다른 이야기가 담겨 있습니다. 앞표지가 예고편이라면 뒤표지는 뒷이야기 같은 느낌입니다.

표지 이미지와 글을 찬찬히 살펴보고 이야기를 나눈 다음에는 작가에 대해 이야기합니다. 백희나 작가의 《알사탕》을 본다면 "우리가 그전에 본 작가님 책에는 무엇이 있었지?", 《구름빵》, 《달샤벳》, 《장수탕 선녀님》, 《이상한 엄마》, 《이상한 손님》 중에서 무엇이 가장 기억에 남아?"와 같은 이야기를 합니다. 출판사에 대해 이야기하거나 시리즈로 묶인 책이라면 시리즈에 대해 이야기할 때도 있습니다.

백희나 작가의 《알사탕》 앞표지

《알사탕》 뒤표지

저자, 출판사, 시리즈 등을 따로 이야기하는 이유는 아이가 스스로 책을 찾아 읽는 독자가 되길 바라는 마음에서입니다. 책과 관련한 정보라면 무엇이라도 알게 해서 친숙하게 느끼도록 하기 위해서입니다. 아이돌을 좋아하는 아이라면 아이돌 한 명 한 명의 음색, 포즈, 노래 스타일을 구별하고 이야기할 수 있듯이 아이들이 작가와 출판사에 따라 본인만의 데이터와 경험을 쌓아가기를 바랍니다. 김영진, 요시타케 신스케, 백희나 작가의 그림과 글은 색깔이 완전히 다릅니다.

김영진 작가의 《수박》　　　요시타케 신스케 작가의　　　백희나 작가의 《구름빵》
　　　　　　　　　　　　《이게 정말 나일까?》

　　다양한 색깔을 맛보고 음미하고 나누는 경험을 쌓아가다 어느 날
"나는 사랑스러운 캐릭터가 가득하고 깜짝 놀랄 반전이 있는 이지은
작가님 책을 좋아해요"라고 말할 수 있길 바랍니다.

이지은 작가의 《팥빙수의 전설》　　《친구의 전설》　　　　《이파라파나무나무》

　　글줄이 긴 책을 읽을 때도 마찬가지입니다. 저자와 출판사가 표지
와 제목을 정할 때는 그냥 정하지 않습니다. 표지는 첫인상이고 제

목은 첫인사말입니다. 첫인상이 사람에게 무척 중요하듯 표지를 만들 때도 책을 펼쳐보고 싶고 읽어보고 싶은 마음이 들도록 고민해서 만듭니다. 더불어 반전이 숨어있는 제목, 실마리가 될 법한 이미지 등을 곳곳에 숨겨둡니다. 아이들과 이런 이야기를 나누고 난 후 책을 읽으면 아이들 눈빛이 반짝입니다. 책장을 넘기면서 '내가 생각한 게 맞을까?', '아까 앞에서 봤던 그림이 여기 나왔네!'라고 생각하며 읽을 수 있게 돕는 과정이기도 합니다.

그림책이라면 빠트리지 않고 보는 게 한 가지 더 있습니다. 바로 간지입니다. 책장을 넘기면 처음 만나는 종이기도 하고, 책장을 덮기 직전에 만나는 종이기도 합니다. 간지에는 대개 글자가 없는데 자세히 보면 패턴이 그려진 경우가 많습니다. 그림책에서는 간지로도 이야기를 전합니다.

진수경 작가의 《뭔가 특별한 아저씨》 앞면 간지에는 줄이 죽죽 그어져 있습니다. 뒷면 간지에도 줄이 죽죽 그어져 있는데 중간에 잘린 줄이 있습니다. "도대체 왜 이런 걸까?", "무슨 의미일까?"라고 이야기를 하면 도통 감을 잡지 못합니다. 하지만 책을 다 읽고 다시 간지를 보여주면 "아!" 하는 탄성이 나옵니다. '작가가 이걸 이렇게 표현했네?'라는 감탄과 함께 숨은 그림을 찾은 듯한 기분을 느끼게 합니다.

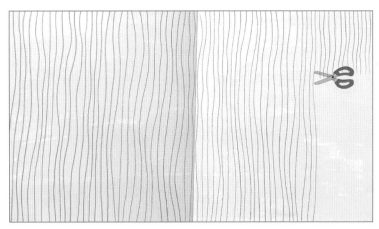
《뭔가 특별한 아저씨》의 뒷면 간지 ⓒ진수경

책을 아직 펼치지도 않았는데 이렇게 많은 이야기를 나눌 수 있습니다. 표지만 이 정도인데 본문은 오죽 할 말이 많을까요? 맞습니다. 생각을 끌어내는 대화를 하는 데 그림책만큼 좋은 소재도 없습니다. 이렇게 이야기를 충분히 나누고 나면 아이들은 몇 가지 단서를 쥔 탐정이 됩니다. 본문에 담긴 그림 한 장 한 장, 색깔 하나하나, 구석에 있는 소품 한 개 한 개, 문장 한 줄 한 줄 허투루 보고 읽지 않습니다. 그림책 읽어치우기가 그림책에 빠져들기로 바뀌는 순간입니다.

### 시작은 부모가 함께한다

"굳이 부모가 읽어줘야 하나요? 아이가 스스로 읽어도 되지 않을까요?"라는 질문을 자주 받습니다. 부모가 꼭 읽어주지 않아도 됩니다. 다만 첫 시작은 부모님이 도와주길 권합니다. 아이가 그림책을 처음 접한다면 어떻게 읽어야 하는지에 관한 가이드라인이 필요합니다. 가이드라인은 대단하지 않습니다. 그림과 글을 찬찬히 보고 음미하고 이야기 나누기입니다. 아이와 함께하는 그림책 수다 타임입니다.

읽기가 서툰 아이는 글을 어절 단위로 끊어 읽지 못합니다. 부모 목소리로 읽어주면 훨씬 편안하게 여기고 잘 듣습니다. 아이는 들으면서 어떻게 읽어야 하는지도 자연스럽게 배웁니다. 초등학교 저학년 또는 읽기가 서툰 아이를 둔 부모라면 아이와 번갈아가며 소리 내 읽는 게 효과적입니다. 읽기가 서툰 아이일수록 조급해지지 않도록 조금 천천히 읽어주세요. 대화가 많은 책이라면 주인공 대사를 아이가 읽고 나머지를 부모가 읽어도 좋습니다. 부모가 전부 읽지 않고 아이와 함께 읽는다는 게 포인트입니다.

초등학교 고학년 아이거나 읽기가 능숙한 아이라면 이야기를 충분히 나눈 후 부모가 같은 책을 옆에서 조용히 읽는 것만으로도 충분합니다. 같은 이야기를 같은 공간에서 읽고 있는 것만으로도 아이는 함께 읽어나간다고 여깁니다.

이렇게 말하면서도 죄송할 때가 많습니다. 자꾸 부모에게 숙제를 드리는 것 같고, 아이가 책을 좋아하지 않는 걸 부모 탓으로 돌리는 것처럼 들릴까봐서요. 결코 그렇지 않습니다. 저라고 다르지 않았습니다. 아이 키우면서 매일 책을 읽어주기가 쉽지 않다는 거, 잘 압니다. 교사라는 이유로 퇴근이 이르고 방학이 있었던 저조차 잘하지 못한 일입니다. 그래서 너무 잘하려 하지 말고 할 수 있는 만큼만 해주길 권합니다.

저는 덜 힘든 요일이나 주말을 이용해 일주일에 두세 번 읽어줬습니다. 그 두세 번도 남편에게 쓱 미룬 적이 많습니다. 당연히 아이 혼자 읽은 날도 많았고요. 날마다 하지 않아도 됩니다. 시작할 때 몇 번만 너무 빨리 읽지 않도록 신경 써서 표지, 작가, 그림과 글 표현을 꼼꼼하게 읽도록 알려주면 됩니다. 이 정도로도 충분합니다.

## 그림책 독후 활동

그림책을 읽고 나니 그대로 끝내기가 아쉬워 독후 활동을 해주고 싶은데 어떻게 해야 할지 몰라 고민인가요? 사실 아이가 즐겁게 읽고 있다면 그것으로도 충분합니다. 모든 책마다 독후 활동을 하려고 애쓰지 않아도 됩니다. 가볍게 "책 어땠어?"나 "어떤 부분이 기억에 남아?" 정도로만 질문해도 괜찮습니다. 아이가 정말 재미있는 책을 읽고 나면 물어보지 않아도 먼저 다가와 한참 이야기를 하기도 합니다. 그럴 땐 귀기울여 들어주고 고개를 끄떡여주고 가볍게 웃어주면 됩니다.

그럼에도 궁금한 분들을 위해 제가 교실에서 하는 몇 가지 활동을 소개하겠습니다. 어느 그림책에나 적용할 수 있으며 쉽고 효과적인 방법입니다.

## 나와 통하는 장면 고르기

그림책 교육 연수와 이현아 선생님이 쓴《그림책 한 권의 힘》에서 배운 내용인데 아이들이 꽤 즐거워하는 활동입니다. 그림책을 읽은 후 나와 통하는 딱 한 장면을 찾도록 하고, 포스트잇을 꺼내 그 장면과 관련된 경험, 오감, 생각, 질문을 쓰게 하는 겁니다. 다음과 같은 질문에 답하게 한 후 답을 쓴 포스트잇을 그 장면에 붙이는 활동입니다.

경험 : 이 장면을 통해서 떠오르는 경험이 있니?

오감 : 떠오르는 색깔이나 촉감, 냄새에 대해 자유롭게 이야기해줄래?

생각 : 어떤 생각이나 기분이 들었니?

질문 : 이 장면에서 친구들과 나누고 싶은 질문 한 가지만 해줄래?

아이들과 함께 안녕달 작가의《수박 수영장》을 읽고 난 후 나와 통하는 한 장면을 찾아 질문에 답해보는 시간을 가졌습니다.《수박 수영장》은 뜨거운 여름이 오면 아이들이 커다란 수박 안에 들어가 수영을 하며 논다는 재미난 상상력이 돋보이는 그림책입니다. 아이들이 신나서 적은 게 전해지지 않나요? 이렇게 적은 포스트잇을 붙이고 나면 아이들은 다른 친구들은 어떤 장면을 통하는 장면으로 골랐을지 궁금해하며 살펴봅니다. 교실에서는 아이들이 여러 명 참여하므로 질문을 여러 개 써두지만 집에서 할 때는 한 가지만 골라 적어도 된다고 말해줍니다.

《수박 수영장》을 읽고 나와 통하는 장면 찾기를 한 활동

저는 그림책 교육 연수를 받을 때 구도 나오코가 글을 쓰고 호테하마 다카시가 그린 《작은 배추》를 읽었습니다. 여러 장면 중 크기가 작아 트럭에 실려 가지 못한 배추가 홀로 덩그러니 남아있는 장면을 골랐고요. 당시 포스트잇에는 "오늘 아침 아이를 다그치고 출근했습니다. 모두 다 떠나가는 그곳에 맞추어 가야 한다고 조바심을 낸 엄마의 모습을 보며 아이는 홀로 남아있는 배추처럼 외롭지 않았을까라는 생각이 듭니다."라고 적었습니다. 순전히 그날 아침 제 경험이 혼자 남은 배추의 쓸쓸한 뒷모습에 들어가 있었습니다.

### ·말풍선에 생각이나 대사 쓰기

그림책 그림에 말풍선 모양 종이를 오려서 붙여놓고, 등장인물이나 사물이 뭐라고 했을지 쓰는 활동입니다. 말풍선 종류는 두 가지입니다. 하나는 속마음 말풍선이고 다른 하나는 대사 말풍선입니다. 구분되도록 말풍선 모양이나 색깔을 다르게 하면 좋습니다.

아이들과 함께 유설화 작가의 《슈퍼 거북》을 읽고 말풍선에 생각이나 대사 쓰기 활동을 해봤습니다. 꾸물이가 자신을 놀리는 벽보를 보는 장면에 말풍선을 갖다 대고 "지금 꾸물이는 어떤 생각을 하고 있을까?", "무슨 말을 하고 싶을까?"라고 물었습니다. 아이들은 이 장면에 어떤 생각과 말을 남겼을까요?

《슈퍼 거북》을 읽고 말풍선에 생각이나 대사 쓰기를 한 활동

이런 활동을 하고 나면 책 내용을 그대로 읽지 않고 '내가 꾸물이라면 이 장면에서 이런 생각을 했을 것 같아'라는 식으로 생각을 하면서 읽는 습관이 생깁니다. 처음 책을 읽을 때는 작가 관점에서 그대로 읽는 게 좋지만(사실적 읽기와 공감하며 읽기), 함께 읽기를 하거나 다시 읽을 때는 이렇게 내 경험에 비추어 읽기(적용적 읽기), 내 관점으로 읽기(비판적 읽기), 상상해서 읽기(창의적 읽기)가 병행되면 좋습니다.

## 나만의 그림책 만들기

그림책을 패러디하여 나만의 그림책을 만들어보는 활동입니다. 네이버나 다음에서 '스크랩북'을 검색하면 5쪽 또는 10쪽짜리 무지 책이 나옵니다. 초등 아이들에게는 5쪽이면 충분합니다. 5쪽은 500원 정도면 살 수 있으므로 여러 개 사두고 마음에 드는 책을 만났을 때 '너만의 책'을 만들어보자고 합니다. A4 용지를 잘라서 만들 수도 있는데 군이 스크랩북을 추천하는 이유는 종이가 두껍고 모양이 잘 잡혀 있어서 정말 책처럼 보이는데 가격도 저렴하기 때문입니다.

무엇보다 책처럼 보여서인지 아이들은 A4 용지를 잘라서 만든 미니북에 작업할 때보다 훨씬 공들여 작업하고, 똑같이 작업해도 훨씬 완성도가 높아 보여서 만족도도 높습니다. 종이가 두꺼워 색깔이 선명하고 진한 컬러 네임 펜과 색연필로도 편하게 작업할 수 있습니다. 교실에서는 아이들이 좋아하는 활동이라 학년 초에는 무지 책을 대량으로 사서 편하게 쓸 수 있도록 하고 있습니다.

김정민 작가와 이영환 작가 쓰고 그린 《담을 넘은 아이》를 읽고 아이들과 나만의 그림책을 만들어보았습니다. "내가 만약 이 책의 작가라면 어떻게 표현했을까?"라고 말해주면 집중해서 만들어내는 아이들입니다.

원래 표지를 살짝 변형한 표지부터 제목을 바꾸거나 인상 깊은 장면을 넣은 표지까지 다양하게 나옵니다. 뒤표지 역시 책 속 장면이나 문장을 인용하거나 궁금증을 유발하는 질문을 넣기도 합니다.

《담을 넘은 아이》를 읽고 아이들이 만든 앞표지와 뒤표지

드라마나 웹툰처럼 인물 관계도를 넣을 수도 있습니다. 이 책에서는 푸실이 아버지가 한 번도 나오지 않았지만 아이들은 상상해서 그려 넣기도 합니다.

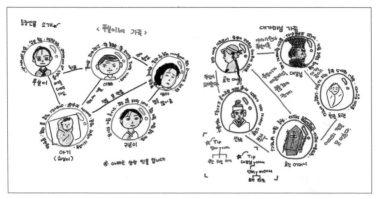

《담을 넘은 아이》를 읽고 난 후 반 아이가 만든 인물 관계도

## 그림책, 몇 살까지 읽을까?

요즘은 어른들도 아이들 그림책을 일부러 찾아서 읽습니다. 그래서인지 더 이상 그림책을 '아이들이 읽는 책'으로만 여기지 않습니다. 당장 저만 봐도 그렇습니다. 아이를 키우기 전인 20대에도 그림책을 찾아서 읽었으니까요. 그래서인지 그림책 출간 종수와 판매량이 꾸준히 늘고 있다는 기사를 자주 봅니다. 주목할 만한 건 그림책 독자 통계를 보면 여전히 40대 부모 세대가 많지만 20~30대 독자도 꾸준히 늘고 있다는 점입니다. 세상이 이렇게 변했습니다.

이런 분위기가 학교에서도 그대로 이어집니다. 당장 교사들의 그림책 읽기 모임이 꽤 많습니다. 어떻게 그림책으로 수업을 설계할 수 있을까 하는 고민도 많아지고 있고요. 저는 고학년 인권 수업을 할 때, 가짜 뉴스에 대한 이야기를 할 때, 남들의 기준에 맞추어 사는 것에 대한 이야기를 할 때, 진정한 나눔에 대한 이야기를 할 때 그림책을 이용하여 수업했습니다.

그림책은 주제 파악이 쉽고 명확하며, 다양한 주제를 피부에 와 닿게 표현하는 경우가 많습니다. 주제가 무거운 내용일수록 이야기를 가볍게 던져야 하는데, 그러기엔 긴 줄글 책보다 그림책이 좋습니다. 오히려 고학년 아이들은 같은 그림책을 봐도 저학년 때보다 이해도가 높아져서인지 더 많은 이야기를 나누고 활발하게 토론합니다.

고학년 아이들이 그림책 읽는 것을 부끄러워하거나 불필요한 독서라 여기지 않았으면 합니다. 같은 그림책도 일곱 살에 읽는 것과 열세 살에 읽는 건 다릅니다. 아는 만큼 보인다는 건 그림책에도 그대로 적용됩니다.

초등학교 고학년은 물론 청소년이 돼도 좋은 그림책을 찾아 읽고 그 속에 담긴 이야기들을 읽어내도록 도움을 줘야 합니다. 그러려면 부모부터 그림책을 편하고 즐겁게 읽어야 합니다. 그 모습을 보면서 아이들도 생각합니다. '그림책이 어린아이들만 읽는 책이 아니었구나.'

## 좋은 그림책을 고르는 방법

하루 종일 책 한 쪽 읽지 않는 아이를 보면서 그림책 읽기부터 시작해보자고 마음먹었더라도 당장 무슨 그림책을 읽어야 할지 모를 수 있습니다. 어렵지 않습니다. 무엇보다 그림책은 글줄이 긴 책보다 실패할 확률도 낮습니다. 아무리 안 읽는 아이라도 한 권 정도는 읽어보겠다며 선뜻 나서기도 합니다. 그러니 너무 걱정 말고 시작해보세요. 당연한 이야기지만 많이 골라보고 많이 읽어봐야 내가 좋아하는 그림책을 찾을 수 있습니다. 그건 아이든 부모든 마찬가지입니다. 그러니 당장 시작해보길 권합니다.

## 1단계 | 책 고르고 읽기

예스24, 알라딘, 교보문고 같은 온라인 서점 중 한 곳에 들어갑니다. 사용자가 가장 많은 예스24 www.yes24.com를 예로 들어보겠습니다. 검색 창에서 '그림책'을 검색하면 인기순으로 그림책 목록이 나타납니다. 또는 [베스트]-[유아]-[4~6세] 항목을 클릭해도 좋습니다.

예스24에서 그림책을 검색하는 방법

흔히 베스트셀러라고 하면 작품성보다 인기에 편승한 책이라는 선입견이 있는데 어린이 책은 예외입니다. 그림책이나 어린이 책은 오래도록 꾸준히 팔리는 스테디셀러 혹은 검증받은 작가 책이나 수상작이 베스트셀러에 오르는 경우가 많습니다. 그래서인지 성공할 확률이 높습니다.

1위부터 차례로 쭉 훑어보면 유독 자주 보이는 작가, 출판사, 시리즈가 있을 겁니다. 저는 '책읽는곰' 출판사의 '그림책이 참 좋아' 시리즈와 '웅진주니어' 출판사의 '모두의 그림책' 시리즈 등을 좋아합니다. 목록을 살펴보면서 관심이 가는 그림책은 상세 설명이나 미리보기를 통해 대략 어떤 내용과 그림일지 확인합니다.

이 많은 인기 그림책 중에 유독 내 눈이나 아이 눈에 들어오는 책이 있을 겁니다. 그림책 제목이 마음에 들었을 수도 있고 표지 그림이 마음에 들었을 수도 있습니다. 아이가 원한다면 이 단계부터 함께하면 좋습니다. 그런 책은 찜해두고 목록으로 적어둡니다. 요즘에는 오프라인 서점에 가도 그림책은 대부분 비닐로 싸두어 안을 들여다볼 수 없습니다. 그래서 꼭 거치면 좋은 단계입니다. 온라인 서점에 들어가는 걸 자주 함께하다 보면 나중에는 아이가 알아서 책을 골라 담아놓기도 합니다. 그렇게 될 때까지 습관을 들이면 좋습니다.

이렇게 만든 목록을 들고 근처 도서관으로 갑니다. 방금 온라인 서점에서 한 번 눈으로 보고 온 터라 많은 그림책 중에서도 내가 봤던 그림책들이 유독 잘 보일 것입니다. 또는 도서관에서 그림책을 시리즈별로 정리해두었다면 시리즈를 한 권 한 권 쭉 살펴볼 수 있습니다. 그 책들을 모두 모아 서가 근처에 있는 책상 앞에 앉아 읽어봅니다.

고른 책을 도서관에서 전부 다 읽었더라도 재미있었던 책 두세 권을 대여해 옵니다. 도서관에서는 스스로 혼자 읽지만 앞서 말한 활동을 하려면 빌려오는 게 좋기 때문입니다. 독후 활동을 하기에 적합한 책을 빌려와도 좋습니다.

### 2단계 | 재미있게 읽은 책 목록 만들기

이렇게 온라인 서점과 도서관을 활용하여 그림책을 찾아 읽은 다음에는 읽은 책 중에서 재미있고 좋았던 책 목록을 만듭니다. 사실 목록을 만들지 않아도 자연스럽게 알아가기도 합니다. 어느 정도 목록이 쌓여가면 자연스럽게 내가 어떤 그림책을 좋아하는지 알게 되고, 그런 그림책 위주로 찾아가게 됩니다.

부모가 좋아하고 아이가 좋아하는 그림책이 세상에서 가장 좋은 그림책입니다. 일부러 추천 목록을 뒤지지 않아도 괜찮습니다. 추천 목록대로 했다가는 자칫 책만 쌓이고 부모와 아이의 부담감도 더해질 수 있습니다. 그림을 좋아하는 성향도 아이마다 다릅니다. 사실적인 재미있는 표현을 좋아하는 아이가 있는가 하면, 잔잔하고 따뜻한 그림책을 좋아하는 아이가 있고, 기상천외하고 상상력이 넘치는 그림책을 좋아하는 아이도 있습니다.

여러 권의 인기 그림책 중에서 고르고 읽어본 경험을 통해 좋아하는 작가, 그림 스타일, 글체, 주제를 찾을 수 있습니다. 부모와 아이가 전혀 다른 책을 좋아하기도 합니다. 부모가 몰랐던 아이의 취향을 책으로 발견하기도 합니다. 그렇게 서로 몰랐던 부분을 알아가는 것도 배움입니다. 아이가 좋아하는 그림책을 찾아가는 여정은 책을 즐기고 사랑하는 아이로 만들어가는 길입니다. 부모도 나란히 서서 부모만의 독서 여정을 만들어보세요.

### 3단계 | 짝꿍 그림책 찾기

'주제에 맞는 짝꿍 그림책'을 함께 읽어보는 것도 좋은 방법입니다. 그림책을 활용한 주제 수업을 할 때 이렇게 진행합니다. '봄'을 소재로 한 그림책, '평등'을 소재로 한 그림책, '가족'을 소재로 한 그림책을 모아서 함께 읽어보는 것입니다. 그림책을 '활용'하여 생각을 나누기 좋은 방법입니다.

한 작가의 생각이 아닌 여러 작가의 표현을 보면서 내 생각의 확장을 이루기에 좋습니다. 데이빗 새논의 《줄무늬가 생겼어요》에 나오는 주인공 소녀는 자기표현을 하지 못하고 다른 사람의 시선을 중요하게 생각하며 다른 사람에게 잘 보이려고 애씁니다. 어느 날, 소녀는 다른 사람의 말에 따라 몸이 변하는 병에 걸렸습니다. 이 병의 치료법은 '내가 진짜 하고 싶은 것을 하고 살아가기'입니다. 그림책에 담긴 주제가 전해지나요? 이렇게 비슷한 주제를 담은 책을 찾아 함께 읽는 겁니다.

같은 주제의 그림책을 찾는 게 어렵다고요? 정답을 찾으려고 하면 어렵습니다. 가볍게 생각하면 쉽습니다. 당장 저는 이 책과 비슷한 책으로 유설화 작가의 《슈퍼 거북》을 떠올렸습니다. 끊임없이 남의 시선을 의식하고 그 기대에 부응하며 살아가는 것이 과연 행복인지, 진짜 행복은 무엇인지 돌아보게 하는 내용입니다.

저는 《슈퍼 거북》을 골랐지만 우리가 흔히 아는 이야기를 새로운 시선으로 바라보는 《늑대가 들려주는 아기 돼지 3형제》와 연결하여 읽을 수도 있습니다. 전혀 다른 이야기 같은데 아이들은 연결점을 기가 막히게 잘도 찾아냅니다. 아이 마음입니다. 이렇게 두 책 사이에서 비슷한 점을 찾아 연결하며 책을 확장시키는 것이 그림책을 읽는 좋은 방법이라고 말씀드리고 싶습니다.

그림책에 관해 검색하면 너무 많은 정보로 더 혼란스러워지곤 합니다. 그럴 땐 그림책 박물관http://www.picturebook-museum.com에서 도움을 받을 수 있습니다. 출판사별, 작가별, 수상도서별 등 다양한 도서가 소개되어 있습니다. 그림책을 고르는 게 혼란스럽게 여겨지거나 어렵다면 참고하기 좋은 곳입니다.

전문가나 협회 추천 도서 목록도 좋지만 그 어떤 곳보다 누구보다 내가 직접 만나고 경험한 책이, 내 마음에 드는 책이, 내가 좋아하는 책이 세상에서 가장 좋은 책입니다. 내 안목과 느낌, 내 아이의 안목과 느낌을 믿으세요. 그것이 정답입니다.

# 개념어만큼은 교과서가 답입니다

교과서만 잘 읽어도 개념어는 확실히 익힐 수 있습니다. 개념어 학습은 성적을 단번에 올릴 수 있는 가장 확실한 방법입니다. 그렇다 해도 교과서만 의지해선 안 됩니다. 교과서가 기본서인 건 맞지만 결코 바이블은 아니기 때문입니다. 아이가 가져온 교과서를 가볍게 들췄다가 아무것도 적혀 있지 않은 단원을 보고 당황했다는 분이 많습니다. "이 단원 안 배우고 넘어간 거야?"라고 물었는데 "응, 그거 대신 다른 걸 배웠어"라고 아이가 말할 수 있습니다(물론 더 많은 아이가 "응? 그거 안 배웠는데……"라고 말할 수도 있습니다).

놀라지 마세요. 교사는 교과서보다 더 좋은 읽기 자료와 활동이 있으면 언제라도 바꿔서 진행할 수 있습니다. 학습 목표를 달성하는 데 더 좋은 전략이 있다면 유연하게 바꿀 줄 알아야 합니다. 교사도 마찬가지입니다. 교육과정을 재구성하여 아이 수준에 가장 적합한 교육 자료를 제공하고 있습니다. 그러니 교과서 일부 단원이 비어 있더라도 너무 놀라지 마세요.

예를 들면, 국어 5학년 1학기 3단원 '글을 요약해요'에서는 '여러 가지 설명 방법'을 배웁니다. 교과서에서는 '다보탑과 석가탑' 지문을 읽고 주요 문장을 찾아내고 두 탑의 차이점과 공통점을 찾아내는 활동을 제시합니다. 사진과 지문을 대조하면서 차이점과 공통점을 찾아내는 활동인데 아이들은 탑이 생소해서인지 조금 지루해합니다. 이 단원을 '뽀로로와 펭수'를 비교하고 대조하는 활동으로 바꿔주면 수업 참여도가 훨씬 높아집니다.

그럼에도 아이가 교과서를 잘 읽고 이해하는 건 매우 중요합니다. 당연히 부모는 아이가 교과서를 확인하고 잘 따라가고 있는지 질문해야 하고요. 교과서는 학업 수준에 맞게 잘 정제된 자료이며, 해당 연령의 읽기와 이해의 척도로 교과서 어휘만큼 정확한 것도 없기 때문입니다. 특히 사회와 과학 과목은 아이들이 배워야 할 핵심 개념어가 모두 교과서에 담겨 있습니다. 그러므로 교과서 읽기는 확실히 하고 넘어가야 합니다.

## 교과서 준비하기

아이와 함께 교과서 읽기를 하려면 우선 교과서를 준비해야 합니다. 복습용이라면 학교에서 쓰는 교과서도 상관없지만, 예습용이라면 별도로 사두는 게 좋습니다. 네이버나 다음 같은 포털 사이트에 '초등 교과서'로 검색하면 교과서를 살 수 있는 곳이 나옵니다. 해당 과목 문제집보다 훨씬 싼 가격으로 구입할 수 있습니다(개학 즈음이라면 한국검인정교과서협회http://www.ktbook.com에서 정가로 구입할 수 있습니다. 판매 시기를 확인해서 미리 구입해두면 편합니다).

교과서는 3학년 이상부터 구입하길 권합니다. 1~2학년 교육과정은 활동 중심이고 아이들의 한글 해득 수준을 고려하여 글자가 많지 않기 때문입니다. 과목은 국어, 수학, 사회, 과학만으로도 충분합니다. 4과목을 다 보는 게 버겁다면 사회 → 과학 → 국어 → 수학 순으로 구입합니다.

## 교과서 읽기가 꼭 필요한 이유

사회와 과학 과목을 우선 구입하라는 이유는 두 과목 교과서에 핵심 개념어가 많이 나오기 때문입니다. 사회와 과학만큼은 문제집보다 교과서입니다. 교과서 내용을 요약·정리한 내용을 읽고 문제를 푸는 것보다 원문인 교과서 내용을 한 번 더 읽고 이해하는 게 효과적인 과목이 사회와 과학입니다.

국어 교과서에서는 다양한 종류의 글을 다룹니다. 주장하는 글, 설명하는 글, 기행문, 위인전, 편지글, 광고, 뉴스 글 등을 통해 생소한 어휘를 만날 수 있습니다. 국어 교과서는 글쓰기를 지도하거나 기본 문법과 관련된 내용을 지도할 때 특히 효과적입니다. 이 부분은 5장 글쓰기와 6장 문법 부분에서 자세히 다루겠습니다. 수학도 교과서가 중요합니다. 흔히 수학을 잘하려면 개념을 확실히 알아야 한다고 강조하는데, 그 개념을 가장 잘 설명한 책이 교과서입니다.

부모라면 누구나 교육과정에 관심을 갖길 권합니다. 학원 설명회를 쫓아 다니지 않아도 교과서를 살펴보면 초등 교육과정을 더 쉽게 이해할 수 있습니다. 공부를 직접 가르치지 않더라도 교과서만큼은 꾸준히 살펴봐주세요. 그래야 아이가 공부로 힘들어할 때 손을 잡아줄 수 있습니다. 교육과정과 내 아이의 학습 수준을 아는 건 다른 누구보다 부모가 잘할 수 있는 일입니다. 알아야 흔들리지 않습니다.

수많은 문제집, 학습지, 활동의 기본 뼈대는 교육과정과 교과서입니다. 우리 아이가 어느 부분을 어려워하는지, 지난해 배운 내용 중에 어느 부분을 잘 이해하지 못했는지 확인할 때도 교과서가 제일 쉽습니다. 시간을 내서 조금만 꼼꼼히 읽어보아도 3~6학년 교과서 정도는 가볍게 읽을 수 있습니다. 세부 내용을 하나하나 보기보다 큰 흐름을 이해할 수만 있으면 됩니다. 아이가 4학년이라면 3학년 교과서와 5학년 교과서를 준비해서 궁금한 점이 생길 때마다 보는 것도 추천합니다.

교과서에는 중요한 내용이 꽤 많은데 수업 40분 동안만 읽고 다시 보지 않는 아이들이 많습니다. 교과서는 따분하고 지루하고 어렵다면서 문제집을 먼저 보려고 하는 경우도 많고요. 문제집 풀기 같은 부가 활동은 교과서 공부를 완벽히 한 후에 할 일이지 먼저 할 일은 아닙니다. 교과서를 먼저 꼼꼼하게 보는 것이 공부의 시작입니다. 결국 가장 빠른 길은 교과서입니다.

아이가 단원 평가를 볼 거라고 하면 어떻게 도와주고 있나요? 흔히 문제집을 풀어보라고 하고, 틀린 문제를 중심으로 설명해줄 겁니다. 인터넷 강의를 듣게 하거나 학원에서 해당 단원을 보충해서 수업해주기도 하고요. 그런데 정작 단원 평가의 기본인 교과서를 찬찬히 읽게 하는 부모는 많지 않습니다.

아이가 문제집을 풀 때 문제를 읽고 푸는 게 아니라 문제집 앞 장에 요약된 내용을 보면서 푸는 수준이라면 그 문제집은 덮는 편이 낫습니다. 교과서 자체에 담긴 내용도 많은 내용을 함축하고 있습니다. 특히 사회와 과학 교과서가 그렇습니다. 한두 쪽에도 굉장히 많은 내용이 담겨 있고, 허투루 쓴 의미 없는 문장이 없을 정도입니다. 교과서를 여러 번 읽게 해서 내용을 이해하게 하는 게 가장 빠른 이유입니다. 공부의 시작이 늘 교과서라고 말하는 이유이기도 합니다.

# 사회 교과서 제대로 읽는 법

교과서를 단 한 권만 사야 한다면 무조건 사회 교과서입니다. 사회는 3학년에서 처음 배우고 학년이 올라가면서 영역을 차츰 넓혀가는 식입니다. 예를 들면, 우리 고장(3학년) → 우리 지역(4학년) → 우리 나라(5학년) → 세계 여러 나라와 지구촌(6학년) 순입니다.

아래 표에서 단원명을 보면 영역이 넓혀지는 게 확연하게 보입니다. 3~4학년에는 부교재로 지역 교과서가 함께 제공됩니다. 교과서 이름에는 '강서구 보물찾기'나 '서울의 생활'과 같이 지역 이름이 들어갑니다. 5~6학년에는 지역 교과서 대신 사회과 부도가 부교재로 쓰입니다.

| 학년 | 1학기 | 2학기 |
|---|---|---|
| 3 | 1. 우리 고장의 모습<br>2. 우리가 알아보는 고장 이야기<br>3. 교통과 통신 수단의 변화 | 1. 환경에 따른 삶의 모습<br>2. 시대마다 다른 삶의 모습<br>3. 가족의 형태와 역할 변화 |
| 4 | 1. 지역의 위치와 특성<br>2. 우리가 알아보는 지역의 역사<br>3. 지역의 공공기관과 주민참여 | 1. 촌락과 도시의 생활 모습<br>2. 필요한 것의 생산과 교환<br>3. 사회 변화와 문화의 다양성 |
| 5 | 1. 국토와 우리 생활<br>2. 인권 존중과 정의로운 사회 | 1. 옛 사람들의 삶과 문화<br>2. 사회의 새로운 변화와 오늘날의 우리 |
| 6 | 1. 우리나라의 정치 발전<br>2. 우리나라의 경제 발전 | 1. 세계 여러 나라의 자연과 문화<br>2. 통일 한국의 미래와 지구촌의 평화 |

2015 개정 교육과정 초등학교 사회과 단원명

3학년 2학기 '환경에 따른 삶의 모습' 단원에서는 '인문 환경'과 '자연 환경'을 배우고, 4학년 2학기 '촌락과 도시의 생활 모습'에서는 '촌락'과 '도시'의 특성(촌락은 자연 환경이 도시는 인문 환경이 더 많다는 것)을 배웁니다. 5학년 1학기 '국토와 우리 생활'에서는 대한민국의 자연 환경(지형, 기후, 기온, 강수량의 특징 및 자연 재해)과 인문 환경(인구 구성, 인구 분포, 도시 발달, 산업 발달, 교통 발달)을 배우고, 6학년 2학기 '세계 여러 나라의 자연과 문화'에서는 이웃 나라의 자연 환경과 인문 환경을 배웁니다.

즉, 자연 환경과 인문 환경이라는 기본 개념을 배웠다면 학년이 올라갈수록 해당 주제 내용이 확대되고 심화됩니다. 교과서를 볼 때 세부 항목보다 전체 흐름을 살펴보라고 한 이유입니다. 전체 흐름에서 지금 왜 이 단원을 배우고 앞뒤 학년의 내용과 어떻게 연결될지 짐작할 수 있습니다.

5학년인 아이가 인문 환경과 자연 환경의 개념을 정확히 알지 못한다면, 3학년 교과서를 다시 살펴보고 확인하는 게 가장 빠른 복습법입니다. 이렇게 흐름을 알면 공부를 도와주는 게 훨씬 수월해집니다.

단원을 시작하기 전에 이전 학년에서 배운 내용을 연계하여 이야기하면("우리 3학년 때 환경에 대해 공부하면서 자연 환경과 인문 환경에 대해 배웠잖아?") 고개를 갸우뚱하며 "우리가요?", "안 배웠는데요?"라는 반응을 보이는 아이들이 많습니다. 그럴 때 도시에는 인문 환경이 많고 촌락에는 자연 환경이 더 많다는 수업 내용을 개념부터 다시 짚어주는데 이걸 가정에서도 그대로 적용할 수 있습니다.

교과서 읽는 방법을 좀 더 구체적으로 하나씩 이야기해보겠습니다.

## 1단계 | 차례 읽기

교실에서 교과서를 읽을 때는 가장 먼저 차례를 읽으라고 말합니다. 차례는 여행할 때 도움을 주는 내비게이션 역할을 합니다. 현재 우리의 위치를 알려주고, 우리가 어디를 거쳐 왔으며, 어디로 가야 하는지 알려줍니다. 도착지까지 가는 가장 적합한 길을 알려주는 이정표인 셈입니다.

3~4학년 사회 교과서에는 한 학기에 총 3개 대단원이 있고, 각 대단원에는 소단원이 2개씩 있습니다. 5~6학년 사회 교과서에는 한 학기에 총 2개 대단원이 있고, 각 대단원에는 소단원이 3개씩 있습니다. 예를 들어 3학년 1학기 1단원 '우리 고장의 모습' 대단원에는 '우리가 생각하는 고장의 모습'과 '하늘에서 내려다본 고장의 모습' 소단원이 있습니다. '우리가 생각하는 고장의 모습' 소단원에는 우리가 '생각'하는 주관적인 고장의 모습이 담겨 있고, '하늘에서 내려다본 고장의 모습' 소단원에서는 '디지털영상지도'와 '백지도'로 표현하는 고장의 모습이 담겨 있습니다.

대단원과 소단원의 제목, 매 차시 위에 나와있는 학습 주제를 보고 내용의 흐름을 파악하며 이 단원에서 가장 많이 등장하는 주요 단어가 무엇인지 이해할 수 있습니다. 이야기책을 읽을 때 차례를 보고 이야기의 흐름을 예상하는 것과 같은 활동입니다.

## 2단계 | 내용 읽기(묵독 → 표시하며 읽기 → 음독)

교과서를 처음 읽을 때는 내가 공부할 부분까지 소설책을 읽듯 눈으로 쭉 읽습니다(묵독). 두 번째로 읽을 때는 꼼꼼하게 읽으면서 모르는 단어나 중요하다고 생각되는 부분에 연필로 동그라미를 긋거나 밑줄을 그으며 읽습니다. 세 번째 읽을 때는 또박또박 소리 내며 읽습니다(음독).

음독할 때는 교과서를 내 눈높이에 맞게 세운 후 눈으로 한 글자 한 글자 꾹꾹 눌러 담듯 천천히 읽습니다. 눈으로 읽을 때는 딴 생각을 할 수 있지만 소리 내 읽을 땐 딴 생각을 할 수가 없습니다. 집중해서 읽을 수밖에 없어 내용에 대한 이해도를 높일 수 있습니다. 내 목소리가 귀로 다시 한 번 전달되므로 두 번 읽는 효과를 낼 수 있습니다.

읽기가 능숙한 아이라도 혼잣말로 느껴질 정도로 작게라도 읽게 하길 권합니다. 소리를 낼 수 없는 상황이거나 장소라면 손가락으로 내가 읽는 곳을 짚어가며 읽게 합니다. 시선이 분산되지 않고 집중해서 읽게 하는 방법입니다. 소리 내 읽기와 손으로 짚어가며 읽기는 모두 집중 독서의 한 방법입니다.

- 1독 묵독: 눈으로 읽기
- 2독 중요 내용을 표시하며 읽기
- 3독 음독: 소리 내며 또박또박 읽기

음독한 이후에 모르겠다고 표시한 단어를 살펴봅니다. 표시한 단어가 '인구 밀도', '간척'과 같이 새롭게 등장한 학습 도구어라면 교과서 옆면이나 아래에 설명이 따로 나와있을 겁니다. 이런 단어는 학습 내용을 이해하기 위해 꼭 알아야 할 어휘입니다. 5학년 1학기에 배우는 국토의 인문 환경과 관련된 단원이라면 '인구', '인구 구성', '인구 분포', '인구 밀도', '인구 피라미드' 같은 단어입니다.

각 단어의 뜻을 이해하고 유사한 단어에 대해서도 구별해서 알아둬야 합니다. 단어 뜻을 보고도 헷갈려 할 때는 아이가 알 수 있는 쉬운 말로 풀어서 설명해주면 좋습니다. 그 내용을 배우기 위한 핵심 어휘이므로 분명하게 이해하고 넘어가야 하기 때문입니다.

아이가 모르겠다고 하는 단어 중에는 개념어 이외의 단어도 있습니다. 이런 단어는 아이에게 어떤 뜻일지 유추해보라고 합니다. 핵심 개념어는 확실히 이해해서 유사 단어와 구분할 수 있는 능력을 키우게 하고, 나머지 단어는 앞뒤 맥락을 통해 뜻을 유추하는 능력을 키우게 하는 데 중점을 두는 겁니다. "어떤 뜻일 것 같아? 틀려도 괜찮아. 앞뒤로 읽어보고 뜻을 추측해봐"라고 말해주면 좋습니다.

아이가 본인이 생각하는 단어를 이야기하면 그 단어를 넣어 책을 읽어보았을 때 의미가 통하는지 살펴봅니다. 아이가 유추한 뜻을 이야기했을 때는 왜 그렇게 생각했는지 한 번 더 물어봅니다. 맞게 유추할 수도 있지만 아닐 때도 있습니다. 맞았다면 한껏 칭찬해주고, 틀렸더라도 모르는 단어가 나왔을 때 이렇게 유추하며 책을 읽는 것이라고 이야기해주어 유추하기 위해 노력한 과정을 격려해주면 됩니다. 지금 당장 이 단어를 아느냐 모르느냐보다 더 중요한 것은 아이가 모르는 단어를 만났을 때 포기하지 않고 뜻을 이해하기 위해 노력하는 것이니까요. 그 이후에 단어의 뜻을 설명해주면 됩니다.

### 3단계 | 책 덮고 써보기

2단계 내용 읽기가 모두 끝나면 책을 덮고 빈 종이에 교과서로 공부한 내용 중 생각나는 내용을 단어 중심으로 써보자고 합니다. 이때도 차례가 중요합니다. 예를 들어, 사회 5학년 1학기 1단원 '국토와 우리 생활' 중 소단원 '우리 국토의 위치와 영역' 부분을 배운 이후라면 제목으로 소제목 '우리 국토의 위치와 영역'이라고 적고 교과서로 공부한 내용 중 생각나는 중심 단어들을 적도록 합니다. 위치를 나타낼 수 있는 단어, 우리 국토의 위치, 반도 국가로서의 이점, 아시안 하이웨이, 비무장지대 등 해당 단원에서 공부한 단어 중심으로 적습니다. 아이들과 처음 교과서 공부를 해보면 생각보다 단어를 많이 못 적을 겁니다. 책을 세 번이나 읽었지만 내 것으로 다시 꺼내본 적이 없기 때문입니다.

다음으로 한 번 더 해당 단원을 펼쳐 읽게 합니다. 10분 정도 꼼꼼하게 읽고 연결 관계를 확인하게 합니다. 처음에 전체를 살펴보았을 때와 달리 지금 내가 기억하지 못한 부분을 중심으로 교과서를 살피게 될 겁니다. 이후 다시 책을 덮고 아까 적은 부분에서 덧붙일 내용이나 적지 못한 부분을 적게 합니다. 이번에는 처음 적은 내용과 구별되도록 다른 색 볼펜으로 적게 합니다.

3단계는 교과서 내용을 내 머리 속에 재구성하고 내 말로 표현해 보는 활동입니다. 교과서를 읽고 나서 책 내용을 거의 빠짐없이 적어낼 수 있다면 교과서 내용을 충분히 이해한 겁니다.

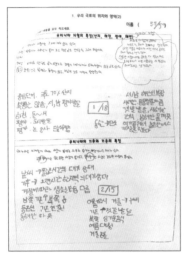 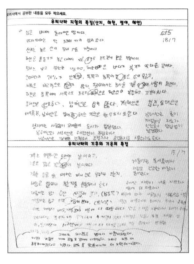

아이들이 쓴 사회 교과서 정리 활동

사회는 교과서에 실린 사진이나 통계 자료를 잘라서 신문을 만들거나 스크랩북에 모은 다음 설명을 곁들여 넣으면 좋습니다. 저는 학기가 끝날 때쯤 아이들과 정리 활동을 할 때 해보곤 하는데, 아이들이 생각보다 책을 자르는 걸 주저합니다. 교과서는 참고 자료일 뿐입니다. 모셔두는 것보다는 자주 꺼내볼 수 있도록 자르고 붙이고 설명을 덧붙여 나만의 교과서로 만드는 게 낫습니다.

## 과학 교과서 제대로 읽는 법

과학도 사회와 마찬가지로 3학년부터 배우는 과목입니다. 교과서 지문의 양은 적지만 개념어가 많아 꼼꼼하게 살피기를 추천하는 과목입니다. 특히 과학 교과서에는 아이들이 일상에서 접하지 않은 어휘와 한자어가 많이 나옵니다. 배울 때 확실히 알아두지 않으면 다시 만날 기회가 없어 더 어려워지는 어휘들입니다. '퇴적', '침식', '불완전 탈바꿈'과 같은 단어를 일상에서 만나기란 쉽지 않으니까요.

과학 교과서 읽기 과정은 사회 교과서 읽기와 비슷합니다. 먼저 차례를 살피며 무엇을 배우는지 전체 윤곽을 잡습니다. 다음으로 책을 읽으면서 모르는 단어를 찾아 표시합니다. 다음으로 소리 내어 천천히 읽습니다. 마지막으로 교과서를 읽고 이해한 것을 나만의 방법으로 다시 표현하는 과정을 거칩니다. 이 중 '교과서를 읽고 단어를 중심으로 배운 내용의 연결 관계를 파악하는 활동'은 교과서에서도 지도하고 있습니다.

과학 교과서와 실험 관찰 교과서에는 단원 마무리마다 마무리 틀이 나타납니다. 과학 교과서에는 예시 답안처럼 한 단원의 내용이 정리되어 있고, 실험 관찰 교과서에는 '생각그물'이라고 해서 그 단원에서 배운 내용을 스스로 정리할 수 있도록 틀이 제공됩니다.

그중 5학년 1학기 4단원 '용해와 용액' 부분을 살펴보겠습니다. '용질', '용해', '용액' 단어의 화살표를 따라가면 뜻이 적혀 있습니다. '용액의 진하기' 같은 용어에도 뜻이 적혀 있습니다. 미리 공책 정리를 해놓은 것처럼 한 단원의 중심 내용이 정리돼 있습니다. 이 부분만 충분히 살펴도 한 단원의 내용을 알 수 있습니다. 공부 잘하는 친구의 공책 필기와 같은 것입니다.

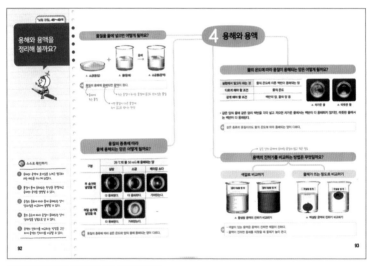

과학 5학년 1학기 4단원 '용해와 용액' 마무리

이것을 토대로 실험 관찰 교과서에 나만의 공책 필기를 해볼 수 있습니다. 실험 관찰 교과서를 살펴보면 가운데 중심 단어에 '단원명'이 적혀 있고 세부 가지에 중심 주제가 적혀 있습니다. 단원명과 중심 주제만 주고 배운 내용을 설명하게 하는 것입니다.

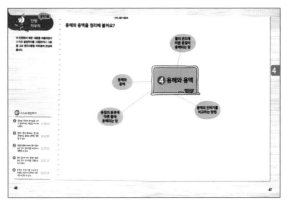

실험 관찰 5학년 1학기 4단원 '용해와 용액' 마무리

　여기서 설명하는 글을 적을 때는 핵심 단어 위주로 '생각그물(마인 드맵)'을 정리해야 합니다. 글로 설명하기 어려운 그림과 실험 내용은 교과서 뒷부분에 있는 붙임 딱지를 이용할 수 있어 사회처럼 교과서 를 자르지 않아도 됩니다.

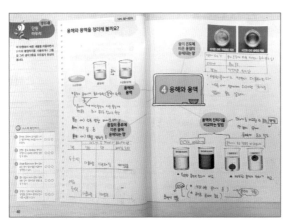

실험 관찰 5학년 1학기 4단원 '용해와 용액'을 생각그물로 나타낸 학생 활동

이 부분을 적극 활용하길 권합니다. 사회와 과학 교과서 읽기를 권하는 가장 큰 이유는 과목의 중요 어휘가 교과서에 모두 담겨 있기 때문입니다. 교과서를 이용하면 읽기는 물론 스스로 정리하여 표현할 수 있기 때문에 어휘를 제대로 익힐 수 있습니다.

과학 교과서 읽기를 할 때 또 하나 좋은 점은 꼭 알아야 할 단어가 굵게 표시되어 있다는 겁니다. 사회 교과서는 두 번째 읽을 때 모르는 단어나 중요하다고 생각하는 부분에 표시하라고 했지만, 과학 교과서에는 이미 핵심 개념어가 '굵은 글씨'로 강조되어 있어 훨씬 편하게 읽을 수 있습니다.

## 국어 교과서 제대로 읽는 법

국어 교과서 읽기는 사회나 과학 교과서 읽기와 다릅니다. 사회와 과학 교과서는 정독하며 배운 내용을 자신의 말로 풀어 설명할 수 있도록 읽는 반면, 국어 교과서는 독해력 문제집, 국어 문법 문제집, 국어 논술 문제집처럼 활용하는 게 좋습니다.

국어 교과서에는 듣기, 말하기, 읽기, 쓰기, 문학, 문법 내용이 담겨 있습니다. 듣기와 말하기를 주로 익히는 단원이 있는가 하면, 문법을 주로 익히는 단원도 있고, 문학과 쓰기를 함께 익힐 수 있는 단원도 있습니다. 즉, 단원별로 포함하는 영역에 따라 문법 교재, 쓰기 교재, 읽기 교재로 교과서를 활용하는 방법이 다릅니다.

우선 단원 첫 머리에는 학습 계획이 나옵니다. 책을 읽을 때 쓰는 KWL 전략을 단원 학습에 도입하였습니다. 단원을 배우기 전에 이 단원과 관련하여 'K Know: 무엇을 알고 있나요?, W Want to know: 무엇을 알고 싶나요? L Learned: 무엇을 하고 싶나요?'를 적어보라고 합니다. '기행문'을 배운다면 기행문과 관련하여 이미 알고 있는 것이 있는지, 무엇을 알고 싶은지, 무엇을 하고 싶은지 적도록 합니다. 단원 마무리에는 무엇을 배웠고, 새롭게 알게 된 내용이 무엇인지 적도록 합니다.

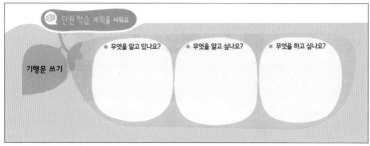

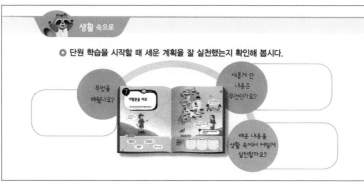

5학년 1학기 7단원 '기행문을 써요' 시작 부분(위)과 마무리 부분(아래)

이미 알고 있는 내용과 배워서 알게 된 새로운 내용을 연결하도록 돕는 활동입니다. 아이와 함께 교과서 공부를 할 때는 이 부분을 활용해보세요. 다른 책을 읽을 때에도 적극적인 독서, 나와 연결하는 독서를 배우게 될 것입니다.

국어 교과서를 읽으라고 하는 이유는 우리가 확장하고 싶은 어휘를 직접 다루기 때문입니다. 동형어와 다의어가 무엇이고 어떻게 다른지, 단일어와 복합어가 무엇이며 어떻게 만들 수 있는지 등이 나와 있습니다. 이러한 이유로 국어 교과서를 읽을 때는 내용을 하나하나 꼼꼼하게 읽기보다는 참고서처럼 궁금할 때마다 들춰보는 책으로 쓰길 권합니다.

그중 5학년 1학기 8단원 '아는 것과 새롭게 안 것'에 나오는 단일어와 복합어 부분을 살펴보겠습니다. 이 단원의 목표는 '낱말을 만드는 방법과 배경지식을 활용해 글을 읽는 법'을 아는 것입니다. 그중 낱말을 만드는 방법으로 '단일어'가 무엇인지 '복합어'가 무엇인지에 대한 설명을 배웁니다. 낱말의 짜임을 알면 글을 읽다가 내가 모르는 낱말을 만났을 때 그 뜻을 짐작할 수가 있고, 낱말을 합하여 새롭게 만들 수도 있습니다.

학교에서 아이가 이 부분을 배우는 걸 알면 부모는 마트에서 장을 보다가도 '방울토마토'가 복합어고 '풋고추', '풋밤', '풋사과' 앞에 붙은 '풋'이 어떤 의미로 쓰이고 있는지 이야기를 나눌 수 있습니다.

국어 5학년 1학기 8단원 '아는 것과 새롭게 안 것' 중에서

　　교과서 내용을 직접 보니 어떤가요? 저는 처음에 국어 교과서에 나오는 어휘가 아이들에게 어렵지 않을까 걱정했습니다. 당장 '단일어'나 '복합어' 같은 단어도 어렵게 느껴졌거든요. 분명 저는 중학교 국어 시간에 배운 기억이 나는데 초등학교 과정에 등장하니 놀라기도 했고요. 그런데 막상 아이들과 활동을 해보니 아이들은 어려워하기보다는 신기해했습니다.

　　"오~ 김밥이 김이랑 밥을 합한 단어였어? 선생님 햄으로 싸면 햄밥이 되나요?"처럼 단어를 이리저리 뜯어보면서, 이리저리 응용해보면서 즐거워했습니다. 숨은그림찾기를 하듯 비슷한 단어를 찾아내며 뿌듯해했고요. '햇'이 들어간 낱말, '꾸러기'가 들어간 낱말을 찾는 것도 꽤 잘했습니다. 여러 명이 함께 공부하다 보니 내가 미처 생각하지 못하는 단어를 다른 친구가 이야기했을 때, '아하!' 하며 내가 찾은 것처럼 기뻐했습니다. 완전히 새로운 단어가 아니라 내가 지금 쓰는 단어를 다른 의미로 발견한 것이니까요.

글쓰기는 어떻게 돕지? 토의하는 방법은 어떻게 알려주지? 문법과 단어 공부는 어떻게 알려줄까? 그럴 땐 국어 교과서를 펼쳐보세요. 자세히, 꼼꼼하게 초등 아이 수준에 맞는 방법을 다양하게 알려줍니다. 이보다 좋은 글쓰기 교재, 이보다 좋은 문법 교재, 이보다 좋은 말하기 교재가 없습니다.

## 수학 교과서 제대로 읽는 법

수학을 공부할 때는 교과서에 나오는 새로운 개념을 정확하게 이해하고 넘어가야 합니다. 4학년 2학기 4단원 '사각형'을 배울 때 처음 나오는 개념은 '수직'과 '수선'입니다.

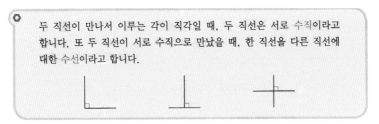

두 직선이 만나서 이루는 각이 직각일 때, 두 직선은 서로 수직이라고 합니다. 또 두 직선이 서로 수직으로 만났을 때, 한 직선을 다른 직선에 대한 수선이라고 합니다.

수학 4학년 2학기 4단원 '사각형' 중에서

이후 '평행', '평행선', '평행선 사이의 거리'가 나오는데 '수직'과 '수선'을 대충 알고 넘어가면 문제가 생길 수 있습니다. 모든 개념이 이전에 배운 개념과 연결되기 때문입니다.

이 단원에서는 여러 가지 사각형의 특징과 성질에 대해 배우는데 마름모, 평행사변형, 직사각형, 정사각형의 개념이 등장합니다. 막연하게 다 안다고 자신했다가 다음 문제처럼 도형 사이의 관계를 묻는 질문이 나오면 당황하곤 합니다. 사각형 사이의 상관관계 및 포함관계까지 파악해야 하는 문제입니다.

**아래 문장을 읽고 괄호 안에 O, X 표시하기!**

- 모든 마름모는 평행사변형이다.　　　( 　 )
- 모든 사다리꼴은 평행사변형이다.　　( 　 )
- 어떤 사다리꼴 중 평행사변형인 것도 있다. ( 　 )
- 모든 마름모는 직사각형이다.　　　( 　 )
- 어떤 마름모 중 직사각형인 것도 있다.　( 　 )
- 모든 정사각형은 마름모이다.　　　( 　 )

교과서에는 주요 개념이 색깔을 달리한 네모 상자 안에 적혀 있고, 그중 핵심 단어는 빨간색으로 표시돼 있습니다. 아이와 함께 교과서를 살펴볼 때 이 단원에서 배우는 수학 기본 개념이 무엇인지 알기 위해 사각형 상자만 찾아봐도 된다는 말입니다.

# 신문·잡지로
# 어휘를 확장시킵니다

그림책으로 읽기를 시작하고, 교과서로 기본 어휘를 익혔다면 이제는 다양한 읽을거리로 어휘를 확장해야 합니다. 듣기로 어휘를 확장할 때 뉴스 흘려듣기 30분을 이용한 것처럼, 읽기로 어휘를 확장할 때는 어린이 신문과 잡지를 이용하면 수월합니다. 일부러 찾아보거나 신경 쓰지 않아도 정기적으로 나오는 읽기 자료라 어떤 자료보다 편하게 이용할 수 있기 때문입니다.

# 신문·잡지 읽기를 시작하는 시기

신문·잡지 읽기는 언제 시작하는 게 좋을까요? 아무리 빨라도 초등학교 3학년은 되어야 합니다. 1~2학년 아이들이 정치, 사회, 시사, 경제 이야기를 이해하기는 어렵습니다.

아이들 눈높이에 맞춘 어린이 신문조차 1~2학년 아이들이 보기에는 주제도 낯설고 어렵습니다. 이 시기에는 아름다운 그림과 글이 풍부한 그림책, 글밥이 어느 정도 있는 한글 독서에 집중해야 합니다. 신문·잡지 읽기는 읽기가 능숙하고 주제를 넓힐 수 있는 사고력이 갖춰져야 시작할 수 있습니다. 아이에게 무턱대고 들이밀면 반감만 살 수 있습니다.

3학년부터라고 콕 집은 건 3학년이 사회와 과학 과목이 도입되는 시기이기 때문입니다. 관심 분야나 영역이 나와 가족에서 너와 우리로, 우리 집에서 동네와 고장으로 확장되는 시기입니다. 학교에서도 자연 현상이나 사회 현상으로 관심사를 넓히는 활동을 시작하는 시기라 가정에서 병행하면 훨씬 효과적인 시기이기도 합니다.

이렇게 말하면 3학년을 대비해 2학년 2학기부터 시작하려고 준비하는 분이 많습니다. 서둘러 준비하는 만큼 힘들고 어렵고 힘 빼는 일입니다. 서둘러 시작하느니 생각머리가 트이는 4학년이나 5학년에 늦춰 시작하는 게 낫습니다.

# 종이 잡지와 신문 vs 인터넷 잡지와 신문

인터넷을 열면 하루하루 기사가 넘쳐납니다. 굳이 신문이나 잡지를 구독해서 봐야 하나 고민될 수 있습니다. 그런데도 저는 종이에 출력된 기사나 잡지를 읽길 권합니다.

화면에 담긴 글은 스크롤해서 위에서 아래로 내리며 읽는 방식으로 읽기 때문에 Z 형태로 시선이 움직입니다. 집중해서 읽기가 쉽지 않아 문장이 아니라 단어 중심으로 읽힐 가능성이 높습니다. 무엇보다 화면에는 다른 기사로 넘어갈 수 있는 링크나 광고 이미지가 많아 시선이 모아지지 않습니다. 집중해서 잘 읽는 아이라면 종이든 화면이든 크게 상관없지만 보통 아이라면 종이에 인쇄된 글로 읽기를 시작하는 게 좋습니다.

어린이 신문을 구독하려고 하는데 어른 신문도 함께 시켜야 하는 경우도 많고, 막상 구독하면 마음에 들지 않는 기사도 많을 것 같고, 읽지 않아 쌓일 것 같아 걱정이라면 마음에 드는 기사를 그때그때 출력해서 읽도록 지도하는 것도 좋습니다. 여러 신문사의 글을 그때그때 적당한 걸로 골라 읽을 수 있어 더 나을 수 있습니다.

기사 읽기도 욕심은 금물입니다. 어린이 신문이나 관련 잡지 및 자료를 출력해서 하루에 한두 기사만 읽어도 충분합니다. 처음부터 욕심내서 무리하면 계속할 수 없습니다. 조금씩, 천천히, 꾸준히가 답입니다.

## 일간 신문 vs 주간 신문

어린이 신문도 일간 신문, 주간 신문, 월간 신문 등 다양합니다. 아이에게 일간 신문을 매일 다 읽으라고 하면 힘들어합니다. 주간 신문 또는 월간 신문이라야 부담이 없습니다.

저는 고등학생 때 일간 신문을 구독한 적이 있는데 한동안 읽지 못해 쌓아두기만 하고 결국 버린 적이 많습니다. 처음에는 열심히 읽다 한두 번 놓치면 순식간에 쌓입니다. 읽을 양이 늘어나면 부담스럽기만 하고 읽어볼 엄두가 나지 않습니다.

주요 활동이 아니니 시간 날 때 가볍게 읽어볼 수 있을 정도로 제공하는 게 낫습니다. 그러려면 구독하기보다는 출력해서 읽을거리를 제공하는 게 좋습니다. 귀찮고 번거로울 순 있지만 아이가 좋아할 만한 기사를 골라서 제공할 수 있어 성공 확률이 높습니다. 일주일 중 하루를 정해놓고 그날 기사 중 한두 개를 출력해서 읽어보라고 하면 어떨까요? 그렇게 재미를 붙이고 익숙해지면 그때 구독해도 늦지 않습니다.

## 초등용 신문, 잡지, 사전

초등 아이가 볼 만한 신문과 잡지에는 어떤 것들이 있을까요? 어휘를 확장하는 데 읽기 좋은 사전까지 함께 살펴보겠습니다.

## 어린이 신문

가장 추천하는 신문은 지자체에서 발행하는 어린이 신문입니다. 학교로 두 달에 한 번씩 오는 '내 친구 서울https://kids.seoul.go.kr'도 그중 하나입니다. 무료인데도 내용이 알차고 아이들의 흥미를 고려한 다양한 활동이 포함되어 있습니다. 대상 독자가 서울시 초등학교 3~6학년생이라 3학년부터 보면 좋습니다. 신문 맨 뒷장에는 신문에서 읽은 내용과 평소 어휘 실력을 동원해 풀 수 있는 십자말풀이가 있습니다.

교실에서는 아이들에게 신문 읽을 시간을 준 다음 다 읽으면 십자말풀이를 해보라고 하는데 3학년 아이들은 반에서 한두 명 정도 다 풀 수 있는 수준입니다. 5학년 아이들과 신문을 읽고 십자말풀이와 내용 요약하기를 해본 적이 있는데 아이들 수준보다 약간 높아 자극을 받는 듯 보였습니다. 십자말풀이를 하다가 모르는 것은 선생님 찬스 세 번을 쓸 수 있는데 아이들끼리 어떤 문제에 찬스를 쓸지 고민합니다. 처음에는 혼자 풀기, 두 번째에는 짝과 풀기, 세 번째에는 모둠 친구들과 의견 나누기를 하면서 내가 몰랐던 단어를 하나둘 알아갑니다. 그러면서 대다수가 모르겠다는 단어만 선생님 찬스를 쓰는 식입니다.

이렇게 신문으로 활동을 하면 아이들은 신문 내용을 더 꼼꼼하게 읽으려고 노력하고, 그동안 알지 못한 어휘를 자연스럽게 접하며 어휘력을 늘려갑니다. 신문사 홈페이지에 들어가면 서울 시민이 아니더라도 누구라도 출력해서 볼 수 있고, 뉴스레터 구독을 신청하여 메일로도 받아볼 수 있습니다. 십자말풀이만 따로 모아놓은 부분도 있어 그 부분만 활용하는 것도 가능합니다.

경기도 어린이 신문인 '내가 그린 꿈https://blog.naver.com/reporter_gg'은 봄·여름·가을·겨울 연 4회 발행하는데, 이 신문도 경기도 지역 4~6학년 학생들에게 배부됩니다. 홈페이지에 들어가면 전자책https://gnews.gg.go.kr/news/kids_newspaper.do과 오디오클립으로도 관련 자료를 확인할 수 있습니다.

일반 어린이 신문으로는 알바트로스, 어린이 경제신문, 어린이동아, 어린이조선, 소년한국일보 등이 있습니다. 홈페이지에 들어가 내용을 훑어보고 아이가 읽을 만한 기사들을 출력해서 보면 좋습니다. 아이가 즐겨 읽는다면 구독해서 볼 수 있습니다.

| 어린이 신문 | 사이트 | 특징 |
| --- | --- | --- |
| 알바트로스 | https://blog.naver.com/albatrossnews | 주간 신문. 단계별 신문 선택 가능 |
| 어린이 경제신문 | http://www.econoi.com/ | 주간 신문. 경제를 주로 다루지만 시사, 과학, 역사도 포함 |
| 어린이동아 | http://kids.donga.com/ | 일간 신문 |
| 어린이조선 | http://kid.chosun.com/ | 일간 신문 |
| 소년한국일보 | http://www.kidshankook.kr/ | 일간 신문 |

## 어린이 잡지

잡지는 주로 한 달에 한 번 발행하는 월간지와 두 달에 한 번 발행하는 격월간지가 있습니다. 원하는 주제의 잡지를 한 권 정도 잘 구독하여 주제를 넓혀도 좋습니다. 아이가 과학 잡지를 보다 흥미로워하면 수학이나 시사/교양 또는 독서/논술 등으로 넓히는 식입니다.

| 분야 | 잡지명 | 분야 | 잡지명 |
|------|--------|------|--------|
| 과학 | 어린이 과학동아 | 시사/교양 | 시사원정대 |
|      | 과학소년 |      | 위즈키즈 |
|      | 욜라 |      | 고래가 그랬어 |
|      | 내셔널 지오그래픽 | 독서/논술 | 개똥이네 놀이터 |
| 수학 | 어린이 수학동아 |      | 독서평설 |

저희 학교 도서관에는 《어린이 과학동아》와 《독서평설》이 비치돼 있는데 아이들이 꽤 잘 읽습니다. 그런데 자세히 들여다보면 아이들이 만화로 된 부분만 읽고 글은 넘기는 경우도 많았습니다. 주제를 심화하고 싶거나 읽기가 능숙한 아이라면 만화가 많지 않은 걸로 고르는 게 좋지만, 새로운 주제를 시도하거나 읽기가 능숙하지 않는 아이라면 만화가 포함된 것도 괜찮습니다.

일단 흥미를 붙이게 한 후 차츰 수준을 올리면 됩니다. 과학을 예로 들면 《어린이 과학동아》→《과학소년》→《욜라》, 《내셔널 지오

그래픽》,《과학동아》로 올릴 수 있습니다.

형식이나 구성과 함께 내용이 아이 수준에 맞는지도 확인해야 합니다. 아이에 따라 비슷한 글 양이라도 주제별로 읽기 수준이 달라질 수 있기 때문입니다. 아이가 읽기에 어려운 내용이 많으면 신문처럼 쌓아두기만 하고 버릴 가능성이 높습니다. 그래서 저는 바로 정기 구독을 신청하기보다 도서관에 가서 여러 권을 읽어보게 한 후한 가지를 고르라고 합니다.

고른 잡지는 서점에서 한두 번 정도 사서 읽게 해도 좋습니다. 몇번 사서 읽는데 잘 읽는다면 그때 정기 구독을 해도 늦지 않습니다. 여전히 확신이 서지 않는다면 과월호를 이용해도 좋습니다. 1년 정도 지난 과월호를 사서 읽어보고 아이가 흥미로워하면 그때 구독을 이어갑니다.

## 사전

어휘를 확장하기 좋은 읽을거리로 사전도 빼놓을 수 없습니다. 물론 심심하고 읽을거리가 없다고 해서 사전을 펴 아무 단어나 닥치는 대로 읽는 아이는 못 봤을 겁니다. 맞습니다. 그런데 신기하게도 아이들이 사전을 가지고 노는 건 좋아한다는 겁니다. 3~6학년 국어 수업에 국어사전이 계속 등장하니 도서관에 있는 국어사전을 교실로 빌려오기도 합니다.

국어 수업을 할 때 사전을 이용하면 아이들마다 서로 다른 단어를 찾느라 수업을 진행하기 어려울 정도입니다. 장난기 많은 아이들은 이상한 단어를 먼저 찾으려 애쓰고, 보통 아이들도 생각지도 못한 단어를 찾아내 신기해하며 서로 알려줍니다.

집에서는 거들떠보지도 않던 사전을 교실에서는 서로 못 봐 안달이라고 하니 믿겨지지 않을 겁니다. 정말입니다. 제가 교실에서 본 아이들은 대다수가 사전을 좋아합니다. 왜 그럴까 싶을 겁니다. 집에서는 사전이 '과제'고, 학교에서는 사전이 '놀이'이기 때문입니다. 똑같은 활동도 아이가 어떻게 생각하느냐에 따라 다르게 받아들입니다.

똑같이 '사전'을 보는 행동인데 친구들과 보물찾기하듯 경쟁적으로 찾을 때는 놀이가 되지만, 집에서 공부하면서 봐야 하는 사전은 참으로 재미가 없습니다. 그렇다면 어떻게 집에서도 사전을 가지고 놀게 할 수 있을까요?

몇 해 전, 《슈퍼 깜장봉지》를 읽고 최영희 작가님을 교실로 모셔와 이야기를 나눈 적이 있습니다. 작가님은 주인공이 탄생한 이야기를 하면서 주인공 이름을 정하는 노하우를 공개했는데, 평소에 틈날 때마다 순우리말 사전을 살펴본다는 겁니다. 다람쥐가 도토리를 찾아 모아놓듯 순우리말 사전에서 찾은 예쁘고 아름다운 단어를 모아놓는다는 말을 듣고 주인공 이름인 '아로'가 더 예뻐 보였습니다.

아이들이 오가는 곳에 우리말 사전 한 권을 그냥 놔두세요. 모르는 단어의 뜻을 찾을 때뿐 아니라 어떤 말을 모으듯이 생각날 때마다 펴보고 닫을 수 있게 무심히 놔두세요. 그리고 어느 날, 아이가 자기도 모르게 사전을 한번 열어본다면 그것만으로도 폭풍 칭찬을 해주세요. "와~ 엄마랑 같이 사전에서 예쁜 말 한번 찾아볼까?" 지금 우리는 틀려서 오답 공책을 작성하는 심정으로 사전을 보는 게 아니라 우리말을 아이쇼핑eye shopping 중이라고 생각해보면 어떨까요? 아이와 함께요.

## 신문과 잡지 구독 후 활동

신문이나 잡지를 구독했는데 아이가 재미있게 읽고, 자주 들춰보고, 오는 날을 기다린다면 그 모습을 보는 것만으로도 흐뭇해집니다. 사실 '즐거워하며 꾸준히 읽는다'면 목적을 달성한 셈이라 독후 활동을 굳이 하지 않아도 됩니다. 물론 이렇게 말해도 여전히 뭔가 아쉬움이 남을 겁니다(당장 저도 활동을 하고 나면 뭔가 다른 활동과 연결해야 한다는 직업병이 발동하곤 합니다. 그렇지 않으면 할 일을 덜 한 느낌이랄까요). 그럴 땐 오늘 읽은 기사 중 하나, 이번 달에 읽은 잡지 기사 중 하나를 스크랩하여 모아봅니다.

스크랩은 공책에 해도 되고 A4 크기 클리어 파일에 해도 됩니다. 재미있게 읽은 기사를 하나씩 모아가는 겁니다. 그 기사 하나를 다시 읽어보고 새롭게 알게 된 단어, 재미있었던 부분에 형광펜으로 밑줄을 한번 그어봅니다. 그것으로 끝입니다. 하나하나 기사가 모이고 두세 달이 지난 후, 한 해가 지난 후에 그동안 스크랩한 것을 시간 날 때 한 번씩 들춰보는 겁니다. 사진첩을 다시 보듯 앞에서부터 제목을 훑어 읽으며 기억을 되새기는 겁니다.

이 작업을 진행하면 내가 더 재미있어하는 부분, 관심 있어 하는 분야에 대한 변화가 보입니다. 관심사는 다른 읽기 소재로 확장되고 연결됩니다. 그때 표시한 단어가 지금 보면 너무 쉬워 보일 수도 있지만, 처음 본 양 낯선 단어가 돼 있기도 합니다. '뭐였더라?' 하는 순간에도 배움이 시작됩니다.

# 국어사전으로
# 어휘를 다집니다

영어 단어를 외울 때는 영한사전, 영영사전을 잘 활용하고 모르는 단어는 단어집에 적어가며 외우며 공부하는데, 정작 우리말을 다룰 땐 그만한 노력을 하지 않고 소홀히 대합니다. 그래서는 우리말을 정확하게 쓰지 못합니다. 국어사전을 잘 활용하고 나만의 한글 단어집을 만들어 어휘를 다져야 합니다. 이런 이유로 학교에서 배우는 국어 교육과정 속에도 매 학년 국어사전을 활용하는 수업을 넣어 진행합니다.

# 국어사전 지도법(feat. 교육과정)

'2015 개정 국어과 교육과정 상 국어사전 지도 내용'에 제시된 단원명을 살펴보겠습니다.

| 학년 | 학기-단원 | 학습 내용 |
|---|---|---|
| 3 | 1-7 반갑다,<br>국어사전 | • 국어사전에 대해 알기<br>• 국어사전에서 낱말을 찾는 방법 알기<br>• 형태가 바뀌는 낱말을 국어사전에서 찾기<br>• 국어사전을 활용하며 글 읽기<br>• 나만의 국어사전 만들기 |
| 4 | 1-7 사전은 내 친구 | • 낱말의 뜻 짐작하기<br>• 사전에서 뜻을 찾아 낱말 사이의 관계 알기<br>• 여러 가지 사전에서 낱말의 뜻 찾기<br>• 낱말의 뜻을 사전에서 찾으며 글 읽기<br>• 나만의 낱말 사전 만들기 |
| 5 | 1-5 글쓴이의 주장 | • 상황에 따라 여러 가지로 해석되는 낱말 알기<br>• 글을 읽고 상황에 따라 여러 가지로 해석되는 낱말의 뜻 파악하기<br>덧) 동형어와 다의어를 사전에서 구별하는 법을 알기 |
|  | 1-8 아는 것과<br>새롭게 안 것 | • 낱말의 짜임 알기<br>• 낱말을 만드는 방법 알기<br>• 새말 사전 만들기<br>덧) 외래어를 고유어로 만들어보기 |
|  | 2-7 중요한 내용을<br>요약해요 | • 낱말의 뜻을 짐작하며 읽기<br>덧) 모르는 단어를 짐작한 후 사전에서 찾기 활동 |
| 6 | 1-5 속담을 활용해요 | • 속담 사전 만들기 |

2015 개정 국어과 교육과정 상 국어사전 지도 내용

국어사전이 교육과정에 처음 등장하는 시기는 3학년으로, 1학기 7단원에 '반갑다, 국어사전'이 나옵니다. 3, 4학년에서는 국어 교과서 단원명에 '사전'이라고 나와 한 단원 내내 '사전 사용하는 법'을 배웁니다. 5, 6학년 국어 교과서에는 단원명에 '사전'이 들어가지 않고, 단원의 일부분에서 필요할 때 '사전을 활용하는 방법'으로 도입됩니다.

3학년 때 처음 배우는 사전 내용은 다음과 같습니다.

① 사전을 찾을 때에는 글자의 짜임대로 첫 자음자 → 모음자 → 받침의 순서대로 찾는다는 것을 알고, 다양한 단어들 중 사전에 싣는 순서대로 차례를 배열해보는 활동을 합니다.

② 동사의 기본형을 알고, 사전에서는 기본형으로 찾아야 한다는 것을 배웁니다. 맑고, 맑으니, 맑아서 같은 단어는 모두 '맑다'라는 기본형으로 찾아야 하기 때문입니다.

③ 실제 읽기 지문을 하나 주고 모르는 단어를 국어사전에서 찾아 뜻을 적는 활동을 합니다.

4학년 때는 종이 사전을 넘어 인터넷 사전, 유의어 사전, 백과사전 등 다양한 사전 사용법을 배웁니다. 그리고 반대되는 낱말과 같이 낱말 사이의 관계에 중심을 두고 사전을 활용하는 방법을 배웁니다. 5학년 때는 동형어와 다의어를 사전에서 구분하는 방법을 배우고, 외래어를 새말로 만들어보는 활동, 모르는 단어의 뜻을 짐작한 후 사전을 통해 내가 짐작한 뜻이 맞는지 확인하는 활동을 합니다. 6학년 때는 속담을 배운 다음 나만의 속담 사전 만들기 활동을 합니다.

## 국어사전 고르기

학교에서는 아이가 3학년이 되면 국어사전을 한 권씩 구입하라고 안내합니다. 국어사전을 학교로 가져오게 해서 사용법을 익히게 하기도 합니다. 수업을 해보면 아이들이 가져오는 국어사전이 매우 다양한데, 간혹 수업 시간에 배우는 단어가 포함되지 않는 국어사전을 가져와 울상인 아이들을 봅니다. 국어사전은 앞으로 쭉 써야 하므로 이왕이면 앞으로 쭉 쓸 수 있는 국어사전을 구입하길 권합니다.

### 종이 사전 vs 인터넷 사전·사전 앱

예전이나 지금이나 무거운 국어사전을 들고 다니는 사람은 거의 없습니다. 휴대폰에 기본 앱으로 사전 앱이 들어있는데 굳이 사야 하나 싶을 수도 있습니다. 맞습니다. 저도 영어는 물론 한글 단어의 뜻이 헷갈리면 인터넷에서 검색하여 찾는 게 편합니다. 그럼에도 집에 괜찮은 국어사전을 한 권 구입해놓고 있습니다.

왜일까요? 우선 4년간 꾸준히 학교 수업 시간에 활용합니다. 아이가 인터넷 사전을 잘 이용하는 것만큼 종이 국어사전도 잘 이용할 수 있어야 하기 때문입니다. 그러려면 집에서 편하고 익숙하게 쓰는 환경이 마련되어야 합니다.

3학년 수업에서 국어사전 활동을 할 때 몇 시간만 알려줘도 충분히 잘 따라오는 아이들이 있습니다. 반면 여전히 자음, 모음, 받침 순서를 헷갈려 사전을 펼치고도 단어를 찾지 못해 한없이 헤매는 아이들이 있습니다. 검색하면 금방이지만, 종이 국어사전 사용법을 익히지 못한 채로 인터넷 사전을 먼저 이용하면 이 학생은 앞으로도 종이 국어사전을 사용하기 어렵습니다.

게다가 공부를 하는 도중에는 스마트폰이나 컴퓨터 같은 전자 기기를 멀리하는 게 낫습니다. 단어 하나를 찾아보려고 펼쳤다가 다른 콘텐츠로 넘어가 한동안 빠져나오지 못하기 때문입니다. 공부할 때는 집중력을 유지하는 게 중요한데, 전자 기기만큼 집중력을 떨어뜨리는 물건도 없습니다. 번거롭지만 이왕이면 종이 국어사전을 사두고 활용하라고 하는 이유입니다.

놀잇감이나 장난감처럼 편하게 사용하고, 모르는 단어가 나오면 그때그때 찾아보는 습관을 기르기 위한 첫걸음으로 국어사전을 사서 거실이든 책상이든 어디에든 놓아두길 권합니다.

### 국어사전을 고르는 방법

국어사전을 고를 때 어떤 기준으로 골라야 할까요? 뜻이 더 쉽게 풀어져 있고, 중간중간 그림도 있고, 글씨 크기도 커서 아이들이 보기 좋은 초등용 국어사전과 여기서 찾는 단어가 없을 때 번갈아 볼 수 있는 일반용 국어사전을 모두 구입하는 게 좋습니다. 두 권을 사기가 부담스럽다면 앞으로 쭉 쓸 수 있는 일반용 국어사전을 사길 권합니다.

모르는 단어를 찾으려고 국어사전을 펼쳤는데 내가 가지고 있는 국어사전에 찾는 단어가 없고, 이런 상황이 몇 번 반복되면 아이들은 더 이상 국어사전을 펼쳐서 무엇인가를 찾으려고 하지 않습니다. 국어사전이 무엇이든 알고 있는 척척박사인 줄 알았는데 찾는 단어가 자꾸 없으니 그 사전에는 더 이상 묻지 않는 거죠. 시간 낭비처럼 여겨지니까요. 초등용 국어사전은 1,400~1,500쪽 정도입니다. 일반용 국어사전은 2,500~3,000쪽가량입니다. 게다가 글씨 크기도 다르므로 수록된 단어 양은 차이가 더 많이 납니다.

단순히 수록된 단어 수와 쪽수가 많으면 좋은 걸까요? 아닙니다. 국어사전을 고를 때는 유의어, 반의어, 활용 예가 잘 수록되어 있는 것을 골라야 합니다. 대개 3,000쪽 이상은 되어야 이 모든 내용이 충실하게 담깁니다. 이왕이면 서점에 나가 비교해보는 게 좋습니다. 내가 보기에 편한 글꼴, 글자 크기, 구성 등이 있을 겁니다. 부모님이 서너 개를 정한 후 아이에게 고르라고 하면 확실합니다.


## 학교에서 주로 쓰는 국어사전

학교 도서관에도 국어사전을 마련해둡니다. 수업할 때 사전을 준비하지 못한 학생들에게 빌려주기도 하고, 사전 수업이 아니더라도 언제라도 쓸 수 있도록 하기 위해서입니다. 쓸 일이 생기면 언제라도 도서관에 가서 빌릴 수 있습니다. 학교에서 사용하는 국어사전과 추천하는 국어사전을 살펴보겠습니다.

학교에서 주로 쓰는 국어사전은 《속뜻풀이 초등국어사전》, 《보리 국어사전》, 《동아 연세 초등 국어사전》입니다. 초등용 국어사전으로 아이들이 많이 가져오는 국어사전이기도 합니다.

초등용 국어사전

《속뜻풀이 초등국어사전》의 일반용 버전이 《우리말 한자어 속뜻 사전》입니다. 《속뜻풀이 초등국어사전》 부록에는 속담, 한자 풀이, 비슷한 말, 반대말, 사자성어, 고사성어가 들어있습니다. 《보리 국어 사전》은 세밀화 그림책이 유명한 보리출판사에서 만든 사전입니다. 뜻풀이에 그림 설명이 중간중간 들어있어 덜 딱딱하게 여겨지고 내용을 더 쉽게 이해할 수 있습니다. 《동아 연세 초등 국어사전》은 초등학생이 보기에는 적당한 두께고 가격도 저렴해 무난하게 쓰기 좋습니다. 세 책 모두 초등용이라 수록된 단어 수에는 한계가 있습니다.

일반 사전 중에는 《우리말 한자어 속뜻사전》, 《엣센스 국어사전》, 《동아 새국어사전》을 추천합니다. 《우리말 한자어 속뜻사전》은 한자어에 기반을 둔 사전입니다. 단어별 한자 뜻을 풀어서 알려주고 그 단어에서 파생된 단어를 함께 알려줘, 한자 공부와 어휘력 확장을 동시에 하기 좋은 사전입니다. 《속뜻풀이 초등국어사전》과 마찬가지로 부록에 사자성어가 들어있습니다. 《엣센스 국어사전》은 표제어가 16만 개 정도 수록된 사전으로 사전 전문 출판사인 민중서림에서 만들었습니다. 《동아 새국어사전》 역시 무난해서 오래도록 꾸준히 팔리는 사전입니다. 서점에 들러 세 가지 사전을 꺼내 마음에 드는 걸로 고르면 됩니다.

## 나만의 국어사전 만들기

앞서 본 교육과정 속 국어사전 학습 내용을 보면 '나만의 사전 만들기' 활동이 자주 나옵니다. 3학년 '나만의 국어사전 만들기', 4학년 '나만의 낱말 사전 만들기', 5학년 '새말 사전 만들기', 6학년 '속담 사전 만들기'로 총 4번 나오지만 이외에도 별도로 다양한 사전 만들기 활동이 진행됩니다.

사전을 통해 우리말 공부를 하는 것은 사전을 얼마나 정확하게 찾느냐가 목적이 아니라 얼마나 많은 말을 내가 활용할 수 있게 되느냐가 목적입니다. 그래서 자꾸 사전을 활용하여 찾아본 이후에 '너만의 사전'을 만들어보라고 권하는 것입니다.

매 학년마다 공식적으로 한 번씩은 만드는 사전이지만 지금 아이가 만든 사전이 어디 있는지 아는 분은 많지 않습니다. 1회로 끝나는 활동이지 지속적으로 연결되는 활동은 아니기 때문입니다. 그런데 저는 이 나만의 사전을 지속적으로 만드는 활동이 꼭 필요하다는 입장입니다.

### 나만의 국어사전을 만들어야 하는 이유

앞서 말한 것처럼 나만의 사전을 만드는 것은 나의 말과 나의 단어를 모으는 과정입니다. 궁금해서 한번 찾아보고 마는 게 아니라 나의 단어 통장에 차곡차곡 적립해두는 것입니다. 새로운 언어를 배울 때 새로운 단어를 익히기 위해서 노력하고 단어의 어근과 유래를 알기 위해 노력하는 것처럼, 국어도 새로운 단어를 접할 때마다 기억하고 싶은 단어가 있을 때마다 기록하고 모으는 것입니다.

### 나만의 국어사전을 만드는 방법

기본적으로 손으로 써서 만드는 방법과 어학 사전 앱을 이용해 만드는 방법이 있습니다. 두 가지 모두 단어의 자음 순서대로 정렬하는 방법과 시간순으로 적는 방법이 있습니다. 어학 사전 앱을 이용해 만들기가 쉽지만 효과가 좋은 방법은 역시 손으로 써서 만들기입니다. 사전에서 단어를 찾아 뜻을 보고 확인하여 손으로 적는 건 어학 사전에서 찾은 단어의 '저장' 버튼을 눌러 나만의 사전에 넣어두는 것보다 훨씬 더 집중하고 노력해야 하는 일이기 때문입니다.

작은 메모장 하나를 가지고 다니면서 생각이 떠오를 때마다 메모하는 사람 이야기를 들어본 적이 있을 겁니다. 단어를 모을 때도 같은 방식을 씁니다. 하루 동안 내가 본 단어 중 모르는 단어 한두 개만 단어장에 적어보는 것입니다.

학원으로 가는 길에 걸린 현수막에 쓰여 있는 단어일 수도 있고, 엄마 따라 마트에 갔다가 전단지에서 본 단어일 수도 있습니다. 꼭 책을 읽다가 본 단어가 아니어도 괜찮습니다. 궁금한 단어가 생겼다는 것이 포인트입니다. 엄마에게 물어봤는데 속시원하게 답해주지 않으면 집으로 와 국어사전을 찾아보고 나만의 단어 통장에 저축해놓는 것입니다.

이 단어 통장은 꽤 큰 저금통이라 하나둘 채운다고 해서 무거워지지 않습니다. 그리고 언제가 되어야 이 통장에서 꺼내어 쓸 수 있을지도 확실치 않습니다. 그래도 큰 저금통을 흔들어보았을 때 동전 흔들리는 소리가 제법 크게 나다가 어느 순간부터는 제법 묵직해 들기 어려워지면 마음이 뿌듯해지지 않나요? 단어 통장도 딱 저금통과 같습니다.

그 속에 내가 무엇을 넣었는지 일일이 기억나지 않을 수도 있고,

영어 학원에서 단어 시험 보는 것처럼 계속 외우기를 반복하지 않아도 괜찮습니다. 아이는 모르는 단어에 대해 민감하게 반응하고 사전을 찾아보는 행동을 했습니다. 심지어 나만의 사전에 적어두는 활동까지 했다면 처음에는 단어 뜻만 적다가 이와 유사한 단어, 반대되는 단어, 파생되는 단어, 활용 예시까지 하나씩 추가해가며 정말 나만의 멋진 사진을 만들 수 있을 것입니다.

### 나만의 국어사전 활용법

단어가 주가 되는 단어 사전을 만들 수도 있지만 5학년 때 만드는 새말 사전, 6학년 때 만드는 속담 사전처럼 주제가 있는 사전을 만드는 것도 가능합니다.

새말 사전 만들기란 우리 주변의 수많은 외래어를 순우리말로 만들어보는 활동입니다. 과자, 아이스크림, 광고, 노래 제목 등에서 외래어를 찾아 나만의 순우리말 만들기 활동을 합니다. 속담 사전 만들기는 속담을 공부한 다음 심화 활동으로 스스로 속담을 모아 정리해보는 활동입니다. 어휘와 관련하여 새롭게 창조하는 기회, 공부한 것을 정리하는 기회도 사전을 만드는 활동을 통해 제시하고 있는 것입니다.

마찬가지로 유의어-반의어만으로 이루어진 사전 만들기, 순우리말만 모은 사전 만들기, 관용어구만 모은 사전 만들기와 같이 다양한 주제로 확대하여 사전을 만들 수 있습니다.

아래 그림은 아이들과 사전 활동을 하면서 만들었던 나만의 사전 만들기 예시 작품입니다. 우리 아이의 첫 국어사전을 만드는 데 참고 하시기 바랍니다.

3학년 '반갑다 국어사전' 활동 예시

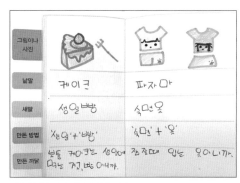

5학년 '새말 사전 만들기' 활동 예시

6학년 '속담 사전 만들기' 활동 예시

나만의 사전 만들기 학생 활동 자료

**인터넷 사전과 사전 앱을 이용해야 한다면**

기본적으로 종이 사전을 쓰길 권하지만 컴퓨터나 스마트폰을 통해 사전을 활용할
일도 있습니다. 이럴 때는 다음 몇 가지 사전을 추천합니다.

### 표준국어대사전 https://stdict.korean.go.kr

국립국어원에서 발행하는 한국어 사전입니다. 국가에서 직접 편찬한 국어사전이므
로, 사전마다 약간의 차이가 있어 표준어인지 여부가 궁금할 때 기준으로 삼을 수 있
습니다. 홈페이지나 앱으로 들어가 쓸 수 있고 회원으로 가입해두면 내가 모르는 단
어를 모아 단어장을 만들 수 있습니다. 내 단어장에는 목록을 총 10개 만들 수 있고,
목록마다 단어를 1,000개씩 넣을 수 있습니다.

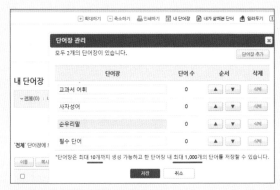

표준국어대사전 앱에서 내 단어장 만들기

### 한국어기초사전 https://krdict.korean.go.kr

한국어기초사전 또한 국립국어원에서 발행한 사전입니다. 외국인들이 한국어를 편
하게 학습할 수 있도록 만든 국어사전입니다. 이런 이유로 홈페이지 첫 화면에 '세계
인이 누리는 한국어 학습사전'이라고 나타납니다. 표준국어대사전에는 단어가 50만

개 수록된 데 비해 한국어기초사전에는 단어가 5만 개가량 수록돼 있습니다. 5만 개 정도면 초등학생이 공부하는 데 충분히 많은 양입니다.

이 사전을 추천하는 이유는 한국어를 배우는 외국어 학습자를 대상으로 하는 '기초' 사전이기 때문입니다. 외국인을 대상으로 하다 보니 단어 풀이가 쉽고, 어휘가 '초급', '중급', '고급'으로 나눠져 있어 초등학생이 보기에 편리합니다.

'월(月)'을 표준국어대사전과 한국어기초사전에서 찾아봤습니다. 한국어기초사전의 뜻이 더 쉬운 말로 풀어져 있고, 예시 문장이나 사용 예가 더 많이 들어있습니다. 사전 찾기가 익숙하지 않고 어려운 아이라면 한국어기초사전을 먼저 쓰길 권합니다.

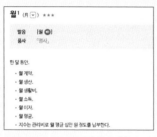

'월'을 한국어기초사전에서 찾은 내용

'월'을 표준국어대사전에서 찾은 내용

## 우리말365

우리말365는 국립국어원에서 운영하는 국어 생활 종합 상담실입니다. 카카오톡에서 운영하는 채널 이름으로 우리말에 관한 간단한 질문에 답변해주는 서비스입니다. 특히 맞춤법과 관련하여 헷갈리는 경우에 사용하기 편리합니다. 다만 상담 시간과 상담 건수에 제한이 있으니 확인하고 사용하기 바랍니다.

# 4장

초등 어휘력이 공부력이다

어떻게 말해야 할까:
대화와 질문

# 마음을 읽고
# 표현합니다

  교실에서는 사소한 다툼도 종종 일어납니다. 보통 이럴 때 굉장히 큰 목소리로 다툼이 생긴 이유를 설명하고 억울함을 호소하는 아이가 있습니다. 반면 제대로 말하지 않은 채 훌쩍훌쩍 우는 아이도 있습니다. "○○아, □□이가 이렇게 된 일이라고 하는데 맞아?"라고 물어봐도 눈물만 흘릴 뿐 말을 하지 않습니다. 이러면 저도 아이도 답답합니다. 한 아이는 계속 자기 말만 하고, 한 아이는 울기만 하고 제대로 말을 하지 않으니 상황을 정리해주기가 쉽지 않습니다. 일단 자리로 돌아가라고 하고 우는 아이가 진정되면 불러서 다시 물어봅니다. 이때라도 그때 상황을 설명하고 본인 입장을 말하면 좋을 텐데 여전히 말을 하지 않고, 묻는 말에 '예/아니요'로만 답할 뿐입니다.

## 표현하지 못하는 아이들

학교에 있어보니 감정 표현에 서툰 아이를 꽤 자주 봅니다. 내성적이고 숫기가 없고 말수가 적은 아이일수록 부모가 미리 짐작하고 대신 말해주는 경우를 자주 보는데, 이제는 아이 스스로 말할 때까지 기다리고 독려해줘야 합니다. 상대 아이에 맞서 큰소리로 이야기하라는 말이 아닙니다. 필요한 순간만큼은 크든 작든, 길든 짧든 자신의 생각과 느낌을 말로 표현할 수 있어야 한다는 이야기입니다.

저처럼 교실에서 아이들을 자주 보지 않더라도 아이가 감정을 말로 표현하기 힘들어한다는 걸 가끔 느끼셨을 겁니다. 문제는 말로 표현하기 어려운 감정이라면 글로는 더 드러내기 어렵다는 겁니다. 일기장과 독서록을 쓰라고 하면 마무리 문장이 늘 '참 재미있었다'인 이유입니다. 글은 결국 자신의 생각과 감정을 제대로 들여다볼 줄 알고, 자유자재로 표현할 수 있고, 솔직하게 말할 수 있어야 쓸 수 있는 일입니다.

일단 부모는 집에서만큼은 아이를 수다쟁이로 만들어야 합니다. 말도 하면 할수록 늘고, 다듬어지고, 정확해집니다. 말을 하다 보면 상황, 생각, 감정 등을 어떻게 더 솔직하고, 정확하고, 바르게 표현할 수 있는지 궁리하며 애를 씁니다. 그러다 보면 자연스럽게 어휘와 표현력이 늡니다. 더 잘 표현하고 싶은 마음에 몰랐던 표현을 잘 기억했다가 쓰기도 하고, 답답할 땐 부모에게 물어봐서 말을 늘리기 때문입니다.

보통 아이들은 모두 수다쟁이입니다. 과묵하고 진중한 아이는 뛰어다니지 않는 아이만큼이나 이상한 경우입니다. 그 아이들이 집에서 계속 수다를 떨 수 있도록, 한쪽의 수다가 아닌 의사소통이 될 수 있도록 해주어야 합니다. 특히 신경 써서 도와줄 부분은 '내 감정을 제대로 읽고 정확하게 표현하기'입니다. Emotional Literacy라고 하는데 우리말로는 정서적 문해력 혹은 감정 파악 능력 정도로 풀 수 있습니다. 내 감정을 스스로 알아차리고 표현할 수 있는 능력을 말합니다.

## 감정을 읽고 표현을 돕는 활동

자신의 생각이나 느낌을 자유롭게 표현하라고 말하지만 아이들은 내 생각이나 느낌이 어떤지 잘 파악하지 못합니다. 설사 파악해도 그걸 마땅히 표현할 만한 단어를 찾지 못해 엉뚱한 말을 하기도 합니다. 있었던 일을 시간순으로 차분히 이야기하는 아이도 내 기분이나 상태를 정확하게 말하지 못하는 경우가 많습니다. 자신의 감정을 들여다보는 시간을 자주 갖지 못했고, 이야기를 나눈 경험도 많지 않기 때문입니다.

아이가 스스로 자신의 감정을 깨닫고 표현할 수 있도록 도와야 합니다. 그런데 어떻게 도울 수 있을까요? 제가 교실에서 아이들과 해 본 몇 가지 활동을 소개해드리겠습니다.

### 활동 1 | 감정손가락

가장 쉽고 간단한 방법입니다. 20명이 넘는 교실 속 아이들의 감정을 한 번에 살펴봐야 할 때 쓰는 방법입니다.

① 아이들에게 손가락 10개를 쫙 펴라고 합니다.

② 모두 다 편 상태가 10, 두 손 다 주먹 쥔 상태가 0이라고 알려줍니다.

③ 그런 다음 문제를 냅니다. "지금 내가 5학년이 되어서 딱 죽을 만큼 힘들다면 10, 뭐야 괜히 걱정했네, 오히려 4학년 때보다 훨씬 재미있고 쉽다고 여겨지면 0, 4학년과 별반 다르지 않아 큰 변화 없이 잘 적응하고 있다면 5"라고 안내합니다. 이때의 팁은 10과 0을 최대한 과장해서 아이들이 '뭘 그 정도까지'라고 생각할 정도로 이야기한다는 겁니다.

④ 그런 다음 "6은 4학년 때와 비슷하긴 하지만 살짝 힘들다, 4는 4학년 때와 비슷한 정도지만 적응이 어렵지 않다"와 같이 구체적인 숫자에 관한 설명을 합니다.

이 정도로 말하면 "선생님 8은요?", "선생님 2는요?"와 같이 다른 숫자를 물어보는 아이도 꼭 있습니다. 그러면 가운데에서 10이나 0까지의 방향을 정하고 그 정한 방향에서 다섯 단계 중 어디쯤일지 잘 생각해보라고 합니다. 공개적으로 손가락 표시를 하기 어렵다면 다른 아이들이 볼 수 없도록 손가락을 가슴 앞에 살짝 갖다 대고 선생님만 볼 수 있게 해달라고 합니다.

아이들은 지금 느끼는 감정이나 생각 정도를 10단계의 척도로 나누어 그중 어디에 있는지 생각해보고 손가락으로 나타냅니다. 저는 아이들이 표현한 것을 쭉 훑어보고 8 이상을 든 아이들을 유심히 봅니다. 간혹 10을 드는 아이도 있습니다. 10을 일부러 훨씬 더 과장해서 표현했는데도 10을 들었다면 그 아이는 정말 힘들거나 혹은 힘든 상황을 알아달라는 겁니다. 감정 표현은 맞고 틀리고가 없습니다. 아이가 느끼는 그대로가 늘 맞습니다.

그렇게 확인하고 나면 기회가 될 때 아이에게 살며시 말을 건넵니다. "공부하기 많이 힘들지?" 한마디를 꺼내면 아이는 머쓱해하며 웃습니다. 상황이 허락되면 더 깊게 이야기를 나누지만 이 정도만으로도 충분히 감정을 나눌 수 있습니다.

아이가 평소에 '좋다'와 '싫다' 정도로만 말한다면 집에서 써볼 수 있는 방법입니다. 구체적인 10단계의 척도를 설명하고 아이는 그저 손으로만 나타내게 해주세요. 저는 이 방법을 자주 이용합니다. 쉽고 빠르게, 아이들도 부담 없이 표현할 수 있으니까요. 감정손가락은 감정을 말로 표현하는 위밍업 단계에 속하고, 감정 파악 능력으로 치면 자기감정 알아차리기 정도에 해당합니다.

## 활동 2 | 그림 카드 기법

상담할 때 자주 쓰는 그림 카드 기법입니다. 픽사베이pixbay 같은 무료 이미지 사이트에서 다양한 이미지를 준비합니다. 카드 개수는 80장, 크기는 10×6cm로 만들어 두고두고 쓸 수 있도록 코팅해두면 좋습니다. 교실에서는 80장을 준비하지만 집에서라면 20장 정도도 충분합니다.

그림 카드의 그림은 무엇이든 좋습니다. 글씨가 없는 그림 카드면 충분합니다. 다만 겹치는 주제가 없도록 골고루 고르면 좋습니다. 그런 후 아이와 카드 게임을 하듯이 카드를 가지고 이야기하는 것입니다.

① 카드를 펼쳐놓고 지금 내 기분을 표현할 수 있는 카드 한 장을 집으라고 합니다. 카드 그림은 달팽이, 산딸기, 파도와 같은 그림이 그려진 카드입니다. 아이가 카드를 쭉 살펴보고 어떤 카드를 집을 겁니다. 그 카드를 집은 이유에 대해서 이야기하게 합니다. 이야기할 때는 '내 마음은 지금 (        )처럼 (        )해요. 왜냐하면 (        )이기 때문이에요'와 같은 기본 문구를 이용하도록 알려줍니다. 아이가 잘 모르겠다고 하면 부모가 먼저 카드 한 장을 집고 말하는 시범을 보입니다. 보여주기만큼 아이들이 쉽고 빠르게 따라 하는 방법도 없습니다.

기분과 전혀 관련 없어 보이는 카드들 중 한 장의 카드에서 아이는 자신의 감정과 연결되는 무엇인가를 발견했을 겁니다. 처음에는 눈 사진을 고르고 "내 마음은 지금 눈처럼 차가워요. 왜냐하면 동생 때문에 화가 났기 때문이에요"와 같이 바로 연결되는 카드를 고르고 이야기를 할 겁니다. 이 정도로만 말해도 훌륭하지만, 여러 번 할수록 그림을 통해 내 마음을 투영하고 표현하는 게 자연스럽고 깊어질 겁니다. 내 마음을 직접적으로 드러내지 않고도 표현할 수 있어서인지 더 진솔한 이야기를 나눌 수 있습니다. "내 마음은 달팽이입니다", "내 마음은 이제 막 내리치려는 파도처럼 거칩니다" 처럼 그림 카드로 내 마음을 은유적으로 또는 직유적으로 표현하는 연습이자 그림과 내 마음 사이에서 유사점을 찾는 연습이기도 합니다.

② '나는 (    )다', '엄마는 (    )다', '학교는 (    )다'와 같이 빈칸이 있는 문제를 내고 답을 카드에서 찾아보라고 해도 좋습니다. 아이 생활 모습 중 궁금하지만 물어보지 못한 부분을 돌려서 물어보기에 좋습니다. '(학교는) 재미없어'나 '싫어' 같은 단정적인 표현보다 훨씬 다양한 갈래의 표현을 만날 수 있고 더 자세한 이야기를 들을 수 있습니다.

저는 '나'를 스스로 어떻게 생각하는지에 관한 문제를 내기도 하고, 어버이날이나 학부모 공개 수업처럼 부모님이 참여하는 학교 행사가 있을 때에는 부모님에 대한 문제를 내기도 합니다. 체육대회를 마친 날이나 현장 체험을 다녀온 다음 날 아이들에게 "어땠어?"라고 묻지 않고, 그림 카드로 물어보면 기막힌 표현이 쏟아집니다. 이럴 때 보면 아이들이 감정 표현을 하는 길이 막힌 게 아니라 우리가 막다른 길 하나를 두고 물어본 것은 아닐까 하는 생각도 듭니다. 같은 것을 물어보았는데 물어보는 방식에 따라 아이들의 표현 방법에 굉장한 차이가 나타나거든요.

## 활동 3 | 감정 카드 만들어 활용하기

그림 카드 활용이 아이에게 아직은 어렵겠다 싶으면 감정 카드를 활용해도 좋습니다. 도덕 수업을 할 때 많이 해보는 방법입니다. 감정 카드는 인터넷으로 구입해도 괜찮지만 아이에게 스스로 만들어 보라고 하는 것도 좋습니다. 만드는 방법은 간단합니다.

우선 도화지를 8등분합니다. 저는 앞면에 긍정적인 감정을 나타낸 감정 단어와 어울리는 얼굴 또는 감정 이모티콘을 그리라고 합니다. 뒷면에는 부정적인 감정을 나타낸 감정 단어와 어울리는 얼굴 또는 감정 이모티콘을 그리라고 합니다. 이렇게 만들면 카드는 여덟 장이지만 감정을 열여섯 가지로 표현할 수 있습니다.

저는 월요일 한 주를 시작할 때나 하루 수업을 다 마칠 때 혹은 수시로 "선생님이 너희가 지금 어떤 감정인지 궁금해. 감정 카드로 표현해줄 수 있어?"라고 이야기합니다. 아이들은 그때마다 주섬주섬 감정 카드를 꺼내 하나하나 꼼꼼히 살펴보고 자신의 감정에 딱 들어맞는 감정 카드를 들어 올립니다. 아이들의 카드를 보면서 하나씩 읽어줍니다. "지원이는 지금, 설렘 카드를 들었네. 왜 설렐까?"라고 물어볼 수도 있습니다. "선생님, 곧 급식 시간이에요. 오늘 급식 맛있는 거 나와요"라는 아이다운 말에 빵 터질 때도 있습니다. 어떤 마음이건 솔직하게 표현해주니 고마울 따름입니다. 긍정 카드와 부정 카드를 함께 드는 아이도 있습니다. 이유를 물어보면 다 그럴 만한 이유가 있습니다. 감정이 딱 하나로 정의되는 건 아니니까요.

 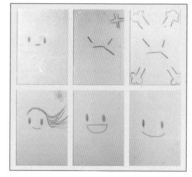

아이들이 만든 감정 카드 예시

처음부터 긍정 단어를 여덟 개 쓰라고 하면 어려워하기도 합니다. 그럴 땐 카드를 4장씩 나눠서 긍정 반, 부정 반을 쓰라고 합니다. 물론 몇 번 진행하면 아이들이 먼저 표현할 단어가 적다고 이야기합니다. "더 만들어도 돼요?"라는 말이 얼마나 반가운지 모릅니다.

아이들이 스스로 만든 카드라 더하기만 하면 됩니다. 그래서 더 의미가 있습니다. 주어진 카드에 내가 답하는 것이 아니라 본인이 생각한 카드를 만들고 필요할 때마다 추가하면 됩니다. 이럴 때 자연스럽게 감정 단어들을 하나씩 알려주면 좋습니다. 부모가 설명하기 어렵다면 감정 단어가 많이 들어있는 책을 건네도 좋습니다. 아이는 지금 자신에게 필요한 감정을 추가할 것입니다.

감정 단어와 관련한 책으로는 항상 《아홉 살 마음 사전》을 추천합니다. 아이들 입장에서 이처럼 쉽게 이해할 수 있게 잘 적은 감정 책도 없습니다. 감정 카드를 만들면서 본인의 필요에 의해 감정을 알아가고, '내가 비슷한 경험을 했을 때 느꼈던 감정의 이름이 이런 것이구나'를 알아가는 이 과정이 의미가 있습니다.

감정 단어와 관련된 책

### 활동 4 | 감정출석부

감정출석부는 학교에서 주로 쓰는 출석부인데 집에서도 온 가족이 함께 이용할 수 있습니다. 검색 창에 '감정출석부'를 입력하면 '옥이 샘의 감정툰 출석부'가 나오고 다양한 활용 후기를 볼 수 있습니다. 학교에서는 감정출석부를 칠판에 붙여둡니다. 그러면 아이들이 등교할 때 선생님께 인사한 다음 칠판에 붙어있는 감정출석부의 감정을 찬찬히 살펴본 후 지금 내 감정 상태에 맞는 칸에 내 이름표를 갖다 놓습니다.

저는 아이들이 모두 등교하면 오늘 유난히 기분이 좋지 않거나 힘들어하는 아이가 있는지 확인합니다. 속상하다, 울고 싶다, 우울하다는 부분이 며칠씩 이어지는 아이가 있다면 따로 물어보거나 아이의 상태를 더 자세히 관찰합니다. 물론 항상 기쁘고 행복하면 좋겠지만 아이들도 그렇지 않습니다. 아침에 부모님께 혼났을 수도 있고 학교에서 어떤 문제 때문에 항상 불안하거나 힘들 수도 있습니다. 부정적인 감정을 빨리 알아차릴 수 있다는 것이 감정출석부의 기능 중 하나입니다.

집에서 활용할 거라면 모두 다 잘 볼 수 있는 냉장고 앞이나 현관문 앞에 두는 게 좋습니다. 가족 이름표를 만든 다음 수시로 감정 표현을 할 수 있도록 합니다. 감정은 하루에도 몇 번이고 바뀔 수 있으므로 아침은 물론 기분이 바뀔 땐 언제라도 붙여도 된다고 말해줍니다.

내 감정을 공개된 곳에 붙이는 게 무슨 의미가 있을까 싶지만 이렇게라도 내 감정을 표현하는 일에 한 발자국 내딛어야 합니다. 부모라도 부정적인 감정은 숨기고 내색하지 않으려고 애쓰는 일이 많습니다. 그러다 어느 순간 급작스레 억울하고 서운함이 몰려오기도 합니다. 너무 많이 담아두셔서 그렇습니다. 부정적인 감정 자체가 나쁜 것은 아닙니다. 또한 이런 감정은 내가 말하지 않아도 누군가 알아주면 좋겠지만 그건 불가능한 일입니다.

이렇게 감정 표현을 하는 것만으로도 서로의 감정 변화를 살피고 관련된 대화를 꺼내기가 수월해집니다. "오늘의 감정이 '뿌듯하다'던데, 무슨 좋은 일 있었어?" 이렇게 이야기를 꺼내는 것이 훨씬 더 구체적으로 다가갈 수 있는 대화이기 때문입니다.

## 활동 5 | 감정 단어 익히기

앞에서 소개한 활동이 익숙해졌다면 다음 단계로 감정 단어를 확장해주면 좋습니다. 좀 더 세밀한 내 감정의 이름까지 구별해서 알게 되면 그만큼 표현할 수 있는 것도 많아지기 때문입니다. 다만 '감정 단어를 확장해서 익히기'를 마지막 활동으로 소개한 이유는 앞에서 소개한 활동이 우선이기 때문입니다.

감정은 꺼내고 표현하는 게 어렵습니다. 내 감정을 거리낌 없이 표현하다 보면 스스로 감정 표현 단어가 부족하다는 것을 알게 됩니다. 감정 표현을 아직 하지 못한 상태에서 감정 단어를 익히고 난 후 내 감정은 어떤 단어에 속하는지 적용해보는 게 아니라, 감정을 표현하다가 그 감정에 어울리는 단어의 필요성을 느꼈으면 좋겠다는 말입니다.

우선 긍정 단어와 부정 단어의 두 영역으로 크게 나누어 확장하는 편이 쉽습니다. 감정이 칼로 무 자르듯 두 가지로 정확하게 나눠지지는 않지만 아이들은 이렇게 알려줘야 잘 따라옵니다. 내가 아는 긍정 단어를 쭉 쓴 다음 부정 단어를 쭉 쓰게 합니다. 보드 판이나 큰 스케치북을 이용하면 좋습니다. 그런 다음 새로 접하는 감정 단어를 하나씩 적어 모아봅니다.

감정 사전이라고 하면 뭔가 거창하게 여기는데 나누고 모아만 둬도 '나만의 멋진 감정 사전'이 됩니다. 앞에서 말한 마음 사전을 충분히 활용하고 여기에 있는 단어가 익숙해져서 말로 자유롭게 나오는 수준이 되었다면, 시중에 나와있는 다른 감정 사전을 추가로 사용할 수 있습니다.

### 활동 6 | "오늘 네 마음은 어때?" 말하기

좋은 건 알겠는데 시간이 없어서 앞에서 알려준 활동을 할 수 없을 수 있습니다. 그런 분이라면 딱 한 문장만 외워주세요. "오늘 네 마음은 어때?" 아이와 눈을 마주칠 때마다 이렇게 말하는 겁니다.

아이가 학교에서 무슨 일이 있었는지, 학원은 잘 갔는지, 내일 준비물이 무엇인지, 숙제는 없는지 궁금한 것투성이겠지만 그 전에 딱 한마디, 아이 마음이 어떤지 물어봐주세요. 그걸로 많은 부분이 해결될 수 있습니다.

특별히 내가 더 사랑하는 누군가가 힘든 하루를 마치고 돌아온 나를 보며 웃는 얼굴로 "오늘 네 마음은 어때?"라고 물어봐주었다고 생각해보세요. 기분이 어떨까요? 존재만으로도 소중한 아이들입니다. 그 아이의 감정이 메마르지 않고 쑥쑥 자랄 수 있도록 눈빛과 말로 힘을 주시기 바랍니다. 부모님의 오늘 하루는 어땠나요?

# 공감의 대화를
# 시작합니다

누구나 아이가 더 따뜻한 사람으로 자라길, 다른 사람의 마음을 깊이 이해하고 소통하는 데 어려움이 없는 어른으로 자라길 바랍니다. 그러려면 먼저 부모가 아이에게 가장 편한 이야기 상대가 되어 줘야 합니다.

## 공감 대화의 경험

아이는 충분히 경험하고 느낀 대로 클 테니 먼저 공감받는 경험을 해야겠지요. 실제로 부모님의 인지적·정서적 공감 능력이 아이의 언어 발달에 영향을 미친다는 연구 결과가 있습니다. 굳이 연구 결과가 아니더라도 내가 아이와 양질의 대화를 얼마나 하고 있고 그 대화가 얼마나 즐거웠는지 떠올려보세요.

어휘력을 키우기 위해서가 아니라 나와 아이의 행복을 위해서라도 대화는 참 중요합니다. 아이 입장에서는 세상에서 처음 만나는 여러 가지 시행착오에 대해 가이드해줄 수 있는 사람이 부모님입니다. 어른과의 대화는 아이가 볼 수 있는 세상의 폭을 넓혀주는 징검다리가 되어줄 수 있습니다. 그러므로 아이와 더 많이 대화하길 권합니다. 더 깊고 따뜻한 대화가 끊이지 않기를 권합니다.

대화의 중요성을 잘 알면서도 내 아이와 대화하는 일이 쉽지 않다는 부모가 많습니다. 잘 가르치고 잘 알려줘야 한다는 마음이 앞서 지시하거나 조언하기 십상입니다. 분명 일상 대화로 시작했는데 어느 순간 잔소리를 하는 자신을 보고 왜 이러나 싶기도 합니다.

## 공감 대화 연습

아이가 재미있는 이야기를 시작하려는 순간 "미안, 지금 좀 바빠. 좀 있다가. 잠깐만"이라며 아이의 말문을 막을 때가 있었을 겁니다. 한편 아이는 재미있는 이야기라며 털어놨는데 부모는 아이나 친구의 행동이 거슬리고 신경 쓰여 딴소리로 아이의 흥을 깨기도 합니다. 공감은커녕 대화가 이어질 리 없습니다. 아이와 공감 대화를 하기가 생각만큼 쉽지 않습니다. 그래서 연습이 필요합니다.

공감 능력도 타고나는 게 아니라 배우고 연습해야 늡니다. 나는 다른 사람에게 공감받기를 간절히 바라지만 정작 나조차 다른 사람의 말에 어떻게 공감해야 할지 모르는 경우도 많습니다. 저 또한 의식적으로 대화를 위한 몇 가지 연습을 합니다.

### 첫째, 하루 10분이라도 대화 시간을 꾸준히 갖습니다

가족과 대화하는 시간을 따로 내야 하나 싶지만, 신경 쓰지 않으면 그냥 흘러가버리는 게 시간입니다. 하루 10분이라도 대화하는 시간을 따로 챙겨놔야 합니다. 그렇다고 '지금은 대화하는 시간'이라고 공지하는 건 아닙니다. 부모가 혼자 계획하고 의식해서 행동하면 됩니다.

저는 저녁을 먹을 때와 저녁을 먹은 다음 시간을 주로 활용합니다. 아침은 서로 바쁘기도 하고 패턴이 조금씩 다르기 때문입니다. 작은아이는 제가 저녁을 준비하려고 움직이면 옆으로 와서 쉴 새 없이 학교 이야기를 풀어냅니다. 보조 요리사로 주방에 취직한 아이라 눈치껏 양파나 소스도 척척 가져오면서도 말을 멈추지 않습니다. 이런 아이가 참 고맙습니다.

칼질을 하다가도 아이 이야기에서 강조되는 부분이 있으면 잠깐 칼을 내려놓고 아이와 눈을 마주칩니다. 잘 듣고 있다는 표시입니다. 중간중간 마음을 담아 "진짜?", "와, 엄청 놀랐겠는데?", "그래서, 그래서 어떻게 됐어?" 같은 추임새도 적절히 넣어줍니다.

가족이 모여 식사할 때도 이야기를 합니다. 아이들이 학교 이야기를 하면 남편도 질세라 회사 이야기를 풉니다. 저도 중간중간 이야기를 하면서 아이들과 남편 이야기를 듣습니다.

저희는 저녁이 가장 편하고 여유로워 이 시간을 이용하지만, 가정마다 상황이 다르므로 적당히 잘 마련하면 됩니다. 특별한 주제를 깊게 이야기하지 않아도 됩니다. 어떤 날은 가벼운 이야기로 채워지기도 하고, 어떤 날은 일상 이야기를 하다 깊은 대화로 넘어가기도 합니다. 오늘은 어떻게 이야기가 흘러갈지 기대되지 않나요?

### 둘째, 대화할 땐 아이에게도 예의를 갖춰주세요

즐거운 대화를 이어가려면 예의범절은 기본입니다. 기본이지만 막상 실천이 쉽지 않다는 거, 잘 압니다. 여전히 서툴고 배워야 할 게 많은 아이들입니다. 가르치려고 보면 끝이 없습니다. 오래도록 아이들을 봐왔지만 아이들은 가르침으로 크는 게 아니라, 모방하기로 크고 품어주기로 큽니다. 부모가 모범을 보이고 품어줘야 바르게 자랍니다.

대화할 때만큼은 아이를 가르칠 대상이 아니라 한 '사람'으로 봐주세요. 대화는 그 순간 시작되고, 이어지고, 지속됩니다. 아이가 말을 하는데 중간에 끼어들거나 이건 맞고 저건 틀리다는 판단을 내리지 말아주세요. 친구와 이야기하면서 말을 자르고 끼어들고 훈수를 두진 않을 겁니다. 그 예의를 아이들에게도 지켜주세요.

아이는 부모와 대화하면서 자연스레 다른 사람과 대화할 때 지켜야 할 예절을 배웁니다. 말로 설명해서 가르치는 게 아니라 직접 행동으로 보여줘 배우게 하는 겁니다. 아이가 존중받으며 대화하고 있다고 느끼게 해주세요. 그래야 아이 말문도 트입니다. 즐겁고 편안한데, 때로는 도움도 되는 대화의 경험을 늘려주세요. 조언과 판단보다 존중을 먼저 보여주세요.

### 셋째, 경청이 먼저입니다

아이와 어떻게 대화해야 할지 모르겠다면 경청만 해도 성공입니다. 아이가 이야기를 하면 눈을 마주치고 고개를 끄덕여 잘 듣고 있다는 걸 명확하게 보여주세요. 아이들은 부모가 정성을 다해 내 이야기를 듣는지 건성으로 듣는지 바로 알아챕니다. 잠깐 딴생각을 하면 바로 "내가 무슨 말 했는지 들었어?"라며 확인합니다. 정말 마음을 다해 들어주세요. 아무 말 하지 않고 가만히 옆에서 들어주기만 해도 아이는 마음을 열고 이야기를 풀어놓을 거예요.

### 넷째, 부모 이야기도 함께 풀어주세요

대화할 시간을 확보했고, 대화할 때 예의를 지키고, 아이가 말할 땐 마음을 다해 들었다면, 다음은 부모 이야기도 풀어내 주세요. 특히 아이가 힘들어하거나 어려워하거나 실패했을 때 충분히 공감해 주면서 부모가 겪은 비슷한 경험을 함께 나눠주세요.

"엄마도 초등학교 4학년 때, 친구들 때문에 그런 걱정을 한 적이 있었어"라는 말에 아이가 "그래서 어떻게 됐어?"라고 물어보면 그때 무얼 했고 그래서 어떻게 되었는지 솔직하게 풀어내면 됩니다. "지금 생각하니 이렇게 했더라면 더 좋았을 걸 하는 후회가 남는다"라거나 "아쉬웠지만 그게 최선이었어"라는 지금의 평가를 덧붙여줘도 아이가 스스로 문제를 해결하는 데 도움을 받을 수 있습니다.

### 다섯 째, 다른 사람에게 아이와 한 대화를 전하지 말아주세요

아이들이 부모와 대화하길 꺼리는 이유 중 하나는 '조심스레 털어놓은 이야기가 이웃이나 친척들에게 전해질까봐'입니다. 기쁘고 흐뭇해서 나누고 싶은 이야기도 있지만 아무도 몰랐으면 싶은 은밀하고 조심스러운 이야기도 있습니다. 예를 들면, 이성 교제나 성적에 관한 고민 등이겠지요. 이런 이야기를 부모가 여기저기 퍼트린 걸 알면 아이는 배신감을 느끼고 입을 닫습니다. 잊지 말아주세요.

든든하고 따뜻한 리스너가 되는 일은 생각보다 까다롭고 어렵습니다. 그런데 왜 이렇게 가족과 공감하는 대화를 해야 한다고 강조하는 걸까요? 과연 이런 대화가 아이의 어휘력 향상에 도움이 될까요? 아이들은 자기 이야기를 자연스럽게 말로 표현할 수 있어야 글로도 표현할 수 있습니다. 입은 꾹 닫고 있지만 주옥같은 어휘를 글로 쏟아내는 아이는 드뭅니다. 말이든 어휘든 글이든 쓰면 쓸수록 양이 늘고 질이 올라갑니다.

뱉어볼 기회가 늘면 성공 횟수와 실패 횟수가 동시에 늡니다. 성공해야 확장해 나아갈 수 있고, 실패해야 모자란 부분을 채울 수 있습니다. 그 시작이 말이고 대화입니다. 처음부터 어휘나 글로 접근하면 실패합니다. 초등 아이들에게 가장 편하고 쉬운 건 말입니다. 말을 충분히 내뱉게 하는 건 대화고, 그걸 가장 잘할 수 있게 돕는 건 부모입니다. 기억해주세요.

일상 이야기를 하며 공감받고 지지받고 응원받는 게 자연스러운 일과가 되어야 합니다. 그래야 더 심각한 이야기도 꺼낼 수 있습니다. 한동안 연락 한번 없던 친구에게 불쑥 전화해서 내 심각한 사정이나 속마음을 털어놓는 사람은 없습니다. 아이와 나누는 대화가 끊기지 않도록 애써주세요.

초등 시기엔 대화를 편하게 나눌 수 있는 상대가 많을수록 좋지만 첫째는 부모여야 합니다. 그래야 정서도 안정되고 어휘도 발달합니다. 가정에서 수년간 상대방의 감정을 살피고 이해하고 존중하는 연습을 해 온 아이들이니 누구를 만나도 자신의 이야기를 잘 표현하고 또 잘 들어주는 아이로 성장할 겁니다. 애써주는 한편 기대해주세요.

# 질문을 격려합니다

아이들은 정말 호기심이 많습니다. 그걸 다 말해야 속이 풀리는 아이들입니다. 한 번씩 쉴 새 없이 쏟아지는 질문에 정신이 혼미해진 경험이 있을 겁니다. 아주 사소한 것부터, 아니 아주 사소한 것만 질문하는데 그걸 답하려는 순간 또 다른 질문이 더해져 뭘 먼저 답해야 할지 모르는 상황도 연출됩니다. 정말 질문 폭탄이 쏟아지는 것 같아 당혹스러울 정도입니다. 그런데 이렇게 질문 많던 아이가 언제부터인지 더 이상 묻지 않습니다. 호기심이 사라진 건지 질문을 쏟아내는 건 예의가 아니라고 배운 건지 의문입니다.

학교에서도 마찬가지입니다. "선생님 정말 슈퍼맨이 살았어요?" 같은 황당하고 귀여운 질문을 하던 아이들이 어느 순간 질문하지 않는 걸 미덕으로 여깁니다. 수업을 할 때 이런저런 질문을 해대는 아이를 이상한 눈으로 한번 슬쩍 쳐다보는 아이도 있습니다. 궁금해도 참는 게 고학년다운 모습이라 여기는 듯 보입니다. 아니면 수업 중에는 선생님이 하는 말을 잘 '듣는' 게 우선이라고 생각하고 있어서인지도 모르겠습니다.

## 질문, 아이가 자라는 증거

질문은 아주 중요합니다. 질문을 하려면 어떤 것을 주의 깊게 관찰해야 합니다. 늘 보던 것에서 새로운 것을 발견해야 하고, 늘 읽던 것에서 새롭게 발견하는 무언가가 있어야 합니다. 더 궁금해하고 알고 싶어 하는 지적 호기심도 있어야 하고요.

즉, 질문을 한다는 건 아이가 무엇인가를 '관찰'하여 새롭게 발견하고 '지적 호기심'을 발휘한다는 뜻입니다. 당연히 '학습'할 때도 '질문'은 매우 중요합니다. 늘 모르는 걸 물어보라고 하지만 학년이 올라갈수록 질문이 줄어드는 걸 보면 참으로 안타깝습니다.

'하브루타 수업'에 대해 들어본 적이 있나요? 하브루타 수업은 유대인 경전인 탈무드를 학습할 때 쓰는 방법으로, 둘씩 짝을 지어 질문하면서 개념을 깨닫고 생각하는 힘을 기르도록 하는 방식입니다.

요즘은 학교뿐만 아니라 다양한 곳에서 이 수업을 활용하는데, 결국 이 수업도 '질문'에 기반하고 있습니다.

꼭 하브루타 방식이 아니더라도 아이들이 더 많이 궁금해하고 더 많이 질문하면서 배움의 즐거움을 적극적으로 찾아가도록 격려해야 합니다. '질문'은 어떤 문제에 대해 가장 적극적으로 배우고자 하는 의지이기 때문입니다. 아이의 질문에 최대한 구체적으로 답해주려고 노력하는 것이 아이가 배우고자 하는 모습을 격려하고 존중해주는 태도입니다.

그런데 아이가 이상한 질문만 계속 던지면 어떨까요? 아이가 일부러 부모를 골탕 먹이거나 장난치려고 질문한 게 아니라면 이상한 질문이라는 건 없습니다. 아이 눈높이에서 가장 궁금한 것을 질문한 게 맞습니다. 어떤 질문이라도 성심 성의껏 답해주고 더 자유롭게 질문할 수 있는 분위기를 만들어야 합니다. 자유롭게 생각하도록 하고 모든 말을 수용할 준비가 되어있어야 합니다.

앞에서 예로 든 '슈퍼맨이 살았는지'를 묻는 아이들이 정말 많습니다. 특히 초등학교 저학년 아이들은 기상천외한 질문을 넘치게 합니다. 당연히 답을 알 수 없고, 생각해본 적도 고민해본 적도 없는 질문을 쏟아냅니다. 이럴 때 부모 심정은 어떨까요? 정답이 없으니 당황스럽고, 답이 있다 한들 쓸모도 없는 내용인데 이런 걸 왜 묻나 싶어 답하기 귀찮을 수 있습니다. 그 표정이 고스란히 드러날 때도 있습니다. 그때마다 아이는 '내가 뭔가 이상한 걸 물었구나!' 싶을 겁니다.

이런 일이 반복되면 비슷한 상황을 마주했을 때 더 이상 부모를 당황스럽게 하거나 귀찮게 하고 싶지 않아 입을 닫습니다.

학교에서도 마찬가지입니다. 무언가를 물었을 때 친구들에게 "그것도 모르냐!"라는 핀잔을 듣고, 교사에게 "일단 수업에 집중하고 끝나고 물어봐"라는 답을 들으면 더 이상 궁금한 게 생겨도 물어보지 않습니다. 이런 상황이 반복되면 뭔가를 궁금해하지도 않을 겁니다.

## 질문에 답하는 올바른 자세

이상한 질문이 없는 것처럼 이상한 답도 없습니다. 그 질문에 딱 맞는 답도 있을 리 없습니다. 시험 문제가 아니고서야 그렇게 똑 떨어지는 답이 잘 나오지 않습니다. 질문도 단답형 대답만 나오는 닫힌 질문보다 무엇이든 답이 될 수 있는 열린 질문이 훨씬 좋습니다. 그러므로 당황하지 말고 그 호기심과 사고의 과정 자체를 함께 즐겨주면 됩니다. 함께 진지하게 아이의 궁금증을 따라가는 겁니다.

예를 들어 '슈퍼맨이 살았는지' 묻는 아이에게 "네 생각은 어때?", "왜 그렇게 생각해?"라고 아이가 먼저 답하게 해도 좋습니다. 아이는 궁금한 걸 해결하고 싶은데 가장 가까이 있는 부모를 질문 파트너로 삼은 겁니다. 함께 궁금해하고 함께 이야기하며 찾아가면 더 좋아합니다. 물론 정확하게 답을 모르는 건 잘 모른다고 답하면 됩니다. "나도 생각해본 적 없는데, 지금 네 이야기를 들으니 이럴 것 같아"라고 순간 떠오르는 생각을 말해줘도 훌륭합니다.

가끔 "선생님이 그것도 몰라요?" 같은 말로 도발하는 아이도 있습니다. 이럴 때 민망하다고 버럭 하면 곤란합니다. 세상에는 넘치도록 많은 지식이 있고, 그마저도 매일 바뀌고 더해집니다. 어른들이 아이들보다 아는 게 많겠지만, 그렇다 해도 세상 모든 지식을 다 알 순 없다고 말해주면 됩니다. 그래서 우리는 궁금하고 모르는 게 생겼을 때 언제라도 묻고 배우려는 자세가 필요하다고 덧붙여주면 좋고요.

아이가 기대 이상으로 나를 과대평가하고 있는 건 기분 좋을 일이지 결코 화낼 일이 아닙니다. 아이의 엉뚱한 질문, 답도 없는 질문에도 당황하지 않고 진심을 다해 성심성의껏 이야기를 나눠주세요. 아이의 세계에 초대를 받았다고 여겨주세요. 모르는 건 솔직하게 모르겠다고 하고 "네 생각은 어때?"라고 질문을 되돌려주면서 이야기를 이어보세요. 그럴 땐 또 "내 생각엔……" 하면서 뭐라도 답하는 아이들입니다.

## 질문이 있는 교과서

교과서도 아이들에게 끊임없이 말을 겁니다. 질문을 던져 아이가 적극적으로 학습의 사고 과정을 밟을 수 있도록 초대하는 셈입니다. 5학년부터는 국어 교과서에서 글을 읽은 뒤 글에 대한 질문을 스스로 만들어보는 활동도 자주 합니다. 그런데 아이들이 이런 질문 만들기 활동 또는 교과서에 나오는 질문에 대답하는 활동을 어려워합니다.

예를 들어, 국어 교과서에서 읽기 지문을 읽고 나서 ① 답을 찾을 수 있는 질문 만들기(사실 질문), ② 답을 지문에서 찾을 수는 없지만 추론이 가능한 질문 만들기(추론 질문), ③ '만약 나라면'과 같이 적용하는 질문 만들기(적용 질문) 활동을 하는데 아이들은 질문을 적절하게 만드는 것을 문제에 대한 답을 찾는 것보다 어려워합니다.

수학 시간에도 아이가 어떤 답을 도출하는 과정에서 "왜 그렇게 생각하나요?"라는 질문이 교과서에 나옵니다. 문제 흐름을 보면 아이의 어림이나 추측이 어떤 과정으로 이루어진 것인지 알 수 있도록 문제 풀이 과정을 다시 한 번 말로 설명하게 하는 것인데, 대다수 아이들은 이 질문에 성실하게 답하지 않습니다. 아이 입장에서는 이렇게 나와서 이렇다고 하는데 거기에 뭐라고 적어야 할지 난감하다는 겁니다.

## 질문의 다양한 종류

아이들의 그 많던 질문이 갑자기 사그라든 게 비단 질문에 허용적이지 않는 분위기 때문만은 아니라는 생각이 듭니다. 아이들은 질문 만드는 법을 알지 못하고 질문에 대답하는 법을 잘 알지 못합니다.

생활 속에서 이런 질문을 만들고 대답할 일이 많지 않기 때문에 학교에서 갑작스럽게 진행하는 질문이 어렵고 멀게 느껴지는 건 아닐까요?

그런데 교육과정에서는 질문에 익숙하지 않은 아이에게 자꾸 질문해보라고 하니, 하고 싶어도 몰라서 못하는 게 이 질문입니다. 어떻게 질문을 만들어야 하는지 교과서에 나온 것을 토대로 이야기해보겠습니다.

다음은 초등학교 국어 교과서에 나오는 질문 예시입니다.

| 글 내용을 확인하는 질문 | ● 인공 지능이 나라 사이에 새로운 지배 관계를 만들 위험이 크다고 한 까닭은 무엇인가요?<br>●<br>● |
| 자신의 생각을 묻는 질문 | ● 인공 지능을 어떻게 안전하게 관리할 수 있을까요?<br>●<br>● |

5학년 1학기 5단원 '글쓴이의 주장' 중에서

| 답이 한 가지인 질문 | ● 깃대종의 뜻은 무엇인가요?<br>● |
| 답이 여러 가지인 질문 | ● 멸종 위기 동물을 보호하려면 어떤 일을 해야 할까요?<br>● |

5학년 1학기 8단원 '아는 것과 새롭게 안 것' 중에서

| | 질문 | 답 |
|---|---|---|
| 내용 확인 질문 | 수일이는 방에서 무엇을 했나요? | 컴퓨터 게임을 했습니다. |
| 추론. 질문 | 엄마께서는 왜 덕실이가 말을 한다는 것을 믿지 않으셨을까요? | |
| 감상 질문 | 수일이에 대해 어떤 생각이 드나요? | |

5학년 1학기 2단원 '작품을 감상해요' 중에서

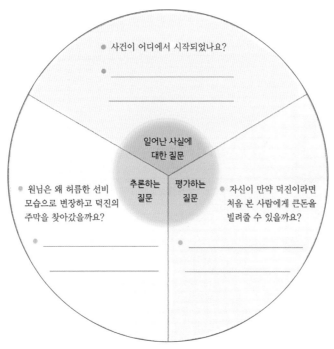

6학년 1학기 2단원 '이야기를 간추려요' 중에서

예시로 보여준 교과서 속 질문은 하브루타의 4단계 질문을 적용한 것입니다. 하브루타에서 이야기하는 질문의 종류와 내용을 살펴보겠습니다. 예시로 보여준 교과서 질문 만들기 유형과 다음 질문을 비교해서 확인하기 바랍니다.

| 사실<br>질문 | 단어의 뜻이나 의미 | • 깃대종의 뜻은 무엇인가요? |
| --- | --- | --- |
| | 육하원칙 | • 글의 내용을 '누가, 언제, 어디서, 무엇을, 어떻게, 왜'<br>형식으로 질문하기<br>• 수일이는 방에서 무엇을 했나요?<br>• 인공지능이 나라 사이에 새로운 지배 관계를 만들 위<br>험이 크다고 한 까닭은 무엇인가요? |
| 확장<br>질문<br>(추론) | 문장의 표현, 느낌 | • 왜 어쩔 수 없는 벽이라고 표현했을까요?<br>• 주인공은 지금 어떤 느낌이 들까요? |
| | 비교 | • 공통점과 차이점은 무엇이 있을까요? |
| | 왜 | • 주인공은 본인이 위험한 상황에 처할 것을 알면서 왜<br>거짓으로 이야기를 했을까요? |
| 적용<br>질문 | 상상 | • 만약 ~라면?<br>• 만약 ~한다면? |
| | 나에게 적용 | • 내가 유사한 상황에 처한다면 어떻게 할 건가요? |
| | 너에게 적용 | • 만약 네가 주인공이라면 행복을 느낄 수 있을까요? |
| | 우리에게 적용 | • 우리 가족에게 이런 일이 발생한다면 무엇을 준비해야<br>할까요? |
| 종합<br>질문 | 성찰, 반성, 종합 | • ~의 행동은 옳은가요?<br>• 행복한 삶이란 무엇을 말하나요?<br>• 작가가 결국 말하고자 하는 메시지와 주제는?<br>• 작품이 주는 교훈은?<br>• 작품의 주제를 생각하여 요약하기 |

하브루타 질문 유형

질문 유형에 하브루타 질문만 있는 건 아닙니다. 하브루타가 국어 교과서에 들어오기 전에도 다양한 방법으로 질문하고 짝과 이야기하여 질문을 만드는 과정이 있었습니다. 그런데 콕 집어 하브루타 질문 유형을 소개한 건 질문 만들기의 기초로 삼기에 도움이 되기 때문입니다.

한 가지 더, 질문은 아이들을 적극적으로 학습하도록 돕는 방법임에 틀림없지만, '생각을 깊게 하기 위해 돕는 하나의 도구'일 뿐입니다. 질문 자체가 중요한 게 아니라 '학습을 돕고 생각을 돕는' 도구 정도로 바라봐야 합니다. 그러니 유형이나 형태에 집착할 필요도 없습니다. '질문을 위한 질문'을 만드는 경우를 너무 자주 봅니다. 왜 질문을 만들고 있는지 종종 생각해야 합니다.

## 추천 질문 놀이

처음부터 질문 형태를 만들어주고 그것에 맞추어 질문하라고 하면 아이는 '질문이란 어려운 거구나', '맞는 질문과 틀린 질문이 있구나!'라고 받아들입니다. 항상 무엇인가를 시작할 때는 아이가 한 발짝 내디딜 수 있는 디딤판을 마련하는 게 먼저입니다. 아이와 할 수 있는 간단한 질문 놀이를 소개하겠습니다. 질문하는 시간이라고 정해서 공부처럼 하는 것이 아니라 다음 방법 중 한두 가지라도 생각나면 그때그때 시도해보길 바랍니다.

## 놀이 1 | '까'로 바꾸기

평서문에 쓰인 '~다.'를 '~까?'로 바꾸는 겁니다. 종합장 한 장을 8등분하여 카드 여덟 장을 만들고, 부모와 아이가 각각 카드를 넉 장씩 갖습니다. 다음으로 '~다'로 끝나는 문장을 카드 한 장에 1개씩 적습니다. 한 명당 문장을 4개 쓰는 꼴입니다.

미리 주제를 정하고 시작하면 좋습니다. 예를 들어, 오늘 학교에서 있었던 일, 오늘의 감정, 내가 좋아하는 것, 우리 학교, 오늘 읽은 책 중 기억에 남는 구절, 주말에 가고 싶은 곳, 내가 좋아하는 가수와 같이 아이의 생활과 맞닿는 주제라면 뭐라도 좋습니다.

문장 카드 8개를 뒤집어 섞은 다음 한 명씩 번갈아가며 문장 카드를 뽑습니다. 내가 뽑은 문장 카드에 쓰여 있는 평서문을 '~까'로 바꾸어 물어봅니다. '오늘 학교에서 기분이 무척 좋았습니다.'라는 문장을 "오늘 학교에서 기분이 무척 좋았습니까?", '방탄소년단을 좋아합니다.'라는 문장을 "방탄 소년단을 좋아합니까?"와 같이 바꿔서 질문하고, 상대방은 답하는 겁니다.

"예/아니요" 같은 단답이 나오면 "왜 오늘 기분이 좋았습니까?"나 "오늘 학교에서 무슨 일이 있었습니까?" 같은 질문을 덧붙입니다. 교실에서 짝과 함께 질문 놀이를 할 땐 같은 주제에 대해 세 가지 이상 질문을 이어서 하라고 합니다. 한 사람이 오늘의 감정은 어떤지, 무슨 일이 있었는지, 그 일이 왜 기분 좋은 일인지와 같이 점점 더 좁혀가며 질문할 수 있도록 하는 것입니다. 질문의 물꼬 트기로 추천하는 놀이인데 할 만해 보이지 않나요?

익숙해지면 카드 같은 준비물이 없어도 할 수 있습니다. 예를 들어, '발 없는 말이 천리 간다'라는 속담에 대해 "발 없는 말이 천리 갈까?"와 같이 질문할 수도 있고, 교과서에 나온 문장을 '까'만 붙여 생각해볼 수 있습니다. '법은 또 다른 말로 최소한의 도덕이라고 합니다.'와 같은 문장을 "법은 최소한의 도덕이라고 할 수 있을까?"와 같이 바꾸는 것입니다. 항상 당연하게 생각해온 어떤 것을 문장의 어미만 바꾸어도 다시 생각해보게 만들 수 있습니다.

### 놀이 2 | 끝말잇기 질문 만들기

아무 단어나 한 단어를 정합니다. '아이스크림'으로 정했다면 아이스크림과 관련된 질문을 만듭니다. 답은 생각하지 않고 질문만 만들기입니다. 놀이에 참여하는 사람이 번갈아가며 질문을 만드는데, 질문을 더 이상 만들지 못하면 끝나는 놀이입니다. 주제 단어 하나를 놓고 얼마나 많은 질문을 만들 수 있느냐가 핵심입니다.

- 아이스크림은 언제 처음 생겨났을까?
- 우리나라에서는 아이스크림이라는 말을 언제부터 사용하게 되었을까?
- 아이스크림은 어떻게 만들까?
- 아이스크림도 유통기한이 있을까?
- 아이스크림이라는 이름은 누가 지었을까?

## 놀이 3 | 질문 꼬리잡기

질문 꼬리잡기는 '질문 → 답 → 답에 대한 질문 → 답'처럼 질문에 대한 답을 듣고 그 답에 반문하는 형태로 질문하는 놀이입니다. '까' 질문 만들기에서 추가 질문을 할 때 이런 형태로 섞어서 진행할 수 있습니다. 저는 아이들에게 수학을 가르칠 때 이 방식을 자주 쓰는데, 그럴 때마다 아이들이 짜증을 내긴 합니다.

Q : $\frac{1}{2}+\frac{1}{3}$ 을 계산할 때 분모는 분모끼리, 분자는 분자끼리 더해서 답하라고 나왔어요. 맞나요?

A : 아니요.

Q : 왜 이렇게 하면 안 되나요?

A : 분모를 통분해서 같게 만들어준 다음에 분자끼리 더해야 해요.

Q : 왜 분수의 덧셈을 할 때는 분모가 같아야 하나요?

A : 에이, 선생님도 아시면서…….

특히, 당연한 듯 계산하는 수학 문제를 풀 때 이렇게 계속 꼬리를 물고 질문합니다. 아이들에게 '왜' 분자는 더하면서 분모는 안 더하냐고 묻습니다. 아이들은 이런 질문을 통해서 궁금증을 갖기 시작하고 한 번 더 생각하기 시작합니다. 아이와 함께 꼬리를 잡는 질문 놀이를 해보시기 바랍니다. 아주 일반적인 대화로도 가능합니다.

Q : 왜 이 프로그램을 봐야 합니까?

A : 재미있기 때문입니다.

Q : 왜 재미있나요?

A : 프로그램 안에서 벌이는 게임이 신기합니다.

Q : 왜 그 게임이 신기한가요?


위와 같은 식으로 이어가면 되는데, 소재를 잘못 고르면 둘 중 한 명이 짜증을 낼 수 있습니다. 당장 위 예시와 같은 경우 아이의 답에 계속 '왜?'를 붙이면 보고 싶은 TV 프로그램을 못 보게 하려는 의도로 비칠 수 있기 때문입니다.

물론 소재를 잘만 고르면 깊게 대화를 이어갈 수 있습니다. 한 가지 소재에 '왜'를 붙여 계속 질문하다 보면 그동안 생각하지 못한 지점까지 생각이 확장되기 때문입니다. 깊게 생각해야 하는 문제나 주제라면 시도해볼 만합니다. 자칫 빈정거리는 질문으로 이어질 수도 있지만 그것만 주의하면 한 가지 주제를 깊게 생각할 수 있는 힘을 길러내기에 제격인 놀이입니다.


### 놀이 4 | 너, 왜, 만약으로 시작하기

질문을 항상 '너, 왜, 만약'으로 시작하는 놀이입니다. 네 가지 정도로 나눠 살펴보겠습니다.

- 너는 어떻게 생각해? (너의 생각)

- 왜 그렇게 생각해? (이유)

- 만약 너라면 어떻게 행동했을 것 같아? (바꾸어 생각하기)

① 아이가 궁금한 단어를 물어봅니다. 예를 들어 "깃대종이 뭐야?"라고 묻는 다면 부모는 "너는 '깃대종'이 무슨 뜻일 것 같아?", "왜 그렇게 생각했어?", "만약 다른 단어로 바꾼다면 적절한 단어가 있을까?"와 같이 질문을 되돌려줍니다. 부모는 아이의 질문에 즉각적이고 정확히 답해야 한다고 생각하는데, 이렇게 아이가 스스로 답을 찾아가게 도울 수도 있습니다.

② 아이가 궁금한 자연 현상에 대해 물어봅니다. 예를 들어 "하늘은 왜 파랄까?"라고 묻는다면 부모는 "너는 왜 하늘이 파랗다고 생각해?", "만약 하늘이 다른 색이면 어떨까?"와 같이 생각을 확장하는 질문을 되돌려줍니다. 이런 질문에 굳이 '빛의 산란'을 설명할 이유는 없습니다. 검색해서 1분이면 나오는 답보다 아이가 한 번 더 생각할 수 있게 하는 질문이 힘이 셉니다.

③ 아이가 어떤 상황에서 제안하는 이야기를 할 때도 이런 질문으로 생각을 협의할 수 있습니다. 예를 들어 아이가 용돈 인상을 제안할 수 있습니다. "너는 용돈을 얼마로 올리고 싶니?", "왜 용돈 인상이 필요하니?", "만약 네 용돈이 인상된다면 어떤 점이 달라질까?"와 같이 질문할 수 있습니다. 어떤 상황에서든 적용할 수 있습니다. 즉각적인 대답과 지시적인 대답이 아니라면 아이도 충분히 부모와 대화하며 생각을 정리해나갈 수 있습니다.

④ 책을 읽고 나서 내용을 이야기할 때도 질문으로 이야기를 이어갈 수 있습니다. "너는 심청이의 선택에 대해 어떻게 생각하니?", "왜 그렇게 생각

해?", "만약 네가 심청이라면 어떻게 했을 것 같니?"와 같은 질문으로 내용을 더 깊게 이해하고 공감할 수 있도록 도울 수 있습니다.

## 놀이 5 | 질문 카드 만들기

질문을 만들고 생각하기가 한두 번 했다고 정착되진 않습니다. 생각날 때마다 한 번씩 이어가면 좋지만 놓치기 십상입니다. 그래서 몇 가지 질문 틀을 한 장으로 정리하여 아이가 잘 보이는 곳에 붙여두는 것도 좋습니다.

"추론 질문을 만들어봐! 아니야, 이건 사실 질문이야"라며 유형에 집착하면 곤란하지만, 최소한의 가이드라인을 주는 건 필요합니다. 가이드라인이 있어야 덜 막막하거든요. "이런 질문들이 있어. 생각나지 않으면 이것을 참고해도 좋아" 정도로 유연성을 발휘하면 좋습니다.

2010년 10월, G20 서울정상회의 폐막식에서 당시 미국 대통령이었던 오바마가 폐막 연설을 합니다. 연설을 마무리하며 한국 기자들에게 질문을 받겠다고 하자, 그 많던 기자가 하나같이 고개를 숙이거나 눈을 피하는 장면에 놀란 적이 있습니다. 여러 생각이 교차했지만 '질문이란 게 익숙하지 않으면 기자에게조차 힘들고 어려운 일이구나'라는 생각을 했습니다.

그런 힘들고 어려운 걸 해내고 있는 아이들입니다. 아이가 여전히 쉼 없이 질문을 쏟아내고 있다면 궁금한 게 많고 알고 싶은 게 많은 아이로 잘 자라고 있는 겁니다. 기대해주세요. 그리고 기억해주세요. 옳은 질문과 옳은 답은 없습니다. 아이에게도 꾸준히 그렇게 이야기해주세요.

**04**

# 말놀이로
# 키워줍니다

아이의 어휘력을 다지는 과정에서 말놀이는 참으로 유용하면서도 효과적인 도구입니다. '다지는 과정'이라고 말하는 이유는 말놀이가 새로운 단어를 알기보다 지금 알고 있는 단어의 창고를 정리하는 데 도움이 되기 때문입니다. 어딘가에서 들은 것, 본 것들이 내 단어 창고에 모두 들어가 뒤엉켜 있을 때 말놀이를 이용해 분류하고 정리하여 체계를 잡을 수 있습니다. 즉, 내가 꺼내 쓸 수 있는 단어로 단어의 집을 정리해두는 상태입니다.

말놀이는 집 정리와 비슷한 면이 많습니다. 어떤 물건을 분명 서랍 어딘가에 넣어뒀는데 아무리 뒤져도 보이지 않아 결국 포기한 적이 있을 겁니다. 결국 그 물건은 새 물건을 산 후에야 등장하곤 합니다. 새로운 단어를 접했다면 그것을 말이나 글로 꺼내 쓸 기회가 많아야 합니다.

새로 배운 단어를 다양한 상황에서 바로바로 적용해보면 더할 나위 없이 좋지만 늘 그럴 순 없습니다. 그렇다면 그 단어들을 내가 쓰고 싶을 때 바로바로 쓸 수 있도록 잘 정리해둬야 합니다. 그래야 필요할 때 잊지 않고 쓸 수 있습니다.

말놀이는 단어들의 연관 관계와 체계를 계속 생각하고 찾게 만드는 활동입니다. 이 활동을 통해 나만의 단어 분류가 가능해집니다. 무엇보다 아이들이 말놀이를 좋아합니다. 아이들에게 말놀이는 공부가 아니라 놀이입니다. 그래서인지 언제라도 가볍게 아무 때나 할 수 있는 효과적인 말 공부입니다.

## 추천 말놀이

지금 소개할 말놀이는 누구라도 알 법한 놀이입니다. 잊고 있었지만 한두 번은 해봤을 놀이고 지금도 하고 있는 놀이일 겁니다. 그럼에도 놓치고 있다면 지금부터라도 꾸준히 자투리 시간을 이용해 즐겁게 해봤으면 합니다.

## 놀이 1 | 끝말잇기/첫말 잇기

가장 대표적인 말놀이입니다. 저는 아이들과 차량으로 이동할 때, 식당이나 카페에서 음식과 음료를 기다려야 할 때, 병원이나 극장에서 순서를 기다릴 때, 잠자기 전이나 평소에도 심심하면 아무 때나 하는 놀이입니다.

처음에는 저와 큰아이가 했는데, 어느 순간 작은아이가 끼어들어 셋이서 하다, 지금은 아이들끼리도 잘합니다. 처음에는 저나 남편에게 도움을 청해 위기를 넘기던 작은아이였는데 지금은 혼자서도 곧잘 합니다. 둘이서 한참을 해도 승부가 나지 않을 정도로, 위기의 순간마다 단어를 골똘히 생각해 찾아냅니다.

끝말잇기는 특히 초등 저학년 아이들에게 효과가 높습니다. 배우고 접하는 단어가 급격히 늘어나는 시기라 굉장히 재미있어합니다. 그래서인지 국어 2학년 교과서에도 말놀이가 등장합니다(2학년 1학기 4단원 '말놀이를 해요').

고학년 아이들에게도 효과가 있지만 저학년 아이들만큼은 아닙니다. 어떻게 하면 빨리 끝말잇기를 끝낼 수 있는지 너무 잘 알아 길게 연결하기가 쉽지 않습니다. 말놀이를 통한 즐거움보다는 놀이에서 상대를 이기고 싶은 마음이 강하기 때문입니다. 저는 이럴 때 네가 말한 단어의 끝말을 네 스스로도 연결할 수 있어야 이긴 것으로 인정한다고 규칙을 정합니다. 또는 끝말잇기의 연결 단어를 30회 이상 말하기와 같은 제한을 걸기도 합니다. 아예 끝말로 이을 단어의 주제를 한정하여 단계를 높이기도 하고요. 예를 들어, 세 글자 끝말잇기, 감정 단어 끝말잇기, 음식 끝말잇기와 같이 단어 주제를 제한하는 식입니다.

끝말잇기를 처음 해보는 아이라면 아이에게 힌트를 줘서 게임을 이어가도록 하면 좋아합니다. 힌트는 단어를 떠올릴 만한 걸로 가볍게 주면 좋습니다. 아이들도 대놓고 단어를 알려주면 안 좋아합니다. 힌트를 받았지만 그래도 본인이 생각해낸 단어를 뱉어낼 때 자부심을 가집니다. 결국 내가 생각했다며 뿌듯해합니다. 이런 개입도 아이가 원하는 선에서만 해주고 그렇지 않다면 그냥 보고만 있어도 됩니다.

형제자매가 있어 함께 하면 좋겠지만 부모만 함께 해도 괜찮습니다. 몇 번 하다 보면 어느새 부모도 아이가 말한 단어에 바로바로 답을 못할 때가 생길 겁니다. 아이가 한 뼘 자라는 순간입니다. 저도 기분 좋은 시간입니다. 한번 시도해보세요.

끝말잇기가 시시하다고 하면 제가 고학년 아이들에게 했던 것처럼 제한을 걸거나 단계를 올리거나 주제를 한정하면 좋습니다. 반대로 끝말잇기를 아직 어려워하는 아이들이라면 첫말 잇기부터 시작해도 좋습니다. 끝말잇기는 상대방이 어떤 단어를 말하느냐에 따라 내가 말할 수 있는 단어가 자꾸 바뀌지만 첫말 잇기는 처음부터 문제가 주어지고 바뀌지 않기 때문에 더 쉽게 할 수 있습니다.

첫말 잇기는 말 그대로 첫말이 같게 이어주는 방식입니다. 예를 들어 '가'라는 첫말을 제시했을 때, 가위, 가방, 가로등, 가수와 같이 첫말을 같게 이야기하는 것입니다. 이게 너무 쉽다면 좀 어려운 첫말 잇기도 가능합니다. '가위 → 초가 → 양초 → 산양'과 같이 첫말을 이어서 뒷말로 가져다가 놓는 방식입니다. 헷갈리니 집중해야 합니다.

## 놀이 2 | 시장에 가면

'시장에 가면' 놀이도 해본 적이 있을 겁니다. '시장에 가면'으로 시작해서 맨 앞에 있는 사람이 "오이가 있고"를 붙이면 다음 사람이 "오이가 있고 시금치도 있고"처럼 앞사람이 한 말에 내 말을 덧붙여 이어가는 놀이입니다.

이 게임을 잘하려면 시장에 어떤 물건들이 있는지 혹은 어떤 풍경이 있는지를 잘 떠올려야 합니다. 상대방이 생각하지 않은 단어를 끊임없이 생각해서 말해야 하기 때문입니다. 더불어 상대방이 한 말도 집중해서 기억해야 합니다. 내가 말한 단어뿐만 아니라 상대방이 한 말과 순서도 모두 기억해야 하기 때문입니다. 관찰력, 기억력, 집중력이 필요한 놀이입니다.

기본 게임에 익숙해지면 배경을 바꿔가며 하길 추천합니다. '학교에 가면', '캠핑을 가면', '시골에 가면', '미래에 가면'과 같이 배경을 바꾸면 더 재미있어집니다.

말놀이를 통해 같은 주제나 배경의 단어를 한데 모아서 분류하는 과정을 익힐 수 있습니다. 사전을 펴서 '동물'과 관련된 단어, '식물'과 관련된 단어, '운동'과 관련된 단어를 읽고 외우게 하는 것보다 놀이로 다양한 배경이나 주제를 제시하여 하나씩 번갈아가면서 단어를 말하는 게 어휘를 늘리고 분류하는 데 훨씬 도움이 됩니다.

놀이는 2~5명이 하면 적당합니다. 더 늘어나면 나에게 돌아올 차례까지 기다려야 해서 흥미도 떨어지고 외울 게 너무 많아져 부담스러워합니다. 이 게임의 원래 규칙처럼 외워서 릴레이로 말하는 것은 아이가 집중해서 기억하는 학습 능력과도 연관되어 있는데, 특히 이 부분이 어려운 아이들은 처음 시작할 땐 이어 말하지 말고 겹치지 않게 하나씩만 이야기하는 식으로 난이도를 조정하여 활용해도 됩니다.

예를 들면 '시장에 가면 오이도 있고 → 시금치도 있고 → 물건 파는 사람도 있고'와 같이 옆 사람의 말을 연결하지 않고 단어만 나열하는 식입니다. 이 게임의 주목적은 주제와 관련된 단어를 이야기하는 것에 있기 때문에 이 정도만으로도 충분합니다.

주제를 교과서에서 배우는 학습과 관련된 내용으로 선택하면 학교에서 배운 내용을 복습하는 용도로도 활용할 수 있습니다. '태양계와 별(5학년 1학기 3단원)에 가면'이라고 말하면 태양계와 별 단원에서 배운 모든 단어를 이야기할 수 있습니다. 위성, 별자리, 북두칠성, 행성, 항성과 같은 단어를 생각하고 말로 활용할 수 있습니다.

사회와 과학 과목을 복습할 때 제가 한 번씩 사용하는 방법입니다. 어떤 단어도 상관없으니 이 단원에서 배운 단어 중 기억나는 단어를 말하는 것입니다. 앞서 이야기한 것처럼 사회와 과학 과목에는 꼭 익히고 넘어가야 할 학습 도구어들이 있습니다. 공부한 후에 이렇게 놀이 방식으로 피드백하면 낯선 단어들을 다시 생각해서 말로 꺼내기 때문에 더 오래 기억할 수 있어 효과적입니다.

### 놀이 3 | 리리리 자로 끝나는 말은

제가 굳이 설명하지 않아도 노래가 더 유명한 놀이입니다. '리' 자로 끝나는 말 노래를 살펴보면 1절에 '개나리, 보따리, 댑싸리, 소쿠리, 유리, 항아리'로 총 6개 단어가 나옵니다.

아이와 함께 처음 놀이할 때는 익숙한 '리' 자로 끝나는 말 중에 이 노래에 나오지 않은 말들로 개사를 진행하는 게 편합니다. '리' 자로 끝나는 단어 중에 노래에 나오지 않은 단어들을 찾아 음에 맞게 불러보고, 이전에 내가 만든 것과 다른 '리'로 끝나는 단어가 더 있는지 찾아보고 또 만들어보는 식입니다. 계속 같은 노래에 단어만 새로 바꿔 넣는 겁니다.

한 글자와 관련해 최대한 많은 단어를 찾아보는 형태로 말놀이를 진행할 수 있습니다. '리'로 진행한 이후에는 '수'로 끝나는 단어, '마'로 끝나는 단어처럼 글자를 바꾸어 진행합니다. 처음에는 그 글자로 끝나는 단어가 쉽게 생각나지 않지만 몇 번 하다 보면 이제 '수'로 끝나는 단어 대여섯 개 정도는 바로 머릿속에서 떠오를 겁니다.

수업할 때는 '강'으로 끝나는 단어, '산'으로 끝나는 단어와 같이 변형하기도 합니다. 우리나라의 자연 환경에 대해 배운 후에 정리 활동으로 우리나라의 강과 산 이름을 기억해보고 한 번씩 노래로 불러볼 수 있습니다. 외워야 할 건 노래로 외우면 훨씬 쉽게 외워지고 잘 잊어먹지 않습니다. 제가 예로 든 산과 강 이름을 외워야 하는 건 아닙니다. 다만 뒤에 같은 음으로 끝나는 단어들을 모아보고 노래로 연결하여 부르면 다시 한 번 기억할 수 있다는 것을 말씀드리고 싶었습니다.

### 놀이 4 | 초성 퀴즈

초성 퀴즈는 교실에서 수업할 때 가장 많이 하는 놀이입니다. 수업 시간에 활용할 때는 새로운 단원을 처음 배울 때 단원의 내용을 쭉 읽어보고 살펴보라는 의도에서 이 단원에 나오는 주요 낱말을 초성으로 제시하고 그 단어의 뜻과 나와있는 교과서 쪽수를 적어놓습니다.

아이들은 해당 쪽수에서 글을 읽으며 뜻에 해당하는 단어가 무엇일지 찾아 초성을 통해 단어를 추리합니다. 혹은 이전에 배운 내용을 다시 떠올릴 수 있도록 주요 단어를 초성으로만 보여주고, 그 단어를 다시 한 번 더 생각하게 합니다.

집에서는 아이와 책을 읽기 전 사전 활동으로 초성 퀴즈 놀이를 하거나 학습한 후 꼭 기억해야 할 내용이 있을 때 활용해보길 권합니다. 이외에도 말로 진행할 수 있는 초성 퀴즈는 다음과 같습니다.

## 1 | 다섯 고개 형식의 초성 퀴즈

우선 한 명이 초성으로 문제를 냅니다. 예를 들어 'ㄱㄴ'이라는 초성을 제시합니다. 상대편 아이는 이 초성에 해당하는 단어를 맞히기 위해 다섯 고개 질문을 할 수 있습니다.

- 살아있는 생명인가요? 아니요.
- 먹을 수 있는 것인가요? 아니요.
- 보통 누가 사용하나요? 어린이들이요.
- 어디서 볼 수 있나요? 놀이터에서 볼 수 있습니다.
- 혼자 사용하는 것인가요? 네.

정답을 찾으셨나요? 네 맞습니다. 정답은 '그네'입니다. 한 사람이 생각한 초성 문제의 답을 상대 아이가 다섯 고개를 통해 유추해내는 것입니다. 다섯 문제를 내기 이전에 답을 맞힐 수도 있고, 정답을 외칠 기회를 제한할 수도 있습니다. 구체적인 규칙은 놀이하는 아이들의 몫입니다.

이 문제를 잘 맞히려면 질문을 잘해야 합니다. 이 놀이를 통해 범위를 점점 구체화하며 질문하는 것을 연습할 수 있습니다. 더불어 내가 아는 단어 중 'ㄱㄴ'으로 시작하는 단어가 무엇이 있을지 계속 고민하고 머릿속으로 떠올리며 생각하는 기회가 생기는 것입니다.

## 2 | 제시된 초성과 관련된 단어를 돌아가며 말하기

이 게임은 초성을 제시하고 그 초성으로 시작하는 단어를 최대한 많이 말하는 게임입니다. 'ㄱㄴ'으로 문제를 내면 '그네, 그늘, 기념, 가능, 기능, 기내, 곁눈, 고뇌, 국내, 그냥'과 같이 'ㄱㄴ'을 초성으로 하는 단어를 계속 이야기합니다. 더 이상 말하지 못하는 사람이 지는 게임입니다.

아이들과 한번 진행해보세요. 생각보다 어렵습니다. 답을 알고 나면 이렇게 많았나 싶지만 막상 문제를 맞혀야 할 때는 몇 개밖에 떠오르지 않아 난감합니다. 저는 아이들과 이 게임을 처음 할 때는 일부러 짝이나 모둠 게임으로 진행하지 않고 전체 게임으로 진행합니다. 처음에는 어려워하던 아이들이 앞의 친구들이 하나둘 말하는 걸 보고 쉽게 떠올리고 인용합니다.

아이들은 게임으로 하지만 실제로 같은 초성의 단어를 모으는 과정입니다. 물론 처음 몇 번은 예닐곱 명만 이어져도 더 이상은 힘들어하는 경우가 많습니다. 이 과정을 여러 번 하면 예전에 친구가 말한 단어를 기억해내 활용하거나 새로운 단어를 떠올려 말하게 되고, 어느 순간 스무 명이 같은 초성 단어를 하나도 겹치지 않고 말할 수 있게 됩니다.

아이와 단둘이 게임을 하면 서너 번 왔다 갔다 하다 끝날 겁니다. 이런 경우에는 미리 스스로 단어를 모을 시간을 충분히 준 다음 게임을 진행하거나 똑같은 초성으로 여러 번 진행하여 앞에서 쓴 단어를 떠올려 추가해도 된다고 말해줍니다. 그렇게 해야 계속 끊이지 않고 이어집니다. 아이들은 할 만하고 이길 만한 게임을 좋아합니다.

## 놀이 5 │ 십자말풀이 만들기

어휘력 향상을 돕는 대표적인 말놀이입니다. 그래서 어휘력 문제집 중 십자말풀이 문제집도 꽤 많습니다. 신문이나 잡지에도 빠지지 않고 등장해서인지 좋아하는 아이도 많습니다. 이미 만들어진 십자말풀이를 풀어도 좋지만 스스로 만들어도 좋습니다.

① 처음에 도전할 때는 5×5칸 공책으로 시작합니다. 8칸 공책이나 10칸 공책을 이용하여 사인펜으로 가로 5칸, 세로 5칸의 굵은 선을 그은 후 시작해도 좋고 줄 없는 공책을 이용하여 칸을 그려도 괜찮습니다.

② 그 안에 들어갈 단어를 생각합니다. 단어를 생각할 때에는 가로 퍼즐의 단어와 세로 퍼즐의 단어가 서로 연결되는 지점이 있어야 하므로 1번 가로 단어와 1번 세로 단어의 짝을 미리 생각해놓아야 합니다. 5×5칸 십자말풀이를 만들 때는 칸이 많지 않으므로 생각할 단어는 2~3글자의 단어가 좋습니다. 이렇게 가로세로의 짝을 이룬 단어를 3~4쌍 정도 생각해둡니다. 예를 들어 놀이터-놀부, 놀이터-이사, 놀이터-터돋움과 같은 식으로 한 단어와 다른 단어가 같은 음을 가지고 있는 곳을 찾아 연결하는 식입니다. 놀이터의 '놀', '이', '터' 중 어떤 음과 연결해도 상관없습니다.

③ 가로세로 단어의 짝을 모두 생각했다면 단어의 배열을 고민하여 빈칸을 색칠합니다. 가로와 세로의 단어를 전체 칸 중 어디에 배열할 것인지 생각하

여 단어가 들어가지 않는 부분은 색칠하여 지우는 겁니다. 번호 순서대로 단어를 배열할 자리를 정합니다. 이 부분이 좀 어려울 수 있습니다. 단어를 칸에 배열하다 보면 처음 생각했던 것과 달리 수정해야 하는 경우도 생깁니다. 칸 수가 부족하기도 하고 첫 음절보다 마지막 음절에 연결해야 다른 문제가 들어갈 틈이 생길 때도 있기 때문입니다. 칸에 단어의 배열을 얼추 맞추고 나면 나머지 부분은 색을 칠해 문제가 없는 부분임을 표시합니다.

④ 십자말풀이의 배열이 끝났으면 각 단어에 가로 번호, 세로 번호를 적은 후 아래쪽에 힌트를 작성합니다. 예를 들어 가로 1번에 내가 생각한 답이 나오 도록 그 단어를 설명하는 것이지요.

십자말풀이를 할 때는 아이들에게 사전을 적극적으로 활용하라고 합니다. 힌트를 적을 때 사전에 나온 뜻풀이를 이용해도 좋지만 예문을 읽고 적절하게 활용하는 것이 더 좋습니다. 이때도 사전에 나온 활용을 그대로 베껴 적을 게 아니라 나와 관련된 예문으로 변경할 수 있으면 더욱 좋습니다. 이렇게 가로세로 답의 힌트를 스스로 만들어보는 것입니다.

지금까지 아이들이 주어진 어휘나 단어 문제집을 푸는 수동적인 입장이었다면 이렇게 스스로 단어를 생각하고 문제를 만들어보는 활동을 통해 훨씬 적극적으로 말놀이를 할 수 있습니다. 아이들은 본인이 잘하는 것, 스스로 하는 것을 참 좋아합니다. 부모가 보기에는 예쁘지 않고 뭐에 쓰는 물건인지도 모를 물건도 스스로 만들었으면 '보물'처럼 여깁니다. 그만큼 아이들은 '스스로' 해보고 싶어 하는 마음이 참 큽니다. 또한 그런 아이가 건강하고 학습 동기가 충분한 아이이기도 합니다.

다만 십자말풀이는 4학년 이상 아이들에게 추천합니다. 아이마다 다를 수 있지만, 교실에서 3학년 아이들과 해본 적이 있는데 진행이 어려웠습니다. 충분히 즐거워하고 효과까지 내려면 아이가 할 수 있겠다 싶은 생각이 들 때 시도하는 게 좋습니다.

아이 스스로 가로와 세로가 연결되게 단어의 짝을 생각해보고, 문제를 만들고 또 다시 만든 문제를 풀어보면서 잘 풀었는지 확인해봅니다. 독후 활동과 연계하여 아이가 책을 읽고 스스로 책 내용으로 십자말을 만들 수도 있고, 십자말의 주제를 정해 문제를 낼 수도 있습니다.

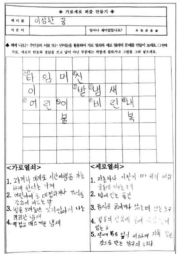
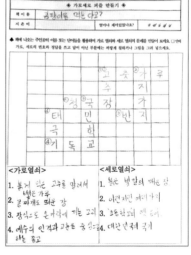

아이들이 만든 십자말풀이

예를 들어 동물 십자말풀이, 학교 십자말풀이 등을 낼 수 있습니다. 익숙해지면 속담이나 관용구를 연결하여 8×8 또는 10×10의 좀 더 큰 십자말풀이 문제를 만들 수도 있습니다. 간단해 보여도 아이들이 단어의 연결을 어떻게 잡을지, 배열은 어떻게 할지, 힌트는 어떻게 주는 것이 좋을지를 생각하여 만들어야 하는 어려운 말놀이입니다. 가장 쉬운 5×5부터 시작해보세요.

### 놀이 6 | 나만의 ㄱㄴㄷ

아이가 어릴 때 한글 자음을 처음 익히면서 수많은 ㄱㄴㄷ 책을 봤을 겁니다. 《생각하는 ㄱㄴㄷ》, 《맛있는 ㄱㄴㄷ》, 《기차 ㄱㄴㄷ》 등 참 많았습니다. 아이가 한글 자음에 익숙해질 수 있도록, 그 자음을 이용한 말이 얼마나 많은지 알 수 있도록 이것저것 봤던 것 같습니다. 이 책을 초등 아이들과 말놀이할 때도 이용할 수 있습니다.

말놀이에 활용하기 좋은 그림책

1단계는 《생각하는 ㄱㄴㄷ》이나 《맛있는 ㄱㄴㄷ》의 형태처럼 특정 자음을 제시하고 그 자음으로 시작하는 단어를 모두 말하는 것입니다. 초성 하나만 맞히는 것이니 초성 게임의 초급 버전쯤으로 생각하면 좋습니다. ㄱㄴㄷ과 같은 자음은 쉽게 지나가다가 ㅌ, ㅍ으로 시작하는 단어는 바로 떠오르지 않을 수도 있습니다. 자음마다 내가 익숙한 단어의 개수에 차이가 있을 것입니다. 두세 명이 함께 한다면 릴레이로 계속 단어를 이야기하는데 끝날 기미가 보이지 않을 수 있습니다. 그럴 땐 그 단어의 범위를 좁히면서 하는 것이 좋습니다.

ㄱ으로 시작하는 세 글자 단어 말하기와 같이 글자 수의 제한을 둘 수도 있습니다. 초성 게임을 어려워하는 저학년용 말놀이로는 이 정도가 적당합니다. 하나의 자음으로 내가 아는 단어를 머릿속 사전처럼 자음 순서대로 정리해보기도 하고, 주변을 두리번거리며 또 아는 단어가 무엇이 있을까 고민하는 아이의 모습을 볼 수 있을 것입니다.

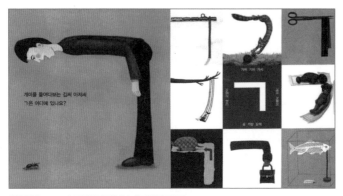

《생각하는 ㄱㄴㄷ》 중에서 ⓒ이보나, 호미엘러프스카

2단계에서는 《기차 ㄱㄴㄷ》과 같은 말놀이도 가능합니다. 이 책은 ㄱ부터 ㅎ까지 기다란 기차가 지나가면서 보는 것을 모든 자음으로 표시합니다. 즉, 모든 자음으로 시작하는 단어를 연결해 하나의 이야기를 이어나가는 것입니다. '기다란 기차가' '나무'와 '다리'를 지나면서 마지막 'ㅎ'까지 가는 것입니다.

아이와 함께 처음 이 놀이를 하다 보면 주어진 자음을 맞히기 위해 엉뚱한 이야기를 하기도 할 겁니다. 짝과 함께 서로 이야기를 주고받으며 만든다면 내가 생각한 방향과 전혀 다른 방향으로 흐를 가능성도 있지요. 내가 예상하지 못한 방향으로 흐르고 내가 그다음 자음을 이용한 이야기를 이어나가는 놀이. 한번 해보세요. 엉뚱하고 말도 안 되는 이야기에 깔깔거리기도 하겠지만 아이들은 그런 괴상한 이야기를 즐거워하기도 합니다. 모든 자음을 이용한다는 규칙만 지키면서 하다 보면 제법 이야기가 연결되는 순간이 오기도 하고요.

2단계에서 조금 더 발전시키면 '나만의 ㄱㄴㄷ' 책 만들기도 가능합니다. 3장에서 소개한 스크랩북으로 표지를 근사하게 만들고 자음에 따라 이야기가 전개되는 이야기책을 만들어보는 것이지요.

### 놀이 7 | 반대말 게임

단어를 확장할 때 비슷한 말 찾기와 반대말 찾기 활동을 많이 합니다. 두 활동 모두 단어 간의 관계를 파악하기 좋은 활동입니다. 다만 아이들은 비슷한 말 찾기보다 반대말 찾기를 훨씬 더 즐거워합니다. 비슷한 말보다 반대말을 찾기가 더 쉽고 명확하기 때문입니다. 반대말 게임은 부모가 제시한 단어의 반대말을 아이가 답하고, 반대로 아이가 제시한 단어의 반대말을 부모가 답하여 릴레이식으로 진행합니다.

국어 3학년 2학기 2단원 '중심 생각을 찾아요' 수업 중 반대말을 찾아보는 활동과 이를 활용하여 문장을 만드는 활동이 나와있어 소개해드리려고 합니다.

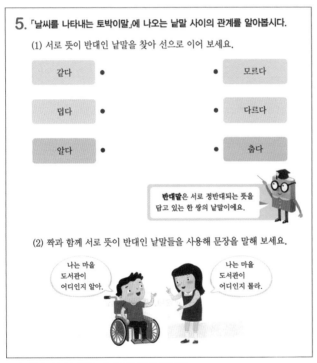

국어 3학년 2학기 2단원 '중심 생각을 찾아요' 중에서

3학년 교과서에 나온 반대말 찾기는 쉽지요? 처음에 시작할 때는 이 정도부터 시작해도 좋습니다. 그런데 반대말을 찾은 후 '반대말'을 사용해 문장을 만드는 활동도 함께 진행하고 있습니다. 그 단어를 문장 속에서 적절하게 활용할 수 있는지 확인하기 위한 활동입니다. 이런 문장을 만들어 이야기하다 보면 '틀리다'와 '다르다'의 차이를 알게 되고, '적다'와 '작다'의 반대말이 각각 '많다'와 '크다'로 다르며 사용할 수 있는 상황도 다름을 알아차릴 수 있습니다.

아이가 반대말을 즉석에서 생각해내기 어려워한다면 반대되는 말 몇 가지를 단어 카드로 만들어 메모리 게임을 진행할 수도 있습니다. 예를 들면 '앉다 - 서다', '펴다 - 접다', '가다 - 오다'와 같이 반대말이 있는 카드를 짝지어 16개(반대말 8쌍) 정도 만들어서 단어를 적은 후 뒤집어놓습니다. 한 사람은 한 번에 카드를 2개 뒤집을 수 있습니다. 두 카드가 서로 반대말 관계면 그 카드를 갖고, 반대말 관계가 아니면 다시 뒤집어놓는 식입니다.

이런 게임은 미리 반대말이 나와있기 때문에 새롭게 생각하지 않고 단어의 관계만 파악하면 됩니다. 이런 게임이 익숙해진 다음에는 그냥 말로만 서로 반대말을 찾아 주고받기처럼 진행할 수도 있습니다. 어떤 방법을 활용하든 아이와 함께 반대말을 생각하고 찾아보고 말해볼 수 있는 기회가 있었으면 합니다.

# 말놀이를 할 때 유의할 점

아이와 함께할 수 있는 말놀이를 소개했는데 이미 아는 놀이도 있고, 몰랐던 놀이도 있었을 겁니다. 글을 읽고 아이와 함께 말놀이를 하기로 마음먹었다면 다음 몇 가지를 꼭 알아두길 권합니다. 훨씬 더 즐겁게 놀이를 할 수 있습니다.

## 하나, 욕심내지 마세요

말과 글은 하루아침에 눈에 띄게 성장하지 않습니다. 모국어를 습득하는 과정에서 어느 날 말을 내뱉는 아이가 너무나 기특하고 신기했던 경험이 있겠지만 그 후 어휘를 발전시키는 데는 그만한 시간과 노력이 필요합니다. 말놀이를 시작했는데 아이가 거부하면 몇 주 후 또는 몇 달 후에 시도해보세요. 말놀이는 학습이 아니라 놀이라 아이가 즐겁고 재미있어해야 할 수 있습니다.

## 둘, 고학년 아이라도 좋습니다

고학년 아이에게도 말놀이는 충분히 효과가 있습니다. 고학년 이상이라야 시작할 수 있는 놀이도 있고요. 오히려 고학년 아이야말로 말놀이의 효과를 제대로 볼 수 있습니다. 쌓아놓은 단어들이 저학년보다 많은 만큼 정리와 분류 활동이 더욱 필요하기 때문입니다.

우리가 알고 있는 기본 놀이에서 약간만 변형하여 난이도를 조정하면 아이들도 즐겁게 합니다. 놀이 방법에 익숙해지면 어느 순간 이기기 위해 집중하는 아이의 모습을 볼 수 있을 겁니다. 아이에게 지고도 썩 기분 나쁘지 않는 순간이 금방 찾아올 거예요.

### 셋, 한두 가지라도 꾸준히 해주세요

소개한 말놀이를 모두 다 하려고 애쓰지 마세요. 아이가 가장 즐거워하는 놀이를 한두 가지만 꾸준히 계속해주는 게 나을 수도 있습니다. 처음에는 이것저것 도전해보고 아이가 좋아하는 걸로 한두 개만 남겨서 진행해보세요. 그래도 충분합니다. 가장 중요한 것은 꾸준히 하는 겁니다. 아이에게 "끝말잇기 할까?"라고 먼저 제안해보세요.

# 잠자리 수다의 힘

말하기가 가장 즐거운 순간은 함께 수다 떠는 시간이 아닐까요? 수다를 국어사전에서 찾아보면 "쓸데없이 말수가 많음, 또는 그런 말"이라고 나오지만 세상 일이 모두 '쓸 데 있어'야 하는 건 아닙니다. 특히 가족 간 대화는 일단 많아야 쓸 데도 생깁니다. 가족끼리 어떻게 딱 용건만 간단히, 할 말만 명료하게 할 수 있을까요? 사소한 이야기들 속에서 서로에 관한 관심을 확인할 수 있고, 오늘 하루 동안 어떻게 지냈는지 힘든 점은 없는지를 살필 수 있는 대화는 수다로만 가능합니다.

# 잠자리 수다가 필요한 이유

보통은 아이가 어릴 때 잠자리 독서를 많이 합니다. 자기 전에 부모님의 목소리로 책을 읽어주는 것이 좋다고 하여 잠자리 독서를 하는데, 아이가 스스로 책을 읽을 수 있는 나이가 되면 책을 읽어주기보다 그 시간을 함께 이야기하는 시간으로 채우는 것은 어떨까요? 저는 학습적 부분에서 가장 신경 쓰는 부분이 '독서와 할 일을 스스로 계획 세워 하기'라면 정서적 부분에서 가장 신경 쓰는 부분이 이 '잠자리 수다'입니다.

아이들과 잠자리 수다를 시작한 건 제 의도가 아니었습니다. 저는 정말 잠을 잘 안 자는 아들과 살고 있습니다. 큰아이는 불을 끄고 누워도 한 시간 이상씩 눈을 말똥말똥 뜨고 있는 아이입니다. 노래도 불러보고 책도 읽어줬지만 한 시간 이상이 넘어가면 저도 모르게 화가 나더라고요.

안 그래야지 하면서도 항상 작은아이보다는 큰아이에게 기준과 눈높이가 좀 더 높아지는 것을 느낍니다. 언젠가 "너는 이제 다섯 살이나 되었는데"라고 말한 적이 있습니다. 돌도 안 된 작은아이를 함께 키울 때라 많이 힘든 시절이었습니다. 다섯 살이면 충분히 말도 하고, 걸어 다니고, 밥도 먹을 수 있는데 왜 징징거리고 혼자 못 하느냐며 타박하는 거죠. 겨우 다섯 살 아이에게 할 말은 아니었습니다. 지금 생각하면 얼마나 미안한지 모릅니다.

사실, 먹는 것 입는 것 때문만 아니라 엄마의 사랑이 무엇인지, 그 표현이 무엇인지 더 잘 알 나이잖아요. 그래서 잠을 잘 안 자는 아이와 미안한 엄마가 저녁에 만나 이야기를 하기 시작했습니다. 그냥 제 솔직한 이야기입니다.

그때는 작은아이가 잠을 잤기 때문에 가능했습니다. 큰아이와 둘이서 작은아이를 재우며 참 많은 이야기를 했습니다. 이야기하다 미안해서 울고, 다음 날 일어나서 또 뭐라 하고, 저녁에 다시 누워 또 미안하다고 하고… 그런 생활의 연속이었습니다. 어느 순간 제가 다중 인격인지 의심스러웠고 지킬 박사와 하이드가 멀리 있는 것이 아니구나 싶었습니다.

그렇게 제 육아 죄책감에서 시작한 이야기들인데 진심이 통했는지 아이는 어느 순간 징징거리지 않고 자기 마음을 이야기하기 시작했습니다. 항상 긴장도와 불안도가 높아 저를 걱정하게 했던 아이가 참 덤덤하게도 본인의 마음을 이야기하더라고요. 낮에 들었으면 그 이야기조차 걱정할 저인데 잠결이었는지 한없이 너그럽게 아이에게 괜찮다고 이야기하고 안아주었습니다.

어둠 속에서 서로를 보지 않고 나누는 대화는 생각보다 진솔해졌습니다. 그리고 어느 순간, 잠 잘 자던 작은아이도 말을 하기 시작하니 그들은 정말 수다쟁이가 되어 밤새 이야기할 기세로 눕습니다. 각자 잘 방이 따로 있어도 우선 누워있다가 가라며 저를 붙잡습니다. 때론 귀찮고 힘들 때도 있지만 사실 저도 이 시간이 행복하고 고맙습니다.

# 잠자리 대화를 시작하는 방법

잠자리 대화에 특별한 기술은 필요 없습니다. 저희는 불을 끄면 함께 눕고, 작은아이가 첫 질문을 던집니다. 늘 똑같습니다. "엄마, 오늘 하루는 어땠어?" 저는 이 질문에 많은 이야기를 하지 않습니다. 소극적인 참가자인 셈입니다. 그러면 아이는 "오늘 학교에서 형아들 이랑 뭐 했어? 오늘 형아들 학교 오는 날이었어?" 같은 추가 질문을 합니다. 그러다 제가 "너는 학교에서 재미있는 일 있었어?"라고 묻는 순간 아이는 봇물 터지듯 말을 터트립니다.

두 아들이 서로 순서를 정해서 이야기하지요. "어제 형이 먼저 말 했으니깐, 오늘은 내가 먼저 말할게"라며 말을 시작합니다. 보이지 않는 순서를 그들은 잘 압니다. 보통 "엄마, 내 친구 승윤이 알지?"로 시작하는데 저는 승윤이를 잘 모릅니다. 관심이 없어서라기보다 이 렇게 실명을 거론하는 친구 이름이 매번 바뀌기 때문입니다.

학교에서 있었던 일들을 한참 말하다 보면 잘 생각나지 않는 단어 가 있기도 합니다. 대개 이제 막 배우고 들어본 적은 있는데 사용하 기엔 어색한 단어들이지요. 혹은 엉뚱한 단어를 이야기하기도 합니 다. 이야기하다 보면 표현하고 싶은 이야기들을 좀 더 잘 표현하고 싶어 하는 아이의 욕구가 느껴집니다. 아이는 저녁 시간에 잠도 잊 은 채 한참을 이야기하다가 굉장히 행복해하며 잠듭니다. 그 시간이 아이의 불안과 스트레스를 낮춰주는 시간이며 하루 동안의 긴장을 풀고 이해와 공감을 받는 시간이라고 여깁니다.

부모의 역할은 졸지 않고 집중해서 듣다가 중간중간 잘 듣고 있다는 추임새를 넣어주는 것입니다. 그런데 참 신기한 게 아이들이 아빠에게는 잠자리 수다를 떨자고 하지 않아요. 낮 시간대나 바깥 활동을 할 때면 아빠 껌딱지인 아이들인데 아빠하고는 안 자려고 해요. 그래서 어느 날 아이들에게 물었지요. "왜 아빠랑은 저녁에 이야기 안 해?" 그랬더니 아빠는 금세 잠이 든다고 말합니다. 말하는 것에 크게 호응을 해주지 않고 일찍 잠들어버리니 별로 좋은 이야기 상대가 아닌 셈이죠. 이렇게 잠들지 않고, 잘 호응해주는 것이 잠자리 수다의 일등 덕목입니다.

저에게 이 시간은 큰아이에게 잘못을 고백하는 시간이기도 했습니다. 원래도 부족한 것투성이지만 아이를 키우는 부모가 되고 보니 제 민낯이 정말 잘 보이더군요. 이미 화냈고 소리 질렀고 말도 안 되는 협박도 했습니다. 그런데 그 순간이 지나고 되돌아보면 아이에게 너무나 미안합니다. 머쓱하니까 아무 일 없는 듯이 지나갈 수도 있지만 이렇게 저녁에 누워 이야기를 하다 보니 먼저 미안하다고 사과하게 되었습니다.

"아까는 엄마가 너에게 나쁘게 말하고 화내서 미안해." 대여섯 살 먹은 아이에게 저는 진심으로 사과했습니다. 대화의 기본인 '나 전달법'을 이용하여 '네 행동이 나는 이렇게 느껴져서 화가 났어'와 같이 구체적인 제 기분을 전달했지요. "그런데 내가 화가 났다고 그렇게 말하고 행동한 것은 잘못했어"라고요. 불 켜진 상태에서는 아이의 눈을 보고 말할 용기가 안 나서일 수도 있습니다. 마치 술기운에 이야기하는 것처럼 불편한 내 마음을 불 꺼진 상태에서 잠자기 전에 고백합니다.

제 이런 고백을 아이가 다 알아듣습니다. 화내는 것도 그대로 받아들이는 것처럼 사과하는 것조차도 그대로 다 받아들입니다. 그리고 아이들은 훨씬 더 쉽게 용서해줍니다. 그 부분이 참 고맙고 미안합니다. 똑같은 잘못을 여러 번 반복하는 부모인데도 참 쉽게 용서해줍니다. 언젠가 한 번은 경고를 들었습니다. "엄마는 누우면 착해지고 낮에는 안 착해. 다음에 또 나한테 화내면 이젠 용서 안 해줄 거야." 이제 정말 더 조심해야 합니다. 마지막 경고를 들었으니까요.

어떤 날은 제 솔직한 고민을 이야기하기도 합니다. 정말 제 마음 깊은 곳에 있는 고민 말입니다. 그럴 때 아무 말 없이 들어주는 아이들이 참 든든합니다. 남편에게도 부모님에게도 하지 못하는 이야기를 아이들에게 할 수 있는 이유는 밤이라는 환경과 오랜 시간 함께 쌓아온 대화의 시간들 덕분입니다. 투고하고 걱정하던 날 밤도, 무엇인가 일이 잘못되어 마음을 졸이던 순간들도 아이들과 함께 나누었고 위로받았습니다. 그러니 잠자리 수다는 사실 아이를 위한 것이라기보다 부모를 위한 것이라고 하는 편이 더 맞을지 모르겠습니다.

그냥 지나갔다면 지나갔을 수도 있는 많은 실수의 시간을 만회할 수 있는 시간이고, 또 나조차 부모로 성장하느라 힘겨운 것들을 위로받을 수 있는 시간이기 때문입니다. 이렇게 감정을 서로 교류하는 대화를 통해 부모는 아이를, 아이는 부모를 더 잘 이해할 수 있습니다. 오해하지 않고 있는 그대로 상대방을 받아들일 수 있도록 해주고 서로의 감정을 어루만져줄 수 있습니다.

다른 누군가와 의사소통을 원활하게 하며 살아갈 아이들이 그 방법을 처음으로 보고 느끼고 배우는 대상은 부모입니다. 이렇게 내 일상과 감정을 나누고 용서하고 사과하는 경험을 하는 것이 아이가 또래나 낯선 이들과 말로 소통하고 살아가는 데 도움이 될 겁니다.

물론 아무리 좋다는 것을 알아도 아이가 이야기를 하지 않으려는 경우도 있습니다. 저야 아이가 다섯 살 무렵부터 꾸준히 해온 일이라 부담이 없지만 지금 시도하려는 분에게는 부담일 수 있습니다. 이미 몇 해 전에 잠자리 독립을 한 아이 방에 찾아가 함께 이야기를 나누자고 하는 것도 어색하고요. 혹은 아이가 부모보다는 친구와 속마음을 이야기하는 것에 익숙해 부모와 감정을 나누는 대화를 어려워하거나 거부할 수도 있습니다. 하지만 지금 이 순간이 아이에게 한 걸음 다가가 이야기해 볼 수 있는 가장 빠른 시기입니다.

일반적으로 초등 시기의 아이들에게 심리적으로 가장 가까운 사람이 부모이며, 커갈수록 심리적인 독립도 이루어지게 마련입니다. 심리적인 독립이 이루어지더라도 대화하는 데 문제가 없지만 그 이전에 대화의 길이 막히지 않아야 가능하기도 합니다. 그러니 지금 하지 못하는 대화를 나중에 할 수 있다고 생각하시면 어렵습니다.

# 잠자리 수다가 어색한 분이라면

아이와 대화하는 것이 어색하거나 익숙하지 않은 분들은 스킨십을 먼저 시도해주세요. 안거나 손을 잡고 걷거나 머리를 가볍게 쓰다듬거나 등을 두드리는 정도의 스킨십 말입니다. 다 큰 것 같아도 부모 품에 폭 안겨 "엄마 냄새 좋다"라고 이야기하는 아이들입니다. 교사인 저에게도 부끄러워하면서도 먼저 다가와 꼭 안아달라고 하던 아이들입니다.

말이 나오지 않으면 가벼운 스킨십만으로도 마음의 문을 열 수 있습니다. 어느 정도 익숙해진 다음 부모님께서 먼저 용기 내어 아이에게 긍정의 말들을 시작해주세요. '너를 사랑한다', '고맙다', '너는 내 보물이다', '네가 있어서 얼마나 행복한지 모른다'와 같은 사랑을 듬뿍 담은 긍정의 말을 건네주세요.

아이에게 자꾸 감정 표현이 메말랐다고 하지 말고 먼저 넘치게 표현해주세요. 고맙다, 미안하다, 사랑한다는 아무리 많이 말해도 넘치지 않는 말입니다. 아이들은 어른의 '미안하다' 한마디에 쉽게 그간의 속상한 마음을 녹입니다.

아이에게 사과할 일이 생기면 가능하면 빨리 미안하다고 정확하게 말해주세요. 물론 쉽지 않다는 거, 잘 압니다. 권위가 떨어질 것 같고, 어쩔 수 없었다며 어물거리며 넘어가고 싶을 겁니다. 그래서는 곤란합니다. 해야 할 사과를 하지 않고 넘어가면 권위는 안 떨어지겠지만 믿음이 사라집니다. 잊지 말아주세요.

스킨십과 긍정의 말을 연습하고, 미안할 때 미안하다고 솔직해질 자신이 있다면 아이를 재워주며 함께 이야기를 나눠보세요. 휴대폰을 들고 방에 들어가 친구와 게임하다가 혹은 톡을 하다가 잠드는 대신 부모님과 하루의 일들을 조금씩 나누는 일상으로 바꾸어가 보세요.

말씀드린 것처럼 아이와 함께하는 정서적 교류이자 언어의 교류 시간입니다. 하루 중 가장 편한 시간에 편한 대상과 이야기하며 즐겁게 잠들 수 있도록 시도해보세요. 첫 시작만 어렵습니다. 물꼬가 트이듯 한번 시작한 이야기는 쉽게 멈추지 않을 것입니다.

**아이의 말을 틔우는 비폭력 대화법**

아이와 감정을 나누는 대화, 식탁에서 일상을 나누는 대화를 하고 싶은데 말 몇 마디 시작하다 보면 서로의 감정을 상하게만 하는 대화로 이어지기도 합니다. 내 말에 아이가 데기도 하고, 아이의 말에 내가 상처받기도 합니다. 상대를 비난하지 않으며 내속마음을 솔직하게 표현할 수 있는 비폭력 대화법을 소개합니다.

**대화의 4단계** (비폭력 대화, 2017, 한국 NVC센터)

| 단계 | 말하는 법 | 예시 | 고려할 점 |
|------|-----------|------|-----------|
| 관찰 | 내가 ~을 볼 때 / 들을 때 <br><br> 내가(상대방에게 한 구체적인 행동) ~해서 | 네가 나를 밀어서 | • 상대방 행동에 대한 판단, 평가를 하지 않습니다. <br> 예: 무슨 돼지처럼 욕심 부리고 너 혼자 다 먹니.(판단 X) |
| 느낌 | (나는) ~을 느껴. <br><br> (너는) ~을 느꼈니? | 나는 불쾌했어! | • 생각이 아니라 느낌을 말합니다. <br> 예: 우리를 무시하는 것 같아. (생각 X) <br> * 원하는 것을 충족했을 때의 느낌 말, 원하는 것을 충족하지 못했을 때의 느낌말은 다음 표 참조 |
| 필요 | 왜냐하면 나는 ~를 원하기 때문이야. <br><br> (너는) ~이 필요하니? | 왜냐하면 나는 조용히 편안하게 있고 싶었기 때문이야. | • 자신의 느낌이 어떤 욕구와 연결되는지 말합니다. 다른 사람을 탓하기보다 자신의 욕구와 희망, 기대, 가치관이나 생각을 인정합니다. |
| 요구 | ~을 해줄 수 있겠니? <br><br> (너는) ~을 원하니? | 앞으로 나를 밀지 않게 조심해줄 수 있겠니? | • 추상적이거나 모호한 말로 하지 않습니다. <br> 예: 그러지 좀 마.( X ) <br> • "~하지 마"보다는 "~해줘"가 좋습니다. |

학교에서도 친구 사이에 갈등이 생길 때, 대화와 공감에 대한 연습을 할 때 자주 사용하는 방법입니다. 비폭력 대화(NVC; Nonviolent Communication)는 미국의 임상심리학 박사 마셜 로젠버그가 시작한 대화법으로 왼쪽과 같이 4단계를 거쳐 대화합니다.

## 서로를 존중하는 느낌말 목록

| 욕구가 충족되었을 때 (긍정의 느낌말) | 욕구가 충족되지 않았을 때 (부정의 느낌말) |
| --- | --- |
| 감동받은, 뭉클한, 감격스런, 벅찬, 환희에 찬, 황홀한, 충만한, 고마운, 감사한, 즐거운, 유쾌한, 통쾌한, 흔쾌한, 경이로운, 기쁜, 반가운, 행복한, 따뜻한, 감미로운, 포근한, 푸근한, 사랑하는, 훈훈한, 정겨운, 친근한, 뿌듯한, 산뜻한, 만족스러운, 상쾌한, 흡족한, 개운한, 후련한, 든든한, 흐뭇한, 홀가분한, 편안한, 느긋한, 담담한, 친밀한, 친근한, 긴장이 풀리는, 차분한, 안심이 되는, 가벼운, 평화로운, 누그러지는, 고요한, 여유로운, 진정되는, 잠잠해진, 평온한, 흥미로운, 재미있는, 끌리는, 활기찬, 짜릿한, 신나는, 용기 나는, 기력이 넘치는, 기운이 나는, 당당한, 살아있는, 생기가 도는, 원기가 왕성한, 자신감이 있는, 힘이 솟는, 흥분된, 두근거리는, 기대에 부푼, 들뜬, 희망에 찬 | 걱정되는, 까마득한, 암담한, 염려되는, 근심하는, 신경 쓰이는, 뒤숭숭한, 무서운, 섬뜩한, 오싹한, 겁나는, 두려운, 진땀 나는, 주눅 든, 막막한, 불안한, 조바심 나는, 긴장한, 떨리는, 조마조마한, 초조한, 불편한, 거북한, 겸연쩍은, 곤혹스러운, 멋쩍은, 쑥스러운, 괴로운, 난처한, 답답한, 갑갑한, 서먹한, 어색한, 찜찜한, 슬픈, 그리운, 목이 메는, 먹먹한, 서글픈, 서러운, 쓰라린, 울적한, 참담한, 한스러운, 비참한, 속상한, 안타까운, 서운한, 김빠진, 애석한, 낙담한, 섭섭한, 외로운, 고독한, 공허한, 허전한, 허탈한, 쓸쓸한, 허한, 우울한, 무력한, 무기력한, 침울한, 피곤한, 노곤한, 따분한, 맥 빠진, 귀찮은, 지겨운, 절망스러운, 실망스러운, 좌절한, 힘든, 무료한, 지친, 심심한, 질린, 지루한 |

# 5장 / 초등 어휘력이 공부력이다

# 어떻게 써야 할까:
# 글쓰기와 필사

# 01

## 생각 꺼내기가 먼저입니다

어휘력을 늘리는 비결이 독서라면 어휘력을 다지는 비결은 글쓰기입니다. 어휘력은 결국 보고, 듣고, 읽은 걸 생각해서 내 말과 글로 표현해야 다져지기 때문입니다. 특히 글은 생각을 정제한 후 남기는 기록이다 보니 정교하고 정확한 표현력을 기르기에도 좋습니다.

실제로 생각과 감정은 글로 표현되는 순간 훨씬 명확해지고 뚜렷해집니다. 글은 내 안의 나를 만나게 해줍니다. 때로는 글을 쓰면서 위로받거나 격려받기도 합니다. 정리되지 않은 생각과 감정이 글을 쓰면서 정리되고 해소되기도 합니다. 어휘력이 아니더라도 글쓰기를 배워야 하는 이유입니다.

## 쓰는 게 귀찮고 힘든 아이들

보통 초등학교에서 배워야 할 기초 교육으로 3R's(읽기Reading, 쓰기 wRiting, 셈하기aRithmetic)를 꼽습니다. 바꿔 말하면 문해력, 작문력, 수리력을 길러야 한다는 뜻이고, 여기서 작문력이란 문법에 맞게 글을 쓰는 능력이 아니라 내 생각과 감정을 편하게 글로 쓸 수 있는 능력을 말합니다.

글은 그냥 써지지 않습니다. ① 주제에 맞춰 생각을 정리할 수 있어야 하고, ② 정리된 생각을 잘 조직해서 글로 표현할 수 있어야 하며, ③ 표현된 글을 적절히 고칠 수도 있어야 합니다. 생각하고, 쓰고, 고치는 과정이 매끄럽게 이어져야 하는데 그러려면 이 과정을 계속 반복해야 합니다. 결코 어느 날 갑자기 한순간에 잘되는 일이 아닙니다.

아이들은 이런 글쓰기를 참 싫어합니다. 사실 연필을 들고 글씨 쓰는 것 자체를 싫어합니다. 칠판에 알림장 내용을 적으면 "선생님 이거 꼭 적어야 해요?"라고 묻고, "저는 그냥 외워서 갈게요"라고 말하고, "그냥 앱으로 보내주세요. 컴퓨터로 볼게요"라고 말합니다. 어떻게든 쓰고 싶지 않은 아이들입니다.

외워 간다는 아이는 9시가 다 돼 숙제가 뭐였느냐며 연락하고, 컴퓨터로 본다는 아이는 사정이 생겨 컴퓨터를 못 봤다고 합니다. 한두 명이 아닙니다. 고학년으로 올라갈수록 교과서나 활동지에 글을 써야 할 일이 많고, 수업 내용을 공책에 정리해야 할 일도 많은데 그때마다 힘들어하는 아이들이 많습니다. 국어가 싫어진 이유를 물으면 "쓰기가 많아서"라고 답하는 아이들입니다.

아이들은 알고 있는 사실도 글로 표현하려면 어려워하고 또 그럴 필요도 느끼지 못합니다. 그러니 자발적인 글쓰기를 기대하기가 어렵습니다. 글자 한 자 쓰게 하려고 실랑이를 엄청나게 해야 하니 말입니다. 그런데 이렇게 한글로도 어색한 문장을 쓰는 아이들이 영어 라이팅은 공책 반 쪽 이상씩 쓰면서 자랑스러워합니다. 영어로 표현할 수 있는 문장을 한글로는 왜 표현하기 어려워하는 걸까요?

## 쓰기가 귀찮고 힘든 이유

글쓰기를 싫어하는 아이들을 보며 처음에는 몇몇 아이의 개인적인 특성이라 여겼습니다. 그런데 몇 해가 지나도 많은 아이들의 글이 대부분 "참 재미있었다"로 끝났습니다. 말은 청산유수인 아이들조차 글은 매번 똑같고 얌전하기 그지없었습니다. 마치 누군가에게 잘 보이기 위해 한껏 꾸민다고 꾸몄는데 낯설고 어색해 웃음이 나오는 소개팅 상대 같았습니다. 글을 쓰는 것도 싫지만 쓰는 방법도 모르니 어쩌면 당연한 결과인데 그걸 제가 몰랐던 겁니다.

## 여유가 없어요

아이들은 왜 글쓰기를 싫어할까요? 가장 큰 이유는 생각할 여유도 쓸 여유도 없기 때문입니다. 절대 시간도 부족하지만 항상 할 일이 기다리고 있어 여유를 부릴 틈이 없습니다. 실제로 아이들은 매일 분주하게 하루를 보내고 있습니다.

글을 쓰는 건 창조적이고 생산적인 활동입니다. 생각을 정리하고 어떤 표현으로 만들어낼지 고민하고 단어를 골라 직접 연필을 들고 맞춤법과 띄어쓰기도 유의하여 써야 하는 매우 복잡하고 까다로운 일입니다. 이런 일을 하려면 시간도 필요하지만 마음에도 여유가 있어야 합니다.

당장 30분 있다 학원으로 나서야 하는데 아직 할 일이 남아있을 수 있습니다. 그런 아이에게 느긋하게 해야 겨우 할 수 있는 일을 하라고 하면 싫고 부담스러운 게 당연합니다. 차라리 연산 문제집을 두 장 풀라고 하면 풀겠는데, '내 생각이 어떤지' 글로 쓰라고 하면 머리가 하얘지면서 뭘 어떻게 해야 하나 싶어 도망치고 싶을 겁니다.


## 익숙하지 않아요

게다가 아이들은 쓰는 활동을 많이 경험하지 못했습니다. 쓰기를 많이 해보지 않은 아이들은 소근육 발달이 충분하지 않아 손에 힘이 없습니다. 연필을 잡고 글씨를 바르게 쓰려면 소근육 움직임도 원활해야 하고 힘도 받쳐줘야 합니다. 해가 갈수록 글씨체가 바르지 못한 아이들이 많아집니다. 자기가 무슨 글을 쓴 건지 알아보지 못하는 아이들도 보입니다. 손가락에 힘이 없으니 글씨 한 자 한 자 쓰는 게 고역입니다. 당연히 긴 글을 쓰고 싶을 리 없습니다.

아이들이 종이에 쓴 글이 인터넷 게시판에 올라온 글과 점점 비슷해져 가는 게 보입니다. 이모티콘은 물론 'ㅋㅋㅋ'나 'ㅎㅎㅎ' 같은 말을 아무렇지 않게 씁니다. 속마음은 괄호 안에 넣어 소심하게 드러내고, 생각과 감정을 제대로 풀어내지 못한 채 말줄임표로 마무리합니다. 글을 연필로 써서 배우지 못하고 채팅 창에 키보드로 쳐서 배우는 게 아닌가 싶을 정도입니다. 쓰지 않고 쳐서 배울 만큼 글쓰기가 익숙하지 않은 아이들입니다.

### 좋은 기억이 없어요

시간이 없어도 써내고 손가락이 아파도 써냈는데 좋은 평가를 못받았을 수도 있습니다. 힘들고 싫어도 참고 해낸 일이라면 칭찬받아 마땅한데 아무도 칭찬해주지 않는다면 더 이상 할 이유가 없습니다. 아이들에게 글쓰기는 그야말로 재미도 없고 보람도 없는 활동이 됩니다.

## 매일 글쓰기 활동 1 : 세 줄 쓰기

그럼에도 아이들은 글을 써야 합니다. 다행인 건 많은 아이들이

싫은 마음을 누르고 어떻게든 써내고 있습니다. 아이들이 더 잘 압니다. 글을 잘 써야 공부를 잘할 수 있고, 글을 잘 써야 생각과 마음을 전할 수 있다는 걸요. 그래서 애를 쓰고 있습니다. 그 마음을 바라봐주세요. 그리고 조금 덜 힘들게 쓸 수 있도록, 그 와중에 글쓰기의 작은 재미를 찾을 수 있도록 기회를 늘려주세요.

우선 아이들도 기꺼이 꾸준히 할 수 있는 글쓰기 활동을 소개합니다. 독서로 따지면 '그림책'에 해당하는 활동입니다. 그림책을 충분히 읽어주면 글줄이 긴 책으로 수월하게 넘어갈 수 있듯이 이 활동도 긴 글로 수월하게 넘어갈 수 있는 다리 역할을 해줄 겁니다.

주제가 있는 짧은 글 쓰기로 '세 줄'이 포인트입니다. 저는 아이들과 아침 활동으로 '세 줄 쓰기'를 매일 합니다. 글쓰기를 정말 싫어했던 아이들도 등교하면 "선생님 오늘은 뭐 쓸까요?"라고 묻습니다. 좋아하지 않지만 할 일이고, 세 줄 정도는 충분히 쓸 수 있다고 여기는 듯 보입니다.

세 줄 쓰기는 주제가 있어 더 쉽습니다. 글감에 대해 무엇을 생각하고 어떻게 조직해야 할지 고민하지 않고 주제에 대해 짧게 답하는 걸로도 마칠 수 있기 때문입니다. 물론 짧게 답하는 대신 이유도 함께 써달라고 합니다. 세 줄만 쓰라고 해도 넘치게 쓰는 아이가 나옵니다. 세 줄로는 다 하지 못한 이야기가 있기 때문입니다. 그렇게 아이들도 자연스럽게 글과 친해집니다. 세 줄 쓰기는 단계도 매우 단순합니다.

① 우선 세 줄 쓰기용 공책으로 줄 공책을 준비합니다. 3~4학년도 저학년 공책인 17줄 공책에 쓰라고 합니다. 글씨를 잘 쓰던 아이도 줄 간격이 좁은 고학년 공책에 글을 쓰면 글씨가 엉망이 되기 때문입니다. 아이들은 글씨가 작아질수록 크기와 모양을 일정하게 유지하지 못합니다. 5~6학년 아이라도 글씨를 교정하고 싶다면 줄 간격이 넓은 저학년용 공책을 준비하길 권합니다.

② 공책 왼쪽에서 3cm 정도 띄운 곳에 세로 줄을 긋습니다. 세로 줄 왼쪽에 날짜를 쓰고, 오른쪽에는 색깔 펜으로 세 줄 쓰기 주제를 씁니다. 주제를 색깔 펜으로 쓰라고 하는 건 주제가 잘 보였으면 해서입니다. 보통 파란색 볼펜으로 쓰라고 합니다.

③ 연필로 글을 씁니다. 짧은 글 쓰기를 할 때는 분량은 줄여도 되지만 매일 하길 권합니다. 글쓰기에 대한 거부감을 없애고 익숙해지도록 하는 게 목적이지만 날마다 쓰면 그만큼 실력도 꾸준히 늘기 때문입니다.

교실에서 아이들에게 내준 세 줄 쓰기 주제는 다음과 같습니다.

- 어린이날 받고 싶은 선물
- 내가 가장 좋아하는 급식 메뉴
- 내가 생각하는 좋은 친구의 조건
- 내가 가장 좋아하는 TV 프로그램
- 나에게 학교란 (      )다

주제는 아이들의 생활에서 가져옵니다. 어린이날이 가까워졌다면 어린이날 선물, 봄에는 봄과 관련된 주제, 어버이날이 다가오면 부모님께 가장 감사함을 느꼈던 순간처럼 그 시기에 어울리는 주제를 정합니다. 가끔 학교와 친구, 방과 후 내가 하는 일, 요즘 가장 많이 하는 생각과 같이 제가 궁금한 주제를 내기도 합니다. 주제가 바로 떠오르지 않을 땐 "혹시 오늘 쓰고 싶은 주제 있니?"라고 아이들에게 묻습니다. 그럴 때마다 기발한 주제를 떠올리는 아이도 있습니다. 가끔이라 그런지 아이들도 스스로 주제를 떠올려 말하는 걸 좋아합니다.

어떤 주제에 대한 글을 쓰든 그 이유도 함께 써야 합니다. '나에게 학교란 (      )다'와 같은 것은 하나의 비유 표현 예시입니다. 학교

아이가 쓴 세 줄 쓰기 활동 예시

와 비유 대상의 공통점이 무엇인지 잘 생각해본 후 이유를 적도록 합니다.

## 매일 글쓰기 활동 2: 글똥 누기

'글똥 누기'도 매일 할 수 있는 짧은 글 쓰기입니다. 주제가 정해져 있지 않고 감정 위주로 쓴다는 점이 세 줄 쓰기와 다릅니다. '글똥 누기'는 초등참사랑 커뮤니티를 운영하는 이영근 선생님이 만든 말로, 매일 아침 감정이나 생각을 배설한다는 뜻을 담고 있습니다.

'글똥'이라고 표현한 건 글쓰기가 똥 누기가 비슷하다고 여겨서라고 합니다. 잘 누려면 잘 먹어야 하고, 억지로 누려고 하면 안 되고, 누고 나면 기분이 좋아집니다. 마찬가지로 잘 쓰려면 잘 살아야 하고 (잘 관찰해야 하고), 억지로 쓰려고 하면 안 되고, 쓰고 나면 기분이 좋다는 겁니다. 정말 똥 누기가 글쓰기의 본질과 닮아있구나 싶었습니다.

글쓰기는 오감을 통해 들어온 모든 삶의 모습이 나를 통해 배설되는 과정입니다. 그 글은 오롯이 내가 받아들이고 소화한 나의 삶입니다. 글똥 누기는 《영근 샘의 글쓰기 수업》에 자세히 나와있고 교사마다 활용하는 방법이 다르지만 기본은 다음과 같습니다.

① 등교하면 각자 이름이 적힌 글똥 공책을 가지고 자리로 돌아갑니다. 공책은 줄 공책이든 작은 수첩이든 상관없습니다.

② 눈을 감고 1분 정도 지금 마음이 어떤지 살핍니다. 아침에 눈을 떠서 학교에 등교해 교실에 앉아있는 지금까지의 내 마음 상태를 스스로 알아차리는 시간이 필요합니다. 오늘 볼 수행평가로 마음이 두근거릴 수도 있고, 아침에 좀 더 자고 싶었는데 자지 못해 약간 짜증이 났을 수도 있고, 엄마와 티격태격했을 수도 있고, 어제 친구와 사소한 일로 다퉜는데 오늘 어떻게 해결해야 할지 걱정될 수도 있습니다. 이 시간이 중요합니다. 저희 반은 아이들이 모두 등교하면 그때부터 시작합니다. 조용한 음악을 틀어주면 아이들이 알아서 눈을 감고 명상을 시작합니다. 그래야 더 집중할 수 있고 진지하게 참여합니다. 단지 눈을 감고 마음을 조용히 알아차리는 것만으로도 아이들은 안정을 얻습니다.

③ 명상이 끝나면 공책에 오늘 날짜를 적고 지금 떠오르는 생각과 감정을 적습니다. 이건 정말 배설입니다. 누군가에게 평가받는 것도 아니고 누군가에게 보여주기 위한 글도 아닙니다. 지금 내 마음 상태를 글로 표출해보는 연습입니다.

글똥 누기에는 원칙이 있습니다. 날마다 써야 하고, 글똥 공책에 쓴 글로 누구에게도 혼나서는 안 되고, 여기 쓰여 있는 글은 원칙적으로 비밀입니다. 또한 글똥 공책 한 쪽의 반 이상을 넘어가지 않게 써야 합니다. 교실에서는 이 활동을 앞서 말씀드린 감정출석부와 연계해서 운영하기도 합니다. 글똥으로 감정을 배설하고 칠판 앞에 있는 감정출석부의 내 감정에 해당하는 곳에 표시하는 것입니다.

아이가 이렇게 쓴 글똥 공책을 내면 교사가 거기에 간단하게 피드백을 해주기도 하면서 아이의 그날 감정 상태를 알아차리는 데 도움을 얻기도 합니다. 여기서 피드백이라는 건 글씨가 바르지 않네, 맞춤법이 틀렸네, 글의 내용이 어떻네 같은 평가가 아닙니다. 아이와 비밀 편지를 교환하는 것과 같은 의미입니다.

처음에는 이 활동을 하기 위해 명상을 시작했을 때 아이들이 눈을 살며시 떠서 주위를 돌아보며 언제 눈을 떠야 하는지 궁금해했습니다. 자신의 마음에 집중하기 어려워하기도 하고, 도대체 뭘 쓰라는 건지 몰라 막막해하기도 했습니다. 하지만 막상 쓰기 시작하면 쉽게 쓰는 것이 이 글쓰기이기도 합니다. 자신의 삶 이야기이기 때문입니다.

세 줄 쓰기와 글똥 누기는 모두 글을 두세 줄씩 날마다 적음으로써 글쓰기에 대한 거부감을 줄이고 내 생각을 깨우는 것이 목적입니다.

## 생각 끌어올리기 활동 1: 생각그물

두세 줄이라면 모를까 긴 글을 쓰라고 하면 여전히 공책을 편 채로 한참을 멍하니 있는 아이들이 있습니다. 그러고는 "뭘 써야 할지 모르겠어요"라며 한숨짓습니다. 그런 아이들의 눈빛과 한숨을 볼 때마다 답답함이 그대로 전해집니다. 뭔가 써야 할 것 같은데 도대체 뭘 써야 할지 모르겠고 하나하나 생각해보는데 글로 쓸 만한 특별한 이야기가 없습니다.

이 아이에게 하루는 매일 똑같기만 하고 도무지 무엇을 어떻게 써야 할지 엄두가 나지 않습니다. 글쓰기가 익숙하지 않아서이기도 하지만 잘 쓰고 싶은 마음도 있기 때문입니다. 그 마음이 예쁘고 기특하지만 계속 앉아있는다고 어느 날 갑자기 글감이 떠오르지 않습니다. 또한 글감이 떠오를 때까지 기다릴 필요도 없습니다. 우리는 지금 글로 먹고사는 문장가가 되려는 게 아니니까요.

일단 아이는 글쓰기에 대한 두려움과 막연함과 부담감에서 벗어나야 쓸 수 있습니다. 가장 먼저 할 일은 아이의 머릿속에 있는 생각을 잘 꺼낼 수 있도록 도와주는 겁니다. 글감을 정하기 위한 생각 꺼내기인데, 교과서에 나오는 세 가지 활동을 소개하겠습니다. 글쓰기에서 한 발자국도 떼지 못하는 아이가 있다면 이 활동으로 한 걸음씩 차근차근 나아갈 수 있도록 도와주세요.

첫 번째 활동은 생각그물입니다. 마인드맵mind map을 우리말로 바꾼 활동으로, 마음mind 속에 담긴 생각을 지도map처럼 볼 수 있도록 나타냅니다. 생각그물은 글감을 찾을 때뿐 아니라 생각을 확장할 때나 공부한 내용을 정리할 때 자주 사용합니다. 국어 수업을 할 때 다양한 갈래의 글쓰기를 하는데, 시작 전에 항상 이 생각그물로 쓸 내용을 떠올리는 활동이 교과서에 제시되어 있습니다.

활동은 다음과 같은 순서로 진행합니다.

① 우선 종이의 가운데에 중심 단어를 씁니다. 예를 들어, 학기 초에는 보통 '나'에 대한 글 쓰기를 진행하는데, 이때 중심 단어는 '나'입니다.

② 다음으로 중심 단어와 관련 있는 '주 가지' 단어를 떠올립니다. '나'에 대해 이야기할 때 할 수 있을 만한 주제들을 핵심 단어로 적는 겁니다. 가족, 성격, 친구, 좋아하는 과목 등을 주 가지로 쓸 수 있습니다.

③ 주 가지가 완성되면 각 주 가지와 관련 있는 '세부 가지' 단어를 떠올립니다. 주 가지 단어가 '성격'이라면 내 성격과 관련 있는 단어를 생각나는 대로 적습니다. 순서는 상관없고 많이 쓸수록 좋습니다. 교실에서 생각그물 활동을 하면 세부 가지 단어의 개수를 총 30~50개로 조건을 겁니다. 몇 개만 적고 끝내는 아이들이 많기 때문입니다.

처음에 '나'에서 시작한 주제가 전혀 엉뚱한 곳에 가 있기도 합니다. 세부 가지가 다양해질수록 생각의 가지도 넓게 많이 뻗어나간 것이므로 중심 단어와 조금 멀어지기도 합니다. 괜찮습니다. '나'로 시작된 생각이 이 가지에서 저 가지로 뻗어 생각지 못한 곳에 가 닿기도 합니다. 생각그물 그리기는 이렇게 전에는 생각하지 못한 것까지 떠올리기 위한 활동입니다.

글을 쓰자고 하면 뭘 써야 할지 몰라 멍하니 있던 아이도 생각그물을 그려보면서 감을 잡곤 합니다. 글쓰기 재료가 풍부해졌기 때문입니다. '나'에 대해 쓰려고 하면 막막하지만 그중 내 성격, 내 가족, 내가 좋아하는 음식과 과목 등 주 가지에 적힌 단어를 보면서 그걸 구체적으로 풀어낼 수 있으니까요.

꼭 다 쓸 필요도 없습니다. 세부 가지가 유독 많이 뻗은 주제가 있다면 그 한 가지만 풀어도 충분할 때가 많으니까요. 생각그물을 그릴 때 알아두면 좋은 몇 가지 팁을 알려드리겠습니다.

① 주 가지를 잘 선택해야 합니다. 주 가지는 책으로 따지면 각 장Chapter의 제목입니다. 그래서 처음 주 가지는 서너 개가 적당하고 중심 단어와 가장 밀접하게 연결되어 있어야 합니다. 세부 가지를 더 많이 낼 수 있도록, 구체적이고 세부적인 단어보다 포괄적인 단어를 선택하는 게 좋습니다.

② 주 가지별로 색깔을 다르게 쓰면 좋습니다. 생각그물은 내 생각을 시각화하는 작업입니다. 각 주 가지마다 색을 다르게 쓰면 색만 보고도 내용을 구분할 수 있어 상상력을 자극할 때도 효과적입니다. 세부 가지가 많이 뻗쳐도 다시 생각의 흐름이 어디서 시작되고 끝났는지 확인할 수 있어 좋습니다.

③ 선은 중심 단어에 가까울수록 두껍게, 멀수록 얇게 그립니다. 선 굵기만으로도 연결된 주제의 중요도나 중심 단어와의 관련도를 쉽게 파악할 수 있고, 어떻게 생각이 흘러나가고 있는지 알 수 있습니다. 다음 쪽에 제시한 예시를 보면 바로 알 수 있습니다.

④ 단어 옆에 관련 그림을 그려도 좋습니다. 그림을 넣으면 생각의 흐름을 한눈에 알아보기 편합니다. 비주얼씽킹Visual Thinking에 대해 들어본 적이 있나요? 생각그물처럼 글과 그림으로 생각과 정보를 간단히 표현한다는 점은 비슷하지만, 중심 단어에서 시작하지 않아도 된다는 점이 다릅니다. 교실에서는 물론 다양한 분야에서 쓰는 활동인데 생각을 꺼내서 정리한다는 면에서 생각그물과 뿌리는 같습니다. 아이들에게 생각을 꺼내고 정리하게 하려면 긴 글보다 단어와 그림을 사용하게 하는 게 효과적입니다. 실제로

아이들은 간단한 그림으로 표현하는 걸 좋아합니다. 이때 그림은 정교하고 섬세한 그림이 아니라 컴퓨터 아이콘처럼 간단할수록 좋습니다.

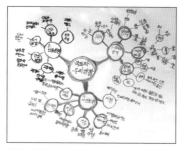

생각그물 예시(사회 5학년 1학기 1단원)

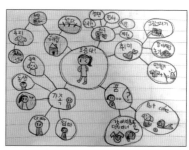

생각그물 학생 자료

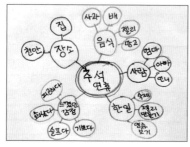

'추석'으로 생각그물을 만든 예시

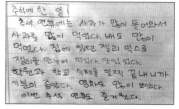

'추석'을 글로 쓴 예시

교실에서는 방법과 팁을 간단히 설명하고 나머지는 제한을 두지 않습니다. 자연스럽게 생각이 흐르는 대로, 아이들이 생각을 가능한 많이 꺼낼 수 있도록 유도할 뿐입니다. 생각을 끌어내느라 집중하는 아이들을 보는 건 큰 기쁨입니다. 그 모습을 부모님도 함께 볼 수 있길 바랍니다.

# 생각 끌어올리기 활동 2: 연꽃기법

교과서에서는 생각 끌어올리기 활동으로 생각그물과 함께 연꽃기법을 소개합니다. 연꽃 모양과 닮았다고 해서 연꽃기법이라고 부르고, 만다라 모양과 닮았다고 해서 만다라트Mandal-art 기법이라고도 부릅니다. 생각을 펼치거나 계획을 세울 때 주로 하는 활동입니다. 생각그물은 주 가지와 세부 가지 개수가 정해져 있지 않지만 연꽃기법은 개수가 정해져 있습니다.

연꽃기법은 사회 3학년 1학기 1단원 '우리 고장의 모습'에서 처음 나옵니다. 방대한 내용의 범위를 나눠 구체화하기 좋은 활동이기 때문입니다. 다음 쪽에 있는 왼쪽 그림을 보면 가운데에 '우리 고장'이라고 적혀 있고, 주 가지에 '놀이, 음식, 병원, 공부, 나, 학교, 친구, 가족'의 총 8개 단어가 적혀 있습니다. 그런 다음 각 주제별로 다시 총 9칸의 사각형을 만들어 그 안에 내용을 적을 수 있게 했습니다.

예를 들어 '놀이'라면 우리 고장에서 '놀이'할 수 있는 장소를 여덟 가지 생각하여 칸에 적습니다. 이것이 일반적으로 쓰는 연꽃기법입니다. 하부 주제 8개가 너무 많아 채우기 어렵다면 오른쪽과 같이 연꽃잎 모양으로 주제를 4개만 뽑아 활동하기도 합니다.

3학년 아이들과 연꽃기법을 쓸 때는 오른쪽 그림과 같이 잎이 4개인 학습지를 썼고, 모둠 의견을 모을 때는 왼쪽 그림과 같이 영역을 8개로 나눠서 썼습니다. 오른쪽 그림을 보면 우리 고장의 장소를 떠올릴 때 가족을 중심으로 생각을 떠올릴 수 있습니다. 이렇게 연꽃기법을 이용하면 막연한 주제를 구체화해서 생각해볼 수 있습니다.

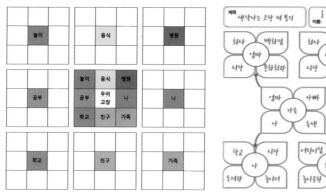

세부 항목이 여덟 가지인 연꽃기법 예시 　　　세부 항목이 네 가지인 연꽃기법 예시

　　집에서 아이와 글쓰기를 하기 전에 생각 꺼내기용으로 연꽃기법을 사용하려면 다음과 같이 진행합니다. 먼저 빈 종이나 종합장을 준비합니다. 세로 두 줄, 가로 두 줄을 그어 영역을 총 9칸 만듭니다. 그런 다음 가운데 칸을 다시 총 9칸으로 나눕니다. 중심 영역에는 내가 생각을 꺼낼 단어를 적습니다. 중심을 둘러싼 8개 영역에는 하위 주제를 적는데, 하위 주제에는 각각 색을 다르게 칠합니다. '놀이'에 주황색을 칠했다면 하위 주제 9칸의 가운데에 있는 '놀이' 단어에도 같은 주황색으로 표시합니다. 생각을 꺼낼 때는 항상 색과 이미지를 활용하여 꺼내는 것이 효과적입니다.

　　연꽃기법에서는 선 굵기나 그림보다 색깔로 세부 주제를 구분합니다. 항목이 8개인 형식을 쓰면 8칸을 다 못 채우기도 하고 단어가 많아 넘치기도 합니다. 칸이 구분되어 있긴 하지만 칸을 다 채우지 않아도 괜찮습니다. 세부 주제라면 8개를 넘겨도 되고요.

아이들에게 글을 써보자고 하면 참 막막해합니다. 뭘 써야 할지 모르겠고, 특별한 일이 없고, 아무 생각이 안 난다고 말합니다. 그 말은 아이들이 글을 쓰기 위해 자신의 생각을 꺼내는 연습이 안 되어 있다는 뜻이지, 정말 아무 생각이 없는 게 아닙니다. 다만 쓸 내용을 구성하고 글감을 정하는 게 익숙한 과정이 아니다 보니 막막한 겁니다. 그러니 글을 쓰기 전에 어떤 단어 하나를 가지고 계속 생각을 꺼내는 연습을 시켜보세요.

처음에는 아이가 가장 좋아하고 즐겨 하고 관심 있는 단어 하나면 충분합니다. 탈것을 좋아하는 아이라면 기차나 자동차도 되고, 어몽어스를 좋아한다면 그 단어여도 됩니다. 처음엔 가장 만만하고 쉬운 단어여야 합니다. 저는 계절에 대한 생각 꺼내기도 자주 합니다. 꼭 글을 쓰는 상황이 아니더라도 한 번씩 생각그물 펼치기를 하는 것입니다. '여름' 하면 떠오르는 것들을 쭉 적다 보면 '물놀이'가 주가 되는 아이도 있고 '장마', '방학', '팥빙수'가 주가 되어 본인이 좋아하는 팥빙수를 종류별로 적어놓은 아이도 있습니다. '여름 노래', '여름 휴가지'를 적어놓은 아이도 있고요.

수십 개 다른 단어를 이것저것 꺼내는 아이들을 보면서 아이들은 생각이 없는 게 아니라 생각 꺼내기 연습이 덜 되어있다는 걸 알았습니다. '여름'에 관한 글을 써보자고 하기보다 이렇게 생각을 쭉 꺼내놓은 다음 내가 쓴 단어들을 살펴보고 글을 쓰자고 하면 수월하게 글도 쓰지만 내용도 훨씬 풍성해집니다. 꺼내놓은 단어를 모두 다 글로 풀어쓰지 않아도 생각을 꺼내는 과정에서 내가 어느 부분에 더 관심이 있는지, 그 부분에 대해 어떤 생각을 가지고 있는지 스스로 정리할 수 있다는 것만으로도 의미가 있는 활동입니다.

아이가 가만히 앉아서 멍하니 한참을 생각하고 있다면 생각그물이나 연꽃기법을 활용해보세요. 아이 머릿속에 담긴 다양한 경험과 생각과 느낌을 엉킨 실뭉치를 풀어내듯 조심스레 한 올 한 올 풀 수 있도록 도와주세요. 첫 시작점을 잡기 어렵지 일단 잡기만 하면 어느 순간 술술 풀릴 겁니다.

# 일기부터
# 시작합니다

일기 쓰기는 글쓰기 훈련이라면 빠지지 않고 나옵니다. 기본 중 기본이지만 가장 효과적인 방법이기 때문입니다. 초등 글쓰기는 일기 쓰기 하나면 모두 가르칠 수 있을 정도입니다. 글쓰기 훈련에서 일기를 기본으로 삼는 데는 몇 가지 이유가 있습니다.

첫째, 내 삶을 관찰하고 살펴볼 수 있는 눈을 기를 수 있습니다. 일기는 남들이 경험해보지 못한 아주 신기하고 기묘한 경험을 적는 것이 아닙니다. 날마다 일상 중 한 도막을 떼어내서 그때 내가 본 것, 느낀 것, 들은 것을 적습니다. 글쓰기는 늘 익숙하게 바라보고 경험

했던 것을 '관찰'하고 새롭게 보는 데서 출발합니다. 일기를 쓰려면 오늘 하루를 되돌아보며 다른 날과 어떤 다른 경험을 하고, 생각을 하고, 기분이 들었는지 찾아야 합니다. 그러려면 일상을 좀 더 민감하게 관찰하고 생각해볼 수 있어야 합니다. 또한 이런 습관은 사물을 더 날카롭게, 상황을 더 예민하게 바라볼 수 있도록 도와줍니다.

둘째, 글쓰기는 생활과 밀접한 주제부터 써나가야 합니다. 초등 시기의 일기는 내면의 깊은 이야기보다 내가 경험한 내용을 부모님이나 선생님께 보여주기 위한 글이 많습니다. 즉, 생활 글쓰기입니다. 글은 항상 내 삶과 연결되어 있어야 합니다. 내가 경험하는 것부터 글을 써야 훨씬 생생하게 나타낼 수 있습니다. 초등 아이라면 사회 문제를 논하고 해결 방안을 쓰기에 앞서 나와 내 삶을 연결하는 글을 써야 합니다. 그러려면 일기가 먼저입니다.

셋째, 일기는 직접 경험한 내용과 본인이 생각한 바를 함께 쓰는 글입니다. 사실만 써야 하는 설명글이나 다른 사람을 설득하려고 근거를 대며 써야 하는 논설문과 다릅니다. 누군가를 의식할 필요 없이 내가 겪은 일을 사실 그대로 기록하고 그때 알게 된 생각이나 느낌을 쓰는 글입니다. 사실과 생각, 이 두 가지를 가장 편하게 쓸 수 있는 글이 일기입니다.

넷째, 글쓰기를 잘하려면 무엇보다 글을 많이, 꾸준히 써야 합니다. 매일 편하게 쓸 수 있는 글쓰기로 일기만 한 게 또 있을까요?

# 얼마나 자주 써야 할까?

그렇다면 일기는 얼마나 자주 써야 할까요? 하루를 기록하는 글이니 당연히 날마다 써야 합니다. 저는 아이들에게 일기는 너만의 역사책이며 그래서 날마다 기록하는 게 매우 중요하다고 이야기합니다. 습관만 잡히면 급하게 여행을 갈 때조차 가방에 일기장과 필통만큼은 챙깁니다. 도저히 짬이 나지 않을 땐 제목만이라도 써두고 다음 날 쓰기도 합니다. 그렇게 한 해 기록이 쌓이면 일기장을 따로 묶어줍니다. '20△△년의 네 기록'이라면서. 아이들은 틈날 때 본인의 일기장을 펼쳐 읽습니다. 때로는 웃고, 때로는 그때 쓴 표현에 감탄하기도 합니다.

물론 매일 쓰기도 힘들고 습관을 잡기는 더 어렵다는 걸 잘 압니다. 당장 아이들은 매일이 아니어도 일기 쓰는 것 자체를 힘들어합니다. 뭔가 특별한 일을 했을 때만 쓸거리가 있다고 생각하기 때문입니다. 이건 일기 쓰기의 목적인 '낯설게 바라보고 관찰하기'를 모른다는 이야기와 같습니다. 그럴 땐 부모가 도와줘야 합니다.

늘 같은 학교생활 같지만 자세히 들여다보면 오늘만 다른 게 분명 있습니다. 세상에 어제와 같은 오늘은 없습니다. '학교 갔다가 학원 갔다가 집에 오는 일'은 늘 있는 일이지만 그 안을 세부적으로 들여다보게 도와야 합니다. 똑같은 친구라도 어제와 오늘 한 말이 다르고 표정이 다르고 행동이 다릅니다. 똑같은 길이라도 그 길을 걸으면서 드는 생각은 늘 다를 수밖에 없고요. 모두 다른 날이라는 걸 알고 그걸 찾아낼 수 있도록 도와주세요. 자주 써버릇하지 않아 못 쓰는 건데, 못 쓴다고 안 써버릇하면 계속 쓸 수 없습니다. 잘 쓰든 못 쓰든 일단 써버릇해야 합니다.

## 얼마나 많이 써야 할까?

아이들에게 일기를 쓰라고 하면 그날 '한 일'을 쭉 나열하고 '참 즐거운 하루였다'로 끝냅니다. 고학년인데도 여전히 네댓 줄로 하루 일과를 요약하곤 합니다. 초등 아이들의 일과는 매일 비슷할 수밖에 없습니다. 복사해서 붙여넣은 다음 '누구랑, 어디서, 무엇을'만 바꾸면 되는 수준입니다.

글을 늘리면 나아질까 싶어 공책 스무 줄 이상 적기처럼 분량을 정해준 적이 있는데 그랬더니 아이들이 꼼수를 쓰곤 했습니다. 글씨를 최대한 크게 쓴다거나, 띄어쓰기를 굉장히 많이 한다거나, 시를 쓰듯 좌우 여백을 많이 두고 중간에만 글을 쓴다거나, 같은 내용을 조금씩 바꿔 반복해서 쓰는 식이었습니다. 이렇게 의미 없는 줄다리기는 저와 아이들 모두에게 도움이 되지 않았습니다.

분량을 정하기보다는 표현을 하나 쓰더라도 '자세하고 정확히 표현'해서 쓰도록 지도하는 게 낫습니다. 어떤 내용이라도 그 순간이 눈에 그려지도록 자세하게 표현하면 분량은 자연스럽게 늘기 때문입니다. 길게 쓴 일기가 좋은 일기는 아니지만 어떤 상황이나 장면을 충분히 묘사하고 그때의 감정을 충분히 표현하는 일기라면 공책한 면은 어렵지 않게 채워집니다. 일기가 길다면 그만큼 구체적인 표현을 했을 가능성이 높습니다.

## 어떻게 쓰기를 지도할까?

구체적으로 어떻게 지도할 수 있을까요? 교실에서 쓰는 방법을 소개하겠습니다.

### 날씨를 문장으로 쓰기

날씨를 적을 때 문장으로 묘사하듯 표현하라고 합니다. 1~2학년 일기장을 보면 날씨 그림을 보고 오늘 날씨에 동그라미 치도록 되어 있는 경우가 있습니다. 그림에서 선택하거나 '맑음/흐림/비/눈/바람' 형태로 쓰면 아쉽습니다. 맑은 날이라고 다 같은 맑은 날이 아니기 때문입니다.

비가 온 후 맑게 개어 청명하고 시원한 날이 있는가 하면 아스팔트에 아지랑이가 모락모락 피어날 정도로 해가 쨍쨍 내리쬐는 더운 날도 있습니다. 맑았다가 갑자기 소나기가 내렸다가 흐려지는 날도 있고요. 비가 올 듯 말 듯 흐린 날씨를 '하늘이 종일 울먹거린다'라고 표현할 수 있고, 매우 더워서 바람마저 더운 날씨를 '뜨거운 선풍기를 틀어놓은 날'이라고 표현할 수 있습니다.

일기 쓰기는 관찰의 시작입니다. 일기의 시작인 날씨도 평소와 어떻게 다른지 잘 관찰해서 생각한 후 자세하고 구체적으로 표현할 수 있어야 합니다. 그림과 단어로만 써버릇하면 관찰하지 않고 무심히 지나칩니다.

## 제목 정하기

아이들의 일기 제목은 보통 다녀온 장소의 이름, 가족 여행, 학교 (학원) 시험 같은 '일'을 나타내는 단어입니다. 그런데 여행이나 시험이 한두 번 가거나 치르는 게 아니다 보니 제목이 늘 겹칩니다. 어제 쓴 일기 제목과 오늘 쓴 일기 제목이 같을 때도 있습니다. 제목이 같으면 내용도 비슷해 보입니다.

일기 제목을 정할 땐 도서관에서 책을 고를 때를 떠올려보자고 합니다. 수많은 책 가운데 유난히 눈길을 붙잡는 책을 떠올려보자고 합니다. 책 표지나 내용을 보지 않고 책등에 써진 제목만 보고도 재미있을지 없을지 가늠하지 않냐며 그만큼 제목은 중요하다는 이야기를 합니다. 일기 제목도 책 제목처럼 제목만 보고도 무슨 내용이 들어있을지 알 수 있게 지어줘야 한다고 알려줍니다. 더불어 힌트를 넣어 관심과 궁금증을 끌어낼 수 있다면 더 좋다고 덧붙입니다.

우리 반 한 아이는 "놀이공원"이라고 쓴 제목을 "롤러코스터의 고통"이라고 바꿨습니다. 일기에 놀이공원에서 생긴 일을 쓰려는데,

그중 가장 인상 깊었던 놀이 기구가 '롤러코스터'여서 여기에 '고통'이라는 단어를 조합하여 제목으로 만든 겁니다. '롤러코스터를 타다가 무슨 일이 있었나? 도대체 무슨 일일까?' 하는 궁금증을 유발하지 않나요?

다른 아이가 쓴 처음 제목은 "피아노"였습니다. 피아노 학원에서 있었던 일을 적으려 한 듯 보였습니다. '주제 단어 + 궁금증을 일으킬 만한 단어'의 조합으로 주제를 바꿔보자고 했더니 "알고 보니 마법의 피아노 자리!"라는 제목으로 바꿨습니다. 피아노를 칠 때 유독 피아노가 잘 쳐지는 자리가 있는데 그 자리에서 오늘 있었던 일을 적은 듯 보였습니다.

또 다른 아이가 쓴 제목은 "동생"에서 "동생이 변했다"로 바뀌었습니다. 서로 장난을 치다가 다투면 절대 사과하지 않는 고집 센 동생이었는데, 그날은 갑자기 사과를 했고 그때 내 마음이 변하는 과정을 드러낸 글이었습니다.

어떤 글을 써도 제목은 늘 중요합니다. 제목은 내 글의 대표 간판입니다. 무슨 내용이 담겨 있을지 뻔히 보이는 제목도 좋지 않지만 도대체 무슨 내용이 담겨 있을지 짐작조차 가지 않는 제목도 좋지 않습니다. 내 글을 대표할 만한 주제 단어를 선택할 줄 알아야 하고, 읽고 싶도록 궁금증을 유발하는 단어를 넣어 구체적으로 적어야 합니다. 아직 일기 내용은 시작도 안 했는데 날씨와 제목만으로도 훨씬 멋진 일기가 써질 것 같지 않나요?

## 실감 나는 표현 알기

이제부터는 일기 내용입니다. 아이들은 하루 일과를 빼곡하게 쭉 쓰곤 합니다. 아침에 일어나 밥 먹고 학교에 갔다가 다시 학원에 가고 집에 왔다는 내용입니다.

우선 일기 내용을 쓸 때 아이에게 하루가 아니라 어느 '한 장면'을 정하라고 이야기합니다. 잘 떠올리지 못하면 오늘 있었던 일을 아침, 점심, 저녁으로 나누어 생각해보자고 합니다. 범위를 줄여주는 겁니다. 한 장면을 정했다면 그 장면을 보거나 듣지 못한 사람도 생생하게 그 장면을 그려낼 수 있도록 표현해보자고 합니다.

국어 수업에서는 경험 글쓰기를 잘할 수 있는 방법을 꽤 자세하게 다룹니다. 일단 국어 1학년 1학기 마지막 단원에서 그림일기 쓰기를 처음 배웁니다. 초등학교에 입학하고 늦여름이 시작될 즈음 그림일기를 시작하는 셈입니다. 그러다 국어 1학년 2학기 2단원 '소리와 모양을 흉내 내요'에서는 의성어와 의태어를 배우고, 국어 2학년 1학기 9단원 '생각을 생생하게 나타내요'와 2학년 2학기 11단원 '실감나게 표현해요'에서는 인물의 말과 행동을 실감 나게 표현하는 방법을 배웁니다.

이렇게 다양한 활동을 하면서 차근차근 경험 글쓰기를 배우는데 정작 아이들은 자신의 글에 잘 활용하지 못합니다. 그래서 저는 저학년 일기를 지도할 때 '나쁜 녀석을 찾아라' 활동을 추가합니다. 이 활동은 글쓰기를 지도할 때마다 참고하는 《이가령 선생님의 싱싱글

쓰기》에서 배운 방법입니다.

아이들에게 나쁜 녀석은 '한 일'이고, 좋은 녀석은 '본 일, 들은 일, 말한 일, 느낀 일'이라고 이야기해줍니다. 처음에는 내가 쓴 일기 글에서 나쁜 녀석이 있는지 찾아보자고 합니다. 예를 들어 "나는 오늘 학교에서 친구들과 알까기를 하고 놀았다."라고 썼다면 나쁜 녀석입니다. "오늘 저녁에 엄마가 맛있는 돼지 등갈비를 해주셨다."라고 써도 나쁜 녀석입니다. 한 일을 중심으로 적었기 때문입니다.

다음으로 아이들에게 나쁜 녀석을 좋은 녀석으로 바꿔보자고 합니다. "나는 오늘 학교에서 친구들과 알까기를 하고 놀았다."는 "쉬는 시간에 준서가 '야, 우리 알까기 할래?'라고 물어봤다. 나는 사실 준서랑 별로 친하지 않아서 좀 어색했지만 '좋아'라고 대답했다."와 같이 들은 것과 그때 든 생각으로 바꿔 쓸 수 있습니다. "오늘 저녁에 엄마가 맛있는 돼지 등갈비를 해주셨다."는 "저녁에 부엌에서 내가 좋아하는 냄새가 났다. '엄마, 오늘 저녁 뭐야?'라고 물어봤다. 엄마는 '안 알려줘. 궁금하면 네가 와서 봐.'라고 하셨다. 치사하다고 생각했지만 궁금한 마음에 가서 확인해봤더니 역시나 내가 제일 좋아하는 등갈비다."와 같이 바꿀 수 있다.

내가 한 행동을 듣거나 한 말과 그때 든 생각이나 기분으로 바꿔보는 겁니다. 여기에서 한발 더 나아가 "바둑알이 슝 하고 날아올랐을 때 내 마음이 조마조마했다."와 같이 흉내 내는 말도 적어주면 좋다고 말해줍니다.

정리하면, 아이가 쓴 표현 중 '한 일 중심 문장'을 '보고 듣고 말하고 느낀  일'로 바꾼 다음 의성어나 의태어를 넣을 수 있는 부분을 찾아 덧붙여주기입니다.

### 감정을 나타내는 말 5개 이상 적기

일기를 적는 아이들의 감정 표현을 보면 형식적입니다. 누군가 볼 글이라고 생각해서인지 '다음부터는 더 잘해야겠다'라거나 '참 재미있었다'라는 식입니다. 잘 쓴 글이란 솔직한 글입니다. 어른들이 보기에 예쁜 어린이의 생각과 이야기가 담긴 글이 아니라 아이가 쓸 법한 아이다운 글이라야 합니다.

집에서 감정 글쓰기를 가르칠 때 학교 제출용이더라도 아이가 감정을 솔직하게 털어놓을 수 있도록 표현에 제한을 두지 말고 다듬지도 않길 권합니다. 우리 엄마가 '치사하다'고 느낄 수 있고, 오늘 수업은 정말 '지루하고 시시했을' 수 있습니다. 아이의 글이고, 아이가 느낀 감정은 다 맞습니다. 편하고 자유롭게 아이가 생각과 감정을 표현할 수 있게 도와주세요.

감정 쓰기에 익숙하지 않아 '한 일'만 열심히 쓰는 아이들에게는 미리 감정을 나타내는 말 5개 이상을 적어보자는 조건을 겁니다. 감정을 개수로 조정할 순 없지만 이렇게 조건을 걸면 글을 쓰다가도 감정을 나타내는 말을 어디에 넣을지 고민합니다. 혹은 "속상하다"는 감정을 나타내는 말이 맞나요?" 같은 질문을 합니다.

참! 이때 같은 단어를 중복해서 쓰면 1개로 칩니다. '속상하다'고 다 같지는 않을 겁니다. 비슷한 감정이지만 '서운한 건지', '걱정되고 불안해서 슬픈 건지', '억울해서 화가 나는데 참아야 해서 속상한 건지' 좀 더 자세히 들여다보게 합니다. 그러면서 다른 단어를 사용하도록 유도합니다. 이렇게 글을 쓴 다음 스스로 감정을 나타내는 표현이 몇 개인지 찾아서 동그라미해보라고 합니다.

### 맞춤법과 띄어쓰기 지도하기

글쓰기를 할 때 가장 우선시하는 건 표현을 편하고 자유롭게 할 수 있는 분위기 만들기입니다. 아이들이 글쓰기를 어려워하는 이유는 잘 쓰고 싶은 욕심과 내 글을 누군가 평가할지 모른다는 부담감 때문입니다. 잘 쓰고 싶은 욕심은 칭찬받아 마땅한 감정이지만 세상 모든 일이 그렇듯 글도 잘 쓰려고 하면 할수록 힘이 들어가 잘 안 써집니다.

이런 아이들인데 여기에 맞춤법과 띄어쓰기까지 신경 쓰려고 보니 생각 표현에는 힘을 쓸 수가 없습니다. 내 감정을 정확하게 표현하는 데 힘을 써야 하는데 자꾸 신경이 다른 곳으로 가면 대충 마무리하고 싶은 마음에 아는 단어로 대체해서 쓰거나 안 쓰고 넘어가버립니다. 이런 이유로 글쓰기 초기 단계에서는 맞춤법과 띄어쓰기를 지적하지 않길 권합니다.

지적하고 고치려 하기보다 아이 스스로 다듬을 수 있도록 방법을 알려주는 게 낫습니다. 사실 내가 쓴 글을 스스로 고치는 것 또한 글쓰기 과정의 일부입니다. 가장 첫 번째로 할 수 있는 방법은 아이가 쓴 글을 소리 내어 읽게 하는 겁니다. 신기하게도 눈으로 읽으면 보이지 않던 어색한 문장이 소리 내 읽으면 바로 보입니다. 아이들도 바로 알아채고 판단해서 고치곤 합니다.

소리 내 읽어도 여전히 틀리고 어색한 문장이나 단어를 찾지 못할 수 있습니다. 그럴 때도 지적하지 말고 "다 읽어봤어? 더 이상한 건 없어?" 정도로만 말하고 끝냅니다. 맞춤법과 띄어쓰기는 글쓰기가 습관으로 자리 잡고 익숙해진 다음에 시작해도 충분합니다. 표현 늘리기가 먼저입니다.

스스로 읽고 고치기를 반복하다 보면 맞춤법과 띄어쓰기는 스스로 터득하기도 합니다. 글을 읽고 쓰는 과정 속에서 어색한 단어를 스스로 익히기 때문입니다. 맞춤법과 띄어쓰기와 관련해서는 6장에서 더 자세히 이야기하겠습니다.


## 댓글 달기, 검사가 아닌 소통

일기 쓰기를 시작했다면 아이 글에 댓글을 달아주길 권합니다. '댓글 달기'는 '검사'가 아니라 '소통'이자 '편지'입니다. 댓글 달기로 긍정적 피드백을 전하면 아이는 더 힘차게 글쓰기로 나아갑니다. 이만큼 효과 높은 글쓰기 응원도 없습니다.

저 역시 아이들 일기에 댓글을 달아줍니다. 처음에는 글 쓰기 싫다고 투정 부리던 아이도 어느 순간 일기장을 나눠주면 가장 먼저 댓글을 찾아봅니다. 댓글을 확인하고 배시시 웃기도 하고 혹시 앞장에도 썼는데 놓쳤나 싶어 뒤적이곤 합니다. 아이들은 내 글을 읽은 독자가 내 글에 긍정적으로 반응하고 댓글 달아주는 걸 무척 좋아합니다. 마치 우리가 SNS에서 '좋아요'와 댓글을 기다리는 마음이랄까요?

물론 댓글을 달 때도 유의할 점이 있습니다. 일단 무언가 가르치려는 마음을 내려놓아야 합니다. 아이 글을 읽으면 마음에 들지 않는 부분이 보입니다. 아이가 친구에게 품었던 어떤 생각을 읽고 나서 "그럴 땐 이렇게 생각하는 것이 좋지 않아?"처럼 감정을 평가하고 더 좋은 방향으로 조언해주고 싶을 겁니다. 참아주세요. 좋은 의도라 해도 그 말을 듣는 순간 아이들은 다음 글을 쓸 때 독자를 만나는게 아니라 검사자를 만난다고 생각합니다. 내 글이 어떻게 평가될지민감해져 솔직하고 편안하게 글을 이어가지 못합니다.

아이가 마음을 표현한 문장에는 무조건 공감해주세요. 아이의 마음속 표현은 무엇이든 다 맞습니다. 아이 마음이니까요. "나도 그런 적 있는데", "슬펐겠다", "네 이야기를 들으니 나도 먹고 싶다"와 같이 공감해주고 부모님 이야기를 적어주세요. 아이 글에 내 글로 대화를 이어간다고 생각해보세요.

대신 아이가 쓴 글 중 마음에 드는 표현은 칭찬해줘도 좋습니다. 더불어 앞서 말한 좋은 녀석 부분이나 생생한 표현은 밑줄, 하트, 별, 엄지 척 같은 표시로 잘했다고 표현해주세요. 칭찬은 호들갑 떨며 유난할수록 좋습니다. "오~ 이 부분에서 너는 이렇게 생각했구나. 진짜 멋진 표현이다. 엄마는 생각 못 해봤는데 네 말을 듣고 보니 정말 그렇게 보인다"처럼요. 자꾸 아이의 일기 글에 말을 거는 겁니다.

꼭 글 끝에 댓글을 달지 않아도 됩니다. 글을 읽다가 떠오르는 생각이 있다면 그 부분에 내 경험과 공감의 표현을 적어주세요. 글을 읽었는데 아무 생각이 들지 않는다면 일기 한 구석에 아이에게 편지를 써줘도 좋습니다. '사랑하는 아들 ○○야'로 시작하는 사랑 편지를 쓰는 겁니다. 얼굴을 보고서는 하지 못하는 표현을 메모로 전달할 수 있고, 아이 또한 내 글에 대해 항상 긍정적으로 반응하고 칭찬해주고 공감해주니 재미있고 잘 쓰고 싶어집니다.

기억해주세요. 못하고 싶어 하는 아이는 아무도 없습니다. 아이들은 누구나 다 잘하고 싶어 하고 칭찬받고 싶어 합니다. "나는 못해"라고 말하는 건 결국 "나도 잘한다고 말해줘"라는 말과 같습니다. 글을 쓰기 싫어할수록 힘들어할수록 이렇게 긍정적인 피드백을 받은 적이 없기 때문입니다. 그 글의 가장 큰 독자가 부모라면 아이는 다음 글을 쓸 때 훨씬 더 자신 있게 이야기를 풀어낼 용기가 날 겁니다. 내 글을 늘 응원하는 누군가가 있다는 걸 알 테니까요.

**03**

# 교과서와 연계해서
# 늘립니다

내 생각을 꾸준히 써내는 습관은 아이가 살아가는 데 참으로 큰 도움이 될 겁니다. 저도 아이에게 가르치고 싶은 게 많고 중요하다고 여기는 게 많지만 그중에서도 말과 글로 마음과 생각을 담담하게 풀어내어 그 과정에서 치유받고 털어내고 행복해졌으면 하는 바람이 큽니다. 그래서 오늘도 아이에게 자꾸 말을 걸고 아이 생각을 묻고 함께 글을 써봅니다.

아이가 글쓰기를 힘들어하면 부모님도 함께 써보면 어떨까요? 신기하게도 안 쓸 땐 쓸 게 없었는데, 쓰기 시작하니 쓸 게 계속 보이고 생깁니다. 생활이 달라진 게 없는데도 말입니다. 그건 분명 관심 때문일 겁니다.

## 교과서 속 글쓰기 종류와 특징

국어 교과서에는 일기 말고도 매우 다양한 글쓰기가 나옵니다. 6년 동안 아이들이 만나는 다양한 글쓰기에는 무엇이 있을까요? 어느 시기에 어떤 내용의 글쓰기를 배우는지 알면 집에서 글쓰기를 지도할 때도 도움이 됩니다. 이번 기회에 학년별 교과서에 담긴 글쓰기 종류도 훑어보고 아이와 함께 순서대로 글쓰기를 해보면 어떨까요?

| 학년-학기 | 내용 |
|---|---|
| 1-1 | • 겪은 일을 그림일기로 쓰기 |
| 1-2 | • 글을 읽고 생각이나 느낌을 문장으로 쓰기<br>• 겪은 일이 잘 드러나게 글 쓰기(일기 쓰기) |
| 2-1 | • 마음을 전하는 편지 쓰기　• 겪은 일을 차례대로 글로 쓰기(시간 순서 알기)<br>• 경험을 떠올려 일기 쓰기　• 이야기에 대한 생각과 느낌을 글로 쓰기 |
| 2-2 | • 인상 깊었던 일을 쓴 글로 책 만들기<br>• 흉내 내는 말을 넣어 짧은 글 쓰기<br>• 글을 읽고 인물에게 하고 싶은 말 쓰기<br>• 겪은 일을 나타낸 시나 노래의 일부분을 바꾸어 쓰기<br>• 자신이 겪은 일을 시나 노래로 표현하기<br>• 소개하는 글 쓰기<br>• 바른 말 사용에 대한 글 쓰기<br>• 자신의 생각을 까닭을 들어 글로 쓰기<br>• 칭찬 쪽지 쓰기 |

| | |
|---|---|
| 3-1 | • 중심 문장과 뒷받침 문장을 생각하며 문단 쓰기<br>• 마음이 잘 드러나게 편지 쓰는 방법 익히기<br>• 원인과 결과를 생각하며 이야기 꾸며 쓰기<br>• 책을 소개하는 글 쓰기 |
| 3-2 | • 인상 깊은 일로 글 쓰기  • 느낌을 살려 시 쓰기<br>• 다른 사람에게 마음을 전하는 글 쓰기  • 독서 감상문의 특징 알고 써 보기<br>• 글의 흐름에 따라 내용 간추려 쓰기  • 우리 지역을 소개하는 글 쓰기 |
| 4-1 | • 읽는 사람을 고려해 생각 쓰기  • 사실에 대한 의견 쓰기<br>• 학급 신문 기사 쓰기  • 이야기를 읽고 이어질 내용 상상해서 쓰기<br>• 제안하는 글 쓰기 |
| 4-2 | • 만화 영화를 감상하고 사건을 생각하며 이어질 내용 쓰기<br>• 마음을 전하는 글을 쓰는 방법 알기  • 이야기를 꾸며 책 만들기<br>• 자신의 의견을 제시하는 글 쓰기  • 독서 감상문을 쓰는 방법 알기<br>• 글을 읽고 독서 감상문 쓰기  • 자신의 의견이 드러나게 글 쓰기<br>• 생각이나 느낌을 시와 그림으로 표현해 전시회 열기 |
| 5-1 | • 경험을 떠올리며 시 쓰기<br>• 대상을 생각하며 설명하는 글 쓰기(비교·대조·열거 등의 짜임)<br>• 자신의 생각을 글로 나타내기<br>• 주장에 대한 의견을 글로 나타내기<br>• 기행문 쓰기<br>• 겪은 일을 이야기로 만들기 |
| 5-2 | • 체험한 일을 떠올리며 감상이 드러나는 글 쓰기<br>• 겪은 일이 드러나게 글 쓰기 |
| 6-1 | • 비유하는 표현을 살려 시 쓰기<br>• 타당한 근거를 들어 알맞은 표현으로 논설문 쓰기<br>• 실태 조사를 바탕으로 하여 올바른 우리말 사용을 주제로 글 쓰기<br>• 마음을 나누는 글 쓰기 |
| 6-2 | • 인물의 삶과 자신의 삶을 비교하며 작품을 읽고 자신의 생각 쓰기<br>• 상황에 알맞은 자료를 활용하여 논설문 쓰기<br>• 관심 있는 내용으로 뉴스 원고 쓰기<br>• 자료를 활용해 글 쓰기<br>• 영화 감상문 쓰기 |

2015 개정 교육과정 국어 교과의 글쓰기 종류 내용 일부

교과서에 등장하는 글의 종류를 보면서 몇 가지 사실을 확인할 수 있습니다.

## 1~2학년 글쓰기는 일기 쓰기가 중심입니다

국어 1학년 1학기 마지막 단원에서 그림일기 쓰는 법을 배웁니다. 1학년 1학기 때는 내내 한글 익히기에 집중해야 하므로 글쓰기 활동을 본격적으로 하지 않습니다. 그러다 여름 방학이 다가올 즈음 그림일기 쓰기를 배우는데 이게 바로 초등 아이들이 처음 접하는 글쓰기입니다.

이어서 1학년 2학기와 2학년 1학기까지 '일기 쓰기'를 배웁니다. 이후에도 일기라고 말하지는 않지만 '경험한 것'과 '겪은 일'에 대한 생각과 느낌 쓰기를 꾸준히 배웁니다. 국어 교과서에 가장 많이 나오는 단어가 '경험한 것'과 '겪은 일'에 대한 본인의 '생각'과 '느낌'이 아닐까 싶습니다. 그만큼 자주, 많이 나오는 활동이니만큼 집에서 글쓰기를 한 가지만 지도해야 한다면 단연코 일기 쓰기입니다. 정리하면 1~2학년 글쓰기의 중심은 일기입니다.

## 3~4학년 글쓰기는 독서 감상문이 핵심입니다

3학년 2학기에는 독서 감상문의 특징을 알아보고, 4학년 2학기에는 독서 감상문 쓰는 방법을 배우는 활동을 합니다. 아예 7단원이 '독서 감상문을 써요'일 정도로 본격적으로 다룹니다. 내 경험과 일상

쓰기(일기)에서 나아가 책을 읽고 책 속의 인물·사건과 내 생각을 연결하는 활동(독서 감상문)을 하는 겁니다. 다른 학년에 없는 독후 감상문 쓰기가 3~4학년 교과서만 나오는 건 이때 가르치기에 가장 적합한 활동이기 때문입니다. 저 역시 3~4학년 아이들에게는 독서 감상문 쓰기를 집중해서 가르칩니다.

### 5~6학년 글쓰기는 주장하는 글 쓰기가 목표입니다

3학년 때는 중심 문장과 뒷받침 문장을 배우고 문단 쓰기를 시작합니다. 이후 4학년 때는 사실에 대한 의견 쓰기, 5학년 때는 주장하는 글 쓰기, 6학년 2학기 때는 논설문 쓰기를 시작합니다. 고학년 아이들은 경험 쓰기를 넘어 어떤 사실에 대한 내 생각을 근거를 들어 논리적으로 쓰도록 지도합니다. 4학년부터 조금씩 연습하여 6학년이 되면 '논설문'이라는 이름으로 글을 한 편 쓰는 게 목표입니다.

### 시 쓰기는 계속 이어집니다

2학년 2학기에 '시나 노래의 일부분을 바꾸어 쓰기'를 시작으로, 3학년에서는 '느낌을 살려 시 쓰기', 4학년에서는 '생각이나 느낌을 시와 그림으로 표현하기', 5학년에서는 '경험을 떠올리며 시 쓰기', 6학년에서는 '비유하는 표현을 살려 시 쓰기'를 합니다. 매 학년 시 쓰기 수업이 이어진다는 걸 눈여겨봐야 합니다.

**다양한 글쓰기를 6년 내내 배웁니다**

이외에도 이야기의 뒷내용을 상상하여 이어 쓰기, 소개하는 글, 제안하는 글, 마음을 전하는 편지글, 학급 신문 기사, 뉴스 원고, 기행문, 영화 감상문 등 다양한 글을 배웁니다.

교과서를 보면 아이가 어려워하는 부분을 어떻게 다루고 있는지 살펴볼 수 있습니다. 더불어 새로 배우는 글쓰기는 어떻게 가르치고 유의해야 할지 잘 나와있습니다. 아이들에게 꼭 알려줘야 할 내용은 교과서 한쪽에 말풍선이나 색이 다른 글 상자 형태로 적혀 있습니다. 이 부분을 중심으로 전체 흐름을 훑어보면 감을 잡기 좋고, 글쓰기를 지도할 때도 많은 도움이 될 거라 확신합니다.

## 국어 3학년 1학기 2단원 '문단의 짜임'

국어 교과서에는 글쓰기와 관련한 내용이 굉장히 잘 나와있습니다. 그중에서도 꼭 알아야 할 '문단의 짜임'과 '글쓰기 과정'에 대해 살펴보겠습니다. 3학년 1학기와 5학년 1학기에 배우는 매우 중요한 내용인데, 아이들이 어려워하는 부분이기도 하고 쓸모 있는 부분이라 따로 다룹니다.

3학년과 5학년 때는 이전 학년에서 익히지 못한 새로운 글쓰기를 배웁니다. 초등학교는 1~2학년, 3~4학년, 5~6학년으로 학년을 3개 군으로 묶어서 운영합니다. 특히 3학년과 5학년은 새로운 학년 군으로 이동하는 해라 배우는 양도 많아지고 난이도도 높아집니다. 글쓰기만 해도 2학년 2학기에는 짧은 글과 쪽지 쓰기를 하다 3학년 1학기부터 '문단'이라는 걸 배우고 중심 문장과 뒷받침 문장을 구별하라고 나옵니다. 아이들이 매우 어려워하는 단원인데 글쓰기에서 매우 중요한 부분입니다.

쓸 것이 없던 아이가 생각을 꺼내어 무엇인가 적기 시작했다면 이제는 그 생각의 덩어리를 묶을 줄 알아야 합니다. 같은 생각의 덩어리끼리 연결하여 적을 수 있도록 하는 것이 문단 쓰기입니다. 교과서에서 문단을 지도하는 방법을 살펴보겠습니다. 3학년 1학기 2단원 '문단의 짜임'에서는 문단의 뜻과 형식적으로 드러나는 문단의 특징을 알려줍니다.

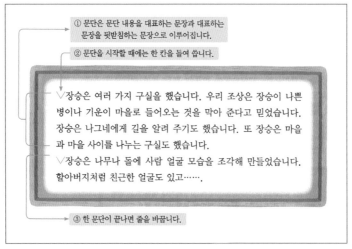

국어 3학년 1학기 2단원 '문단의 짜임' 중에서

문장이 몇 개 모여 한 가지 생각을 나타내는 것을 문단이라고 한다는 것, 문단은 중심 문장과 뒷받침 문장으로 이루어진다는 것, 문단을 시작할 때에는 한 칸을 들여 쓴다는 것, 한 문단이 끝나면 줄을 바꾼다는 것과 같은 내용입니다.

짧은 글을 통해 문단에서 중심 문장과 뒷받침 문장을 찾는 연습도 합니다.

**5.** 글 ㉮와 글 ㉯를 읽고 중심 문장에 각각 밑줄을 그어 봅시다.

> ㉮ 설날에는 연날리기나 제기차기를 합니다. 정월 대보름에는 쥐불놀이를 합니다. 단오에는 씨름이나 그네뛰기를 합니다. 이처럼 우리나라에는 명절마다 하는 놀이가 있습니다.

> ㉯ 불은 원시인의 삶을 크게 바꾸어 놓았습니다. 원시인들은 불을 피워 추위를 이겨 냈습니다. 불을 피워 사나운 동물의 공격도 피할 수 있었습니다. 원시인들은 불로 음식을 익혀 먹기도 했습니다.

국어 3학년 1학기 2단원 '문단의 짜임' 중에서

아이들과 이 활동을 해보면, 글에서 가장 대표적인 문장이 무엇인지 찾는 것을 어려워해 눈치껏 맨 앞 문장을 항상 중심 문장이라고 하기도 합니다. 그래서 교과서에도 말풍선을 통해 "중심 문장이 늘 문단 첫머리에 나오는 게 아니에요."와 같이 적혀 있습니다. 참 귀신 같은 교과서입니다.

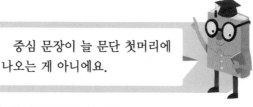

중심 문장이 늘 문단 첫머리에
나오는 게 아니에요.

국어 3학년 1학기 2단원 '문단의 짜임' 중에서

아이들이 가장 '대표'가 되는 문장, 전체 내용을 '잘 나타내는 문장' 찾기를 어려워한다는 걸 알고 있는 것 같습니다. 눈치껏, 습관적으로 맨 앞줄에 나오는 문장을 대표 문장이라고 생각한다는 것도요.

저는 이 부분을 수업할 때 좋아하는 음식, 과자, 과목, 운동과 같이 아이들이 직접 경험하고 관심 있어 하는 주제로 시작합니다. 예를 들어 아이가 좋아하는 과자가 '홈런볼'이라고 가정했을 때, 중심 문장을 '저는 홈런볼이라는 과자를 좋아합니다.'로 정합니다.

다음으로 홈런볼을 좋아하는 다양한 이유를 두세 문장 덧붙여보자고 합니다. 처음에는 "맛있으니까요"라고 답하는데 그러면 조금 더 구체적으로 이야기할 수 있도록 "다른 과자보다 특별히 홈런볼이 더 맛있는 이유가 뭘까?"라고 질문합니다. 그러면 "겉은 부드럽고 안은 달콤한 맛을 가지고 있어요", "처음 먹었을 때 입에서 사르르 녹는 것 같은 느낌이 좋아요", "야구를 좋아해서 홈런볼을 먹으면 꼭 홈런을 칠 것 같아요" 같은 답을 합니다. 글쓰기가 어려운 아이들에게는 항상 먼저 말로 서로 이야기하는 시간이 필요합니다. 생각을 글로 쓰라고 하면 못 쓰는 아이들도 이렇게 말을 주고받고 늘리면 생각을 수월하게 정리합니다.

이야기를 충분히 나눈 다음 '저는 홈런볼이라는 과자를 좋아합니다.'라는 중심 문장을 쓰라고 하되, 문단을 시작할 때는 공책에서 한 칸 들여 써야 한다고 알려줍니다. 어른들에게는 당연하고 어렵지 않은 '한 칸 들여쓰기'를 아이들은 참 어려워합니다. 더불어 문단을 다시 시작하는 게 아니라면 연결해서 쓰라고 알려줍니다. 이렇게 일러두지 않으면 들여 쓰지 않을뿐더러 내어 쓰는 아이도 보입니다. 문장이 끝날 때마다 한 칸 크게 띄어쓰기도 합니다.

중심 문장 다음에는 홈런볼이 좋은 이유를 두세 문장으로 연결해서 쓰라고 합니다. 문단이 바뀐 게 아니므로 다음 줄에 쓰지 않고 이어서 써야 한다고 다시 알려줘야 합니다. 주장을 뒷받침하는 문장은 주장을 잇는 내용이므로 문단이 바뀌면 안 된다는 것도 일러주면 좋습니다.

이렇게 문단 형식에 맞춰 쓰기를 알려주면 긴 글을 읽을 때도 도움을 받습니다. 고학년 국어 교과서에서 읽기 지문이 나오면 가장 먼저 몇 개의 문단으로 나누어져 있는지 살펴보고, 각 문단의 중심 문장을 찾아보는 활동을 통해서 글의 주제를 파악합니다. 그런데 그때도 아이들은 문단이 무엇인지 몰라 3문단 2번째 문장이 어디인지를 찾지 못하기도 하고 짧은 문단 속에서 가장 중심이 되는 문장이 무엇인지 몰라 헤매기도 합니다. 그러니 당연히 글의 주제를 알기는 어렵습니다. 제가 이야기하는 교과서의 지문은 두세 장 정도로 짧은 글인데도 말입니다.

3학년 교과서에서는 문단 학습 마지막에 한 가지 '놀이'를 골라 놀이를 설명하는 글을 한 문단으로 적어보라는 활동이 나옵니다. 예를 들어, 비사치기라는 놀이를 생각했다면 이 놀이를 하는 데 필요한 인원은 몇 명인지, 준비물은 무엇인지, 놀이의 규칙은 무엇인지, 놀이를 할 때 유의점은 없는지를 미리 생각하는 것입니다.

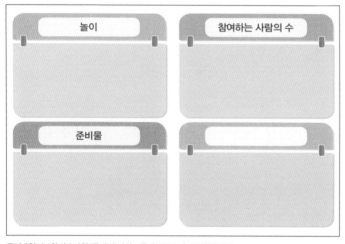

국어 3학년 1학기 2단원 '문단의 짜임 - 문단 만드는 놀이 하기' 자료

글은 결국 문단 여러 개를 모아 만든 겁니다. 문단 하나를 짜임새 있게 잘 구성하기만 해도 글을 잘 쓸 수 있습니다. 아이와 함께 문단 쓰기부터 연습해보세요. 딱, 한 문단을 쓰는 것부터 시작하는 겁니다.

# 국어 5학년 1학기 4단원 '글쓰기의 과정'

5학년 교과서에는 글쓰기의 전체 과정이 나옵니다. 처음 쓸 내용을 떠올리고 떠올린 내용을 조직하여 글로 쓴 후, 문장의 호응 관계를 생각하여 고쳐쓰기하는 과정까지 나옵니다. 그리고 이 단계에 맞춰 글쓰기를 해보는 활동을 합니다.

글쓰기에는 단지 '글을 쓰는' 과정만 있지 않습니다. 생각을 꺼내고, 생각을 다발 짓고, 대강의 개요와 글의 구성을 생각해보는 과정이 있어야 하며 글을 쓴 이후에도 내 글을 읽고 계속해서 고쳐 쓰는 과정이 있어야 합니다.

### 1단계 │ 생각 떠올리기

교과서에서는 쓸 내용을 떠올리는 방법으로 두 가지를 알려줍니다. 쓰고 싶은 내용을 자유롭게 떠올리는 법(브레인스토밍)과 몇 가지로 나누어 떠올리는 방법(생각그물, 연꽃기법)입니다.

교과서에서 제시한 방법 이외에 한 가지를 더 소개하면 '이야기 나누기'입니다. 아직 브레인스토밍이나 구조화하여 내용을 떠올리기 어려워하는 아이들에게 많이 쓰는 방법입니다. 앞에서 홈런볼이 좋은 이유를 설명할 때와 같이 서로 이야기하며 쓸 내용을 떠올리는 것입니다. 이런 언어적 상호작용을 통해 주제에 대한 배경지식을 확장하거나 미처 떠올리지 못한 지식이나 경험을 활성화할 수 있습니다. 계속 쓸 내용을 떠올릴 수 있도록 함께 이야기를 나누는 것입니다. 예를 들어 "그것에 대한 네 생각은 어때?", "왜 그렇게 생각해?", "만약에 ~다면 어떻게 될까?"와 같이 질문을 해서 아이가 생각하지 못한 부분을 떠올리도록 도울 수 있습니다.

브레인스토밍, 생각그물, 연꽃기법, 이야기 나누기 중 무엇이든 좋습니다. 바로 글을 쓰게 하기보다는 생각을 충분히 꺼낼 수 있도록 돕고 시간을 할애해야 합니다. 그래야 수월하게 씁니다.

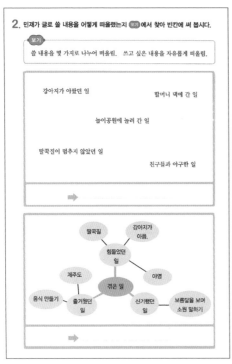

국어 5학년 1학기 5단원 '글쓰기의 과정' 중에서(브레인스토밍과 생각그물)

## 2단계 | 독자, 목적, 주제 정하기

생각을 떠올린 후 대상 독자는 누구인지, 어떤 목적으로 쓰는지, 주제를 무엇으로 할지 등을 구체적으로 정합니다. 같은 내용이라도 독자와 목적이 정해져야 수준과 전달 방식을 정할 수 있고 그래야 내용이 명확하게 전달됩니다.

## 3단계 | 다발 짓기

쓸 내용을 '다발 짓기'합니다. 다발 짓기는 흐름에 맞춰 생각이나 느낌을 묶는 과정입니다. 얼핏 '문단'과 비슷해 보이지만 조금 다릅니다. 문단이 일종의 생각 덩어리라면, 다발은 논리순이나 시간순, 비교·대조 형태 등으로 다양하게 묶을 수 있습니다. 그렇다 보니 다발 안에 문단을 두세 개 포함할 수도 있고요. 글의 개요를 짜는 거라고 생각하면 편합니다.

어떤 글이냐에 따라 다발 짓기 형식은 달라질 수 있습니다. 다발 짓기를 할 때 쓸 수 있는 몇 가지 틀을 소개하겠습니다(국어 5학년 1학기 4단원 교과서 및 교사용 지도서 참고). 글에 맞게 다양하게 고를 수 있고 섞어 쓸 수 있으며 새로운 틀을 만들어낼 수도 있습니다.

①은 처음/가운데/끝 형태로 일어난 일을 나누고, 그 일이 있었을 때 든 생각이나 느낌을 적을 때 주로 씁니다. 5학년 글쓰기 과정에 나오는 틀인데 글을 쓰는 목적과 대상이 '친구들과 나누고 싶은 재미있는 경험'이기 때문에 가장 적절합니다.

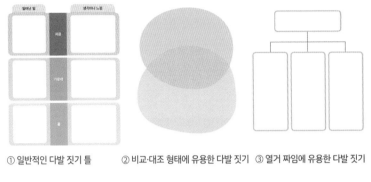

① 일반적인 다발 짓기 틀 　② 비교·대조 형태에 유용한 다발 짓기 　③ 열거 짜임에 유용한 다발 짓기

④ 시간 순서, 장소 이동에 유용한 다발 짓기 　⑤ 원인, 결과에 유용한 다발 짓기

②는 두 가지 대상을 비교·대조하는 글을 쓸 때 주로 씁니다. 겹치는 부분에는 공통점, 겹치지 않는 부분에는 차이점을 각각 적습니다.

③은 어떤 주제의 속성이나 항목을 열거할 때 주로 씁니다. 예를 들어 '세계의 탑'을 주제로 글을 쓴다면 맨 위에는 '세계의 탑'이라고 적고 아래 항목에 이탈리아 토스카나주의 피사의 사탑, 프랑스 파리의 에펠탑, 중국 상하이의 동방명주탑과 그에 따른 설명을 적습니다.

④는 시간 흐름순이나 장소 이동순으로 글을 써야 할 때 주로 씁니다. 여정을 기록하는 기행문이나 순서대로 만드는 과정을 적은 레시피를 쓸 때 유용합니다.

⑤는 틀 안에 적힌 내용 그대로입니다. 문제가 발생하여 원인과

결과를 찾아 대안을 모색하는 글을 쓸 때 주로 씁니다. 주장하는 글을 쓸 때 유용합니다.

### 4단계 | 제목 짓기

쓸 글에 알맞은 제목을 붙입니다. 앞서 일기 제목을 쓸 때와 마찬가지입니다. 내 글에 가장 어울리면서도 매력 있는 제목을 찾아야 합니다. 같은 경주 여행이라도 '경주'와 경주를 꾸며주는 단어를 연결하거나 궁금증을 유발하는 제목으로 지어줘야 합니다. '경주 여행'보다는 '신라의 달밤, 경주'나 '비 오면 황룡사지, 밤에는 첨성대'가 좋습니다. 이렇게 글쓰기 준비를 마칩니다.

### 5단계 | 얼른 쓰기

앞서 만든 틀에 내용을 덧붙여 문단을 하나씩 완성합니다. 아이들과 내용 쓰기를 할 때는 부담을 덜어주기 위해 '얼른 쓰기'를 권합니다. 부담돼 못 쓰는 글인데 얼른 쓰라니 선뜻 이해되지 않을 겁니다. 수학 문제를 바라보듯 종이를 빤히 쳐다보며 골똘히 생각에 잠기면 곤란합니다. 주저하다간 집중력이 흩어지면서 딴생각으로 빠집니다. 연필을 손에 집었다면 주저하지 말고, 끊지 말고 쭉 써야 합니다.

잘 쓰든 못 쓰든 쭉 써야 합니다. 좀 더 나은 표현은 없나? 어법은 맞나? 맞춤법이 이게 맞았나? 더 괜찮은 단어는 없나? 고민하며 썼다간 문장을 이어가지 못합니다. 일단 나를 믿고 생각의 속도대로 단번에 쭉 써야 합니다. 다른 일에 신경을 뺏기지 않고 원고 내용에 집중해야 하기 때문입니다. 그래야 자신 있고 일관되게 내용을 끌고 갈 수 있으며, 그래야 내용이 훨씬 명료하게 전달됩니다. 실제로 아이들과 해보니 그렇습니다.

## 6단계 | 고쳐쓰기

글을 다 썼다면 고쳐쓰기를 시작합니다. 아이들은 '글 쓰는' 과정에만 집중하고 준비 과정이나 고쳐쓰기 과정을 소홀히 여기거나 생략하려 합니다. 하지만 글쓰기는 준비 단계와 고쳐쓰기로 실력이 갈리곤 합니다. 쓰고 고치지 않으면 글쓰기 실력은 언제나 그 자리입니다. 다 쓴 글은 읽어보고 고쳐야 합니다. 고쳐 쓰면 쓸수록 나아집니다. 그것만은 확실합니다.

무얼 어떻게 고쳐야 할까요? 교과서에서는 문장의 호응 관계에 유의하여 읽어보고 어색한 문장이 없는지 확인하라고 나옵니다. 문장의 호응 관계란 높임 표현을 알맞게 썼는지, 시간을 나타내는 말과 그에 맞는 서술어를 썼는지, 수동과 피동의 표현이 잘되어 있는지, 주어에 맞는 서술어의 연결이 자연스러운지 등입니다. 문장의 호응과 관련된 문법은 6장에서 자세히 다루겠습니다.

교과서에서는 문장의 호응을 살펴본 뒤 친구들과 바꾸어 읽어보고 잘한 점을 칭찬하라고 합니다. 글쓰기 과정을 거치면 항상 친구와 돌려 읽기를 시키고, 칭찬할 점을 찾아보라고 합니다. 내 눈으로 글을 살펴본 후에 다른 사람의 시선으로 글을 읽어보고 칭찬하는 것입니다.

그런데 막상 교실에서 친구와 글을 돌려 읽고 친구 글을 칭찬하라고 하면 아이들이 글을 제대로 평가하지 못합니다. 글씨를 잘 썼다거나 내용이 길면 칭찬합니다. 내용에서 어떤 부분이 좋은지를 평가하기란 쉽지 않습니다. 아이들이 어려워하는 건 당연합니다.

저는 고쳐쓰기를 할 때 항상 자기가 쓴 글을 소리 내 읽게 합니다. 신기하게도 눈으로 읽으면 보이지 않던 부분이 소리 내 읽으면 보입니다. 여러 번 읽게 할수록 좋은데, 다음 항목을 확인하면서 읽으라고 합니다.

① 어색한 말이 없는지, 빠진 글자나 틀린 글자는 없는지 확인합니다.

② 문단 나눔이 생각 단위로 적절하게 덩어리져 있는지, 문단 들여쓰기는 했는지 확인합니다.

③ 제목이 마음에 드는지 확인합니다. 내용을 잘 전달하고 있는지, 너무 흔하거나 평범하지 않은지 살펴보라고 합니다.

④ 비슷한 단어가 반복되면 뜻이 비슷한 단어 중 더 어울리는 단어로 바꿔보라고 합니다. 표현이 반복되면 글이 지루해지기 때문입니다. 다른 표현에 무엇이 있을지 생각하고 바꿔볼 수 있게 합니다.

⑤ 고학년이라면 주어, 목적어, 서술어가 서로 호응되는지 확인하게 합니다. 교과서에 나온 활동을 하는 겁니다. 주어가 빠진 문장도 많고, 꾸며주는 말

이나 서술어가 맞지 않는 경우도 흔합니다.

다음은 6학년 2학기 7단원 '글 고쳐쓰기'에 나오는 점검표입니다. 참고하면 좋습니다.

| 점검 내용 | 점검 질문 | 점검 결과 (O/X) | 고칠 내용 |
|---|---|---|---|
| 글 | 무엇을 쓴 글인지 알 수 있는가? | | |
| | 읽는 사람을 고려했는가? | | |
| | 글 내용에 맞는 제목을 붙였는가? | | |
| 문단 | 한 문단에 하나의 중심 생각만 있는가? | | |
| | 중심 문장과 뒷받침 문장이 자연스럽게 연결되는가? | | |
| | 필요 없는 문장이 있는가? | | |
| 문장과 낱말 | 문장 호응이 잘 이루어지는가? | | |
| | 글씨 쓰기를 바르게 했는가? | | |
| | 알맞은 낱말을 사용했는가? | | |

6학년 2학기 7단원 '글 고쳐쓰기'에 나온 글 점검표

## 04

# 필사, 문장 수집가로
# 나아갑니다

글쓰기를 싫어하는 대표적인 이유가 생각하기 싫고 글쓰기가 귀찮아서지만 '내가 쓴 글이 마음에 들지 않아서'도 꽤 많습니다. 잘 쓰고 싶지만 자꾸 써봐도 잘 써지지 않는 글을 보자니 더 이상 쓰기 싫어지는 마음입니다.

처음에는 그런 마음이 이해되지 않았는데 어느 날 요리를 하면서 그럴 수 있겠다 싶었습니다. 저 역시 요리를 잘하고 싶지만 만든다고 만든 음식이 맛없을 때가 많아지니 요리를 그다지 하고 싶지 않더라고요. 블로그도 마찬가지입니다. 잘하고 싶어서 의욕적으로 시작했는데 막상 만들고 보니 예쁘지도 않고 사진과 글도 영 마음에 들지 않아 그만하고 싶더라고요.

아이들도 처음에는 의욕적으로 글을 썼을 겁니다. 그런데 여전히 별로고 여전히 안 멋있고 여전히 덜 재밌는 글을 보면서 힘이 빠졌을 겁니다. 그러다 보니 글쓰기를 멀리했을 거고요. 그러면서 '나는 글쓰기를 못하는 사람인가보다', '잘하는 사람은 따로 있나보다'라고 생각했을 겁니다. 이런 아이들에게 글쓰기 능력과 어휘력을 모두 잡을 수 있는 팁으로 '필사'를 권합니다.

## 필사가 좋은 네 가지 이유

필사는 '베끼어 쓰기'입니다. 세상에서 가장 느린 독서로 독서력과 작문력을 동시에 높일 수 있는 가장 빠르고 확실한 방법입니다. 처음부터 글을 잘 쓰면 좋지만 그런 일은 잘 일어나지 않습니다. 앉아서 한 글자라도 쓰기 시작했다면, 그 부담감을 이기고 연필을 들기 시작했다면 어떻게 잘 쓸 수 있을지 고민하게는 게 당연합니다. 그런데 내 생각과 표현력에는 한계가 있습니다. 처음부터 잘 쓰기 힘든 가장 큰 이유입니다.

한계를 넘어설 수 있는 가장 좋은 방법은 좋은 문장과 좋은 표현을 많이 찾아 저장하는 건데, 그걸 필사로 해낼 수 있습니다.

## 좋은 문장과 표현을 익힐 수 있다

책 한 권은 작가의 수많은 퇴고를 거쳐 나온 산물입니다. 퇴고한 원고도 작가와 편집자 손에서 수차례 다듬어지고 나서야 비로소 세상에 나옵니다. 충분히 정제된 문장이 담길 수밖에 없습니다.

거기에 더해, 필사를 하는 문장은 내 마음에 와 닿았고 내 마음을 움직일 만큼 훌륭한 문장입니다. 이런 문장이라면 한 번 읽고 '와, 멋진 표현이네'라고 생각만 하고 넘어갈 게 아니라 모아서 저장해두는 게 좋습니다.

어떻게 저장할까요? 네, 맞습니다. 손으로 쓰면서 다시 읽고, 내가 베껴 쓴 문장을 또 읽고, 그렇게 여러 번 음미하면서 저장하는 겁니다. 그 과정에서 다른 사람의 표현을 익히고 배울 수 있습니다. 운동할 때도 시범을 보면서 몸으로 익히는 게 빠르듯 글쓰기도 시범 문장을 보고 따라 쓰면서 익히는 겁니다.

## 어휘력을 빠르게 늘릴 수 있다

한 사람이 생각할 수 있는 어휘에는 한계가 있습니다. 안다고 생각한 단어조차 막상 글을 쓰려면 떠오르지 않아 늘 쓰던 단어만으로 글을 쓰기 십상입니다. 필사를 하면 다른 사람이 이런 상황을 어떻게 묘사하고 표현하는지, 이런 생각과 감정에는 어떤 단어가 적절한지 등을 자연스럽게 익힐 수 있습니다. 좋은 문장의 구성을 익히는 동시에 어휘량까지 늘릴 수 있습니다.

## 맞춤법과 문법을 쉽게 익힐 수 있다

정제된 문장과 글을 꾸준히 접하고 적으면 맞춤법과 문법을 쉽게 익힐 수 있습니다. 맞춤법을 익히는 기본은 바른 문장을 많이 읽고 쓰는 것입니다. 맞춤법 부분만 따로 가르치면 딱딱하고 어려운 학습이 될 수 있습니다. 필사를 하면 문장을 읽고 쓰는 과정을 통해서 자연스러운 문장과 자연스럽지 않은 문장을 구분하는 능력을 자연스레 키울 수 있습니다.

## 깊이 읽고 깊이 생각할 수 있다

필사는 책을 느리게 읽는 대표적인 방법입니다. 한 문장 한 문장 눈으로 보고 손으로 짚어가며 소리 내어 쓰는 과정은 눈으로 빠르게 글을 읽어내는 것과 또 다른 맛이 있습니다. 빠르게 뛰어가며 본 길과 천천히 산책하며 소리를 듣고 냄새를 맡고 가는 길은 같은 길이어도 다르게 느껴지는 것과 같습니다.

천천히 필사하면서 읽는 책은 그 맛이 또 다릅니다. 표현 하나하나 곱씹어볼 수 있고 왜 이렇게 생각한 건지 질문을 떠올리고 답할 수도 있습니다. 그러면서 내 생각도 다듬고 늘릴 수 있습니다. 단지 글자를 베껴 쓰는 것이 아니라 책을 쓴 작가와 끊임없이 대화하는 겁니다. 한 권을 읽어도 깊이가 다를 수밖에 없습니다.

# 필사를 시작하는 방법

필사가 좋다는 건 알아도 꾸준히 하는 사람은 드뭅니다. 막상 시작해도 시간이 없어서, 손가락이 아파서, 글씨가 마음에 들지 않아서, 이런저런 이유로 그만둡니다. 필사는 시간을 너무 많이 들일 일도, 몸이 아플 만큼 힘들게 할 일도, 글씨를 잘 쓰기 위해 할 일도 아닙니다. 그래서는 꾸준히 할 수 없습니다. 아이라면 더욱 그렇습니다. 그렇다면 어떻게 해야 할까요?

책을 읽고 나서 가장 좋았던 문장을 두세 개 써보는 걸로 시작했으면 합니다. 아이에게 "오늘 읽은 글에서 이 문장은 내가 쓴 문장이었으면 좋겠다 싶은 문장을 두세 개 골라보자"라고 합니다. 고른 문장을 공책에 정성스레 써보자고 합니다.

내 문장 보물이 담긴 수첩이라고 여기도록 마음에 드는 공책과 필기도구를 함께 사러 가도 좋습니다. 수첩은 스프링이 없는 공책 절반 크기가 좋습니다. 크기도 작은데 스프링까지 있으면 손이 공책 밖으로 튀어나가고 종이가 흔들려 글자를 쓰기 힘들어집니다. 작은 수첩은 아무데나 쓱 넣어서 가지고 다니다 꺼내어 쓸 수 있어 더욱 좋습니다.

쓰고 싶은 문장은 지식 책보다는 문학 책에 많습니다. 일부러 좋은 문장이 담긴 책을 사지 않아도 됩니다. 아이가 좋아하고 잘 읽는 책이라면 학습 만화만 빼곤 다 좋습니다.

아이가 문장 찾기를 어려워하면 "무슨 말인지 잘 모르는 문장을 두세 문장 찾아도 좋아"라고 말해줍니다. 간직하고 싶은 문장도 좋지만 무슨 뜻인지 모르겠는 문장(그렇지만 알고 싶은 문장)을 다시 떠올리고 알아보는 과정이 되어도 좋습니다.

## 독서로 필사를 시작하는 방법

필사는 항상 책을 읽고 나서 하길 추천합니다. 책 속 흐름을 이해하고 있는 상태라야 의미 있는 문장을 고를 수 있고, 그렇게 고른 문장이라야 찬찬히 음미하고 써나갈 수 있습니다. 읽고, 고르고, 쓰는 과정이 물 흐르듯 이어지면 필사가 더 의미 있어집니다.

이런 이유로 아이들과 필사를 시작할 때는 좋은 문장을 담아둔 필사 책 따라 쓰기를 권하지 않습니다. 글씨 쓰기 책이 될 가능성이 높기 때문입니다. 무슨 작품의 어느 글귀인지 맥락 없이 뚝 떼어 온 명문장은 아이에게 어떤 감흥도 주지 못합니다. 책 읽기를 통해 그 책의 내용을 먼저 '경험'하고, 그중 내가 생각하는 '보물'을 찾아야 합니다. 즉, 필사에서 재미를 찾으려면 내가 아는 글, 내가 읽어본 글, 내가 고른 글이라야 합니다.

### 아이가 읽은 책에서 아이 스스로 골라야 해요

부모가 보기에 유명한 문장이나 기억해야 할 문장이 아니라 아이가 마음에 들어 하는 표현을 스스로 고르도록 해야 합니다. 가장 중요한 과정입니다.

## 시나 그림책, 도덕 교과서 속 명언이나 가사도 괜찮아요

책 읽기가 서툰 아이거나 저학년이라면 시나 그림책으로 시작하세요. 시나 그림책은 짧지만 아름다운 문장으로 감정과 상황을 충분히 표현합니다. 의성어나 의태어 같은 흉내 내는 말이나 꾸며주는 말은 물론 의인화, 비유법, 은유법을 활용하여 표현하는 경우도 많습니다. 시는 천천히 곱씹으며 전체를 쓰고 그 옆에 어울리는 그림도 그리면 좋습니다. 그림책은 전체를 필사해도 좋지만 그중 재미있는 표현을 골라 써도 좋습니다.

그마저 힘들면 도덕 교과서에 있는 명언 쓰기를 해도 괜찮습니다. 교실에서 필사를 시켜보면 유난히 잘 안 되는 아이, 힘들어하는 아이, 안 하려고 버티는 아이들이 많습니다. 그럴 땐 조금이라도 더 쉬운 방법을 찾아 어떻게든 해보게 합니다. 도덕 교과서에는 매 단원에서 배울 중점 가치(정직, 긍정, 책임 등)가 나옵니다. 그 가치와 관련된 격언이 군데군데 나오고요. 이 격언을 따라 쓰게 해도 괜찮습니다.

동요 가사나 노래 가사를 써도 괜찮습니다. 이왕이면 아이들도 좋아하고 가사도 예쁘고 아름다운 노래라야 합니다. 저는 국악 동요인 '모두 다 꽃이야'를 좋아합니다.

예쁜 글과 기억하고 싶은 문장을 쓰는 게 포인트입니다. 너무 어렵게 생각하지 마세요. 마음이 가 닿는 문장이나 글을 볼 때마다 차곡차곡 적립하는 것입니다. 아이가 아직 읽기 능력이 부족해 글줄이 긴 책을 읽기 어려워하거나 읽지 않으려 한다고 해서 필사를 포기하지 않길 바라는 마음으로 드리는 제안입니다.

## 연설문과 신문 기사로 필사를 잇는 방법

필사를 즐기는 아이라면 연설문과 신문 기사를 필사해보길 권합니다. 앞에서 살펴본 교과서 속 글쓰기 순서를 떠올려보세요. 저학년 때는 감정 쓰기를 충분히 배우게 하고, 고학년 때는 주장하는 글쓰기로 나아갑니다. 문학 작품 필사를 통해서 얻는 감동이나 즐거움과는 또 다른 즐거움을 얻는 동시에 내 생각을 전달하는 새로운 글쓰기를 익힐 수 있습니다.

### 연설문 필사하기

고학년 아이에게 어떤 연설문을 필사하게 할지 고민이라면 정약용 선생님이 쓴 《유배지에서 보낸 편지》, 백범 김구 선생님이 쓴 〈나의 소원〉을 권합니다.

《유배지에서 보낸 편지》는 연설문이 아닙니다. 그럼에도 추천한 이유는 내용과 문장 때문입니다. 정약용은 조선 시대를 통틀어 손에 꼽힐 만큼 많은 책을 쓴 인물입니다. 쓴 책만 500권이 넘는데 대부분

유배지에서 18년 동안 쓴 것들입니다. 그중《유배지에서 보낸 편지》는 가까이 있어주지 못하는 아버지가 두 아들 학연과 학유에게 보내는 편지입니다. 편지 속에는 따뜻하고 자상한 격려와 함께 공부와 독서에 더욱 매진하여 실력을 키우길 강조하는 글이 담겨 있습니다. 그렇게 책 읽기를 게을리하면 큰일이라고 혼내기도 하고, 참다운 공부의 길에 대해 조목조목 이야기해줍니다. 공부를 시작하는 초등학생과 함께 읽어보고 생각해보기 좋은 책입니다.

마틴 루터 킹이나 버락 오바마의 연설문도 유명하지만 저는 〈나의 소원〉을 추천합니다. 번역문보다 우리말로 쓴 연설문을 읽고 곱씹어보는 게 문장을 표현한 방법이나 선택한 단어가 더 와 닿을 거라 여겨서입니다.

연설문은 사람의 마음을 움직여야 하는 글입니다. 그래서인지 명연설문을 읽으면 마음속 깊은 곳에서 울컥하고 올라오는 무언가가 있습니다. 그 무언가가 생각을 바꾸게 하고 행동하게 만듭니다. 놀랍지 않나요? 특별한 미사여구를 쓴 것도 아니고 강하고 센 표현을 쓴 것도 아닌데 글 속에 그런 힘이 있고, 그런 글을 쓸 수 있다는 게요. 그런 글을 필사하다 보면 마치 내가 연설문을 쓴 사람처럼 느껴질 겁니다.

## 신문 기사 필사하기

신문 기사 필사하기는 3장 5절 '신문·잡지로 어휘를 확장시킵니다와 연계하여 5~6학년 때 시작하길 권합니다. 신문에는 사건·사고와 여러 의견을 전하는 기사, 사실에 근거해 주장을 드러낸 사설이 담깁니다. 신문 필사 과정도 다른 글을 필사하는 과정과 비슷합니다. 우선 신문을 쭉 한 번 읽고 어떤 내용인지 파악합니다. 사건이나 대상을 어떻게 설명하는지, 제목을 어떻게 지었는지 살펴보고 어떤 구체적인 자료를 들어 설명하는지 등도 확인합니다. 내용 파악을 다 마쳤다면 기사를 정성 들여 따라 씁니다.

신문 기사는 하루에 한 편 쓰기가 적당합니다. 단, 문학과 달리 전체 기사를 필사하길 권합니다. 글 양과 단어 수준을 고려하면 어린이 신문이 낫지만, 이해력이나 독해력이 받쳐주는 아이라면 일반 신문도 상관없습니다. 종이 신문을 구독하는 게 아니라면 신문 기사를 발췌하여 인쇄해주길 권합니다. 종이에 밑줄도 그을 수 있고, 나란히 놓고 쓰는 게 편하기 때문입니다.

신문 기사를 필사하면 생각을 분명하게 전달하는 방법과 문단 나누는 방법을 자연스럽게 배울 수 있고, 일상에서는 만나기 힘든 어휘를 만날 수 있습니다. 설명하는 글과 주장하는 글을 번갈아 한 편씩 쓰고 내가 더 익히고 싶은 글을 연습해도 좋습니다. 아이가 힘들어하면 좋아하는 분야의 기사로 시작합니다. 연예인을 좋아하면 연예 기사, 과학을 좋아하면 과학 기사가 좋습니다. 여행, 요리, 장난감, 학교, 지역 등 신문에는 다양한 주제가 담겨 있습니다. 아이가 흥미로워하는 주제로 시작해서 범위를 넓혀 보세요.

필사를 마쳤다면 필사한 내용을 외워서 다시 써볼 수 있습니다. 수학 문제집으로 따지면 '최상위' 수학이나 경시 수학이므로 무리하지 않아야 합니다. 괜히 시작했다가 다신 안 하겠다는 이야기를 들을 수 있습니다. 제가 생각하는 필사의 마지막 단계지만 결코 필수는 아닙니다.

예를 들어볼게요. 오늘 기사 한 편을 필사합니다. 필사하기 전에 기사를 읽었을 테고, 필사하면서 한 글자 한 글자 천천히 눈으로 한 번 더 읽으면서 썼을 겁니다. 다 쓴 후에는 내가 필사한 기사를 다시 읽습니다.

이렇게 같은 글을 서너 번 읽고 난 다음에 백지에 기억나는 내용을 써봅니다. 전체 흐름은 기억나도 세세한 부분은 기억나지 않을 겁니다. 기억나지 않는 부분은 결국 내 단어, 내 말로 채우게 됩니다. 그러는 중에 내 생각도 들어가고 내 관점도 섞입니다.

그렇게 쓰고 난 후 다시 기사를 읽으면 내가 놓치고 기억하지 못한 부분이 보이고, 문단을 어디에서 나누어 썼는지를 다시 확인하게 됩니다. 이렇게 내가 기억하는 만큼 적다 보면 글을 능동적으로 해석하고 이해할 수 있습니다.

## 필사를 지속하는 방법

지금까지 소개한 필사하기 좋은 글은 모두 예시일 뿐입니다. 기본은 항상 내가 좋아하는 글이고 기억하고 싶은 글입니다. 그것만으로 충분하고 그것으로 시작해야 합니다.

| 기본 | 내가 좋아 하는 글귀, 어려워서 잘 이해하지 못하는 글귀 |
| --- | --- |
| 도덕책 | 각 단원에 나온 명언 적기 |
| 그림책 | 《민들레는 민들레》 |
| 동요 | '모두 다 꽃이야' 등의 가사가 예쁜 동요 |
| 시 | 나태주의 '행복' 김용택의 '콩, 너는 죽었다' |
| 연설문 | 백범 김구의 〈나의 소원〉 |
| 편지글 | 정약용의 《유배지에서 보낸 편지》 |
| 문학 작품 | 《어린 왕자》, 《나의 라임 오렌지 나무》 |
| 신문 기사 | 설명하는 글, 주장하는 글 |

필사하기 좋은 예시

서점에 나가보면 필사 책이 참 많습니다. 좋은 글을 여러 개 골라 담은 필사 책은 아이들에게 영감을 주지 못하지만, 작품 하나가 온전히 들어간 책은 천천히 읽기를 도와주기 때문에 도움이 됩니다. 교실에서 《어린 왕자》 필사 책으로 필사를 한 적이 있는데, 하루 한 쪽은 아이들도 잘 따라왔습니다. 책을 읽고 문장을 고르고 필사하는 게 여의치 않고 자꾸 미루게 된다면 필사 책으로 시작해도 괜찮습니다. 무엇이든 할 수 있는 걸로 지금 시작하셨으면 합니다.

잔소리처럼 반복하지만 필사할 때는 글씨 연습이 되지 않도록 주의해야 합니다. '필사를 하면서 좋은 문장도 찾고 글씨 교정도 해보겠다'라고 마음먹는 순간 두 마리 토끼를 다 놓칩니다. 필사를 하는 가장 큰 목적은 '음미'입니다. 단지 베껴 쓰는 게 아니라 그 글을 꼭꼭 씹어 먹고 계속 되뇔 수 있어야 합니다. '그 단어는 무슨 뜻일까?', '여기서는 왜 이렇게 표현했을까?', '이 문장을 왜 여기에 썼을까?', '이런 표현을 할 수 있구나!'를 생각할 여유가 있어야 합니다. 빨리 끝내고 다른 걸 해야 하는 상황이라면 마음이 급해져 할 수 없는 일입니다.

글씨도 천천히 꾹꾹 눌러쓰게 해야 합니다. 한 자 한 자 글씨를 처음 배울 때처럼요. 그렇게 쓰다 보면 글씨체가 못나기도 쉽지 않습니다. 처음 자형을 배울 때처럼 천천히 쓰고 읽고 생각하기를 반복해야 합니다. '손도 아프고 시간도 없는데 꼭 연필로 써야 하나요?'라고 묻는 아이들도 있습니다. 키보드 자판을 쳐서 글을 쓰는 게 익숙한 세대고, 자판을 치면 힘도 덜 들뿐더러 훨씬 많은 글을 짧은 시간에 쓸 수 있으니 더 효율적으로 보이기도 합니다.

그런데 혹시 키보드를 쳐서 필사해본 적이 있나요? 제가 해봤습니다. 연필로 쓰면 조금만 써도 손이 아프니 얼마 못 쓰게 되어 그게 너무 비효율적으로 여겨졌거든요. 그래서 자판 필사를 해봤습니다. 분명 더 많은 양을 쓸 수 있었는데 어느 순간 기계적으로 글자를 치고 있는 제 모습이 보였습니다. 자판을 빠르게 두들기니 생각이 머물 시간이 없었습니다. 글을 눈으로 쓱 훑으며 빠르게 글자를 치는 데 열중하다 보니 한컴 자판 연습을 하는 것만 같았습니다.

제가 말씀드리고 싶은 것은, 해보니 '생각하고 음미하는' 것이 나도 모르게 뒷전이고 더 빠르고 정확하게 치고 있더라는 것입니다. 주객이 전도된 꼴입니다. 저는 그 글을 베껴 쓰려고 시작한 것이 아니라 그 글을 좀 더 오래 기억하고 음미하기 위해 필사를 하려고 했던 것이니까요. 그래서 못 쓰는 글씨지만, 팔이 아프고 느리지만 다시 연필로 쓰기 시작했습니다. 필사는 비효율적인 작업이어야 맞습니다.

# 아이는 이미
# 최고의 문장가입니다

교실에서 아이들을 처음 만나는 날 '작은 나'와 '큰 나'에 대해 이야기해줍니다. 저 또한 권영애 선생님이 쓴 《자존감, 효능감을 만드는 버츄프로젝트 수업》에서 배운 이야기입니다. 지금 현재 보이는 모습은 1%의 작은 나이며 잠자고 있고 보이지 않는 무의식 속에 99%의 큰 나가 있다는 것입니다. 지금 보이는 내 모습에 집중하지 않고 99% 무의식에 감춰진 나의 가능성을 스스로 깨우고 조절할 수 있는 힘을 기르는 것이 버츄프로젝트의 핵심입니다.

마음속에 아주 큰 광산이 있고 그 광산 속에 잠자고 있는 보석들을 알아차려 깨워 내는 것이 중요하다는 이야기를 아이들에게 해줍니다. 그 순간 아이들은 눈을 반짝이며 웃어 보입니다. 이럴 때 아이들이 정말 좋습니다. 스스로를 기대하는 눈빛, 내 마음 속 광산에서 어떤 보물들을 캐낼까 고민하는 모습입니다.

'작은 나'와 '큰 나'는 아이를 바라보는 시각을 완전히 바꾸어줍니다. 아이는 부족하고 가르쳐야 할 대상이 아니라 이미 완전한 존재이며, 교사와 부모는 아이의 잠재력을 잘 꺼내주기만 하면 된다는 말이니까요. 이미 광산에는 많은 보물이 있고 그것을 스스로 알아차리고 발전시키느냐 혹은 그대로 묻혀 있도록 두느냐의 차이입니다. 아이들의 글쓰기를 바라보는 시각 또한 조금만 바꾸면 됩니다. 아이는 이미 최고의 문장가입니다. 우리는 그 잠재력이 묻히지 않게 잘 꺼내주기만 하면 됩니다.

그동안 아이가 글쓰기를 싫어했던 이유는 쓰지 않았기 때문입니다. 잠재력을 스스로 믿지 못하고 알지 못했기 때문입니다. 아이에게 글쓰기가 불편하지 않고 즐겁다는 걸 알게 해줘야 합니다. 그 이후는 아이의 몫입니다. 글은 쓰면 쓸수록 잘 쓰게 되어 있습니다. 아이가 글쓰기를 즐긴다면 그 이후에는 말하지 않아도 꾸준히 쓸 것입니다.

그렇다면 어떻게 잠재력을 꺼내줄 수 있을까요? 어떻게 하면 시키지 않아도 먼저 글을 쓸까요? 잘 생각해보면 아이들은 어릴 때 온갖 낙서를 합니다. 바닥에도 벽지에도 어느 곳에나 구별하지 않고 낙서를 합니다. 또 조금 커서는 그렇게 쪽지를 써서 줍니다. 작은 종이만 생기면 하트를 하나 그려주기도 하고 좋아하는 그림 하나를 그려서 주기도 합니다. 초등 아이도 다르지 않습니다.

운동장에 나가서 가만히 있어야 하는 상황이 생기면(예를 들어 체육대회 줄서기) 그 잠깐을 못 참고 바닥에 글씨를 쓰고 낙서를 합니다. 하지 말라고 해도 표현하고 글을 쓰고 싶어 하는 아이들입니다. 그런 아이들이 왜 변했을까요? 아마 그 시작은 '평가'를 받는 글이라고 여긴 순간이었을 겁니다.

내 마음을 표현하는 게 본능인데 누군가에게 평가받고 비교된다고 생각하는 순간 표현하기가 꺼려지지요. 평가받는다 생각하니 잘 쓰고 싶다는 욕심이 생깁니다. 욕심은 커지는데 좀처럼 글이 나아지지 않으니 부담만 커지고 어느 순간 쓰고 싶어지지 않습니다. 다시 처음으로 돌아와 아이들의 글쓰기 자발성을 깨우는 방법을 제안합니다.

## 낙서를 마음껏 하게 하세요

소파와 벽지와 바닥에 아이가 매직과 사인펜으로 낙서를 가득해둔 집을 본 적 있나요? 눈 깜짝할 사이에 다른 방 벽에다 그림을 그려놓고 이것이 무엇이라고 설명해주는 아이, 도화지를 펼쳐주었지만 그 옆 바닥까지 꼼꼼하게 칠한 아이와 놀아본 적이 있나요? 그런 아이일수록 표현 욕구가 강한 아이들입니다. 초등 아이들은 더 이상 이런 낙서를 하진 않지요. 종합장이나 공책 혹은 교과서 한 구석에 끄적거려놓는 정도입니다. 즉, 이제는 장소를 가려가며 다른 사람에게 피해를 줄 정도가 아닌 낙서를 한다는 말입니다.

아이들의 낙서를 장려해주세요. 이왕이면 백지에 마음껏 쓰고 그리고 표현하도록 독려해주세요. 원래 가지고 있던 표현 욕구를 되찾아주는 방법입니다. 어떤 틀을 따르지 않고 생각나는 대로 무의식적으로 움직이는 겁니다. 사실 낙서는 아이의 창의성을 발달시키고 뇌를 자극시키는 행위입니다. 의미 없는 낙서로 보이지만 손을 계속 움직이고 끄적이는 사이에 뇌는 더 활성화되고 새로운 생각을 쉽게 펼칠 수 있습니다.

그냥 아무것도 하지 않고 아이가 낙서를 할 때 "누가 교과서에 낙서를 하니?"라고 핀잔하기 전에 편하게 낙서할 곳을 마련해주세요. 낙서는 아이의 불안과 스트레스를 낮춰주기도 합니다. 마음이 복잡할 때 한참 끄적이다보면 어느 순간 힘이 더해져 종이가 찢어지기도 합니다. 그렇게 한바탕 쓰면 또 풀리기도 합니다. 그냥 내버려두면 본래 모습을 찾아갈 겁니다.

## 독자가 되어주세요

혹시 아이의 글을 볼 행운이 주어진다면 평가자 말고 독자, 독자

중에서도 애정 가득한 팬이 되어주세요. 아이들이 글쓰기를 싫어하고 피하는 이유 중 하나는 부정적 평가를 받을지 모른다는 두려움입니다. 언제나 애정 가득하고 긍정적인 답을 준다면 두려움에서 벗어날 겁니다.

잘 쓴 글이건 못 쓴 글이건 일단 '써서 내게 보여줬다'는 사실에 무한 감동해주세요. 다음으로 칭찬거리를 찾아주세요. 글씨에도 맞춤법에도 눈 꼭 감으세요. 쉽지 않아 보이지만 정답은 있습니다. 여자 친구나 남자 친구가 "나 사랑해?"라고 물어봤을 때와 같은 상황입니다. 사랑한다는 대답 말고 다른 대답은 생각할 수 없을 겁니다. 마찬가지입니다. 팬 입장에서 사소한 것 하나라도 찾아 칭찬해야 합니다.

그런데 아이들이 클수록 마음에 없는, 성의 없는 칭찬은 바로 알아챕니다. 그러니 진심을 담아 구체적으로 칭찬해줘야 합니다. "이런 표현 정말 재미있다", "와, 네 느낌이 정말 잘 표현되어 있어", "진짜? 어쩜 이런 주제를 생각했니?"처럼 구체적으로 표현하고 호들갑스럽게 칭찬하셔야 합니다. 뭘 그렇게까지 해야 하나 싶지만 그래야 아이가 '나 글 좀 써. 내가 스스로 생각해도 좀 잘한 것 같아'라는 착각에 빠집니다.

맞춤법을 알려주고 틀린 걸 바로 잡아주는 건 다른 사람도 할 수 있는 일입니다. 부모라면 무조건적인 지지와 칭찬이 먼저라야 합니다. 모자라고 부족한 부분은 아이 스스로 채워나갈 겁니다.

# 아이 책을 만들어주세요

교실에서는 아이들이 한 해 동안 쓴 글을 모아 학급 문집을 만듭니다. 아이들이 쓴 독서록 한 편, 글쓰기 한 편, 세 줄 글쓰기 중 두세 편을 개인별로 모아서 한두 장으로 편집하고 제본해 만듭니다. 더 멋지게 만들어주고 싶은데 방법도 잘 모르고 학교에서 할 수 있는 건 한계가 있어 만들어줄 때마다 아쉬웠습니다. 그럼에도 불구하고 아이들은 본인이 직접 고른 가장 멋진 글을 보며 기뻐하고, 다른 친구들의 글도 함께 읽으며 뿌듯해하고 자랑스러워합니다.

아이가 쓴 글이 한데 모여 근사한 책이 되는 경험을 아이에게 선사해주세요. 종이 몇 장을 스테이플러로 찍어 만든 책 말고 서점에서 파는 진짜 책처럼 만들어줬으면 합니다. 아이 이름이 작가 이름으로 적히고, ISBN도 받은 책을 보면 글을 쓰는 마음이 달라지지 않을까요?

그동안 저도 몰라서 못했는데 POD<sup>Print-On-Demand Book Publishing</sup> 방식을 이용하면 큰돈을 들이지 않고도 충분히 할 수 있더라고요. 보통 책이 나오려면 출판사와 작가가 계약을 맺고, 계약을 맺은 작가가 원고를 쓰고, 그 원고를 편집자와 디자이너가 다듬어야 합니다. 그렇게 만든 책을 2,000~3,000부씩 인쇄하여 서점에서 팝니다. 반면 POD 방식은 주문이 오면 그때 인쇄를 시작하는 방식입니다. 책을 제작하는 비용이 상대적으로 저렴해 부담없이 책을 만들 수 있습니다.

이런 방식으로 책을 출판하는 가장 대표적인 플랫폼이 부크크 https://www.bookk.co.kr입니다. 원고만 PDF 파일로 준비되어 있으면 책 만들기 가이드에 따라 5분 만에 책을 등록할 수 있고, 저작권 문제만 없다면 금방 승인을 받아 제작할 수 있습니다. 여기서 만든 책은 온라인 서점(yes24, 알라딘, 교보문고)에서도 판매할 수 있습니다.

온라인 서점에 들어가 부크크로 검색해보세요. 꽤 많은 사람들이 이런 방법으로 책을 출판하고 있습니다. 저도 올해 아이들의 개인 책을 이렇게 만들어보려 합니다. 아이의 일기장과 독서록을 꾸준히 모으고 있지만 이렇게 책 하나로 받으면 또 다를 듯해서입니다.

아이에게도 작가가 될 수 있는 기회를 주세요. 책이 나오면 출판 기념회도 열고, 작가와의 만남도 갖고 사인도 요청해보는 겁니다. 아이에게 색다른 경험이 될 거라 장담합니다.

 **학년별 글쓰기 중점 과제**

2015 개정 교육과정 국어과 쓰기 영역 성취 기준을 통해 학년별로 성취해야 할 목표가 무엇인지 살펴보고, 그에 따라 중점을 두어야 할 글쓰기 과제를 제시하려고 합니다. 학년 군별로 2개 학년씩 묶여 목표가 제시되어 있습니다.

| 학년 | 2015 개정 교육과정 쓰기 성취 기준 중점 지도 내용 |
|---|---|
| 1~2학년 | • 글자를 바르게 쓴다.<br>• 자신의 생각을 문장으로 표현한다.<br>• 주변의 사람이나 사물에 대해 짧은 글을 쓴다.<br>• 인상 깊었던 일이나 겪은 일에 대한 생각이나 느낌을 쓴다.<br>• 쓰기에 흥미를 가지고 즐겨 쓰는 태도를 지닌다. |
| | • 일기 쓰기<br>• 복잡한 받침이 있는 글자까지 쓸 수 있기<br>• 인상 깊은 일에 대한 짧은 글 짓기<br>• 다양한 말놀이를 통한 어휘 확장<br>• 느낌표, 마침표, 물음표 등 문장 부호 정확하게 사용하기<br>• 감정을 나타내는 표현, 꾸며주는 말에 대한 표현 알기 |
| 3~4학년 | • 중심 문장과 뒷받침 문장을 갖추어 문단을 쓴다.<br>• 시간의 흐름에 따라 사건이나 행동이 드러나게 글을 쓴다.<br>• 관심 있는 주제에 대해 자신의 의견이 드러나게 글을 쓴다.<br>• 읽는 이를 고려하며 자신의 마음을 표현하는 글을 쓴다.<br>• 쓰기에 자신감을 갖고 자신의 글을 적극적으로 나누는 태도를 지닌다. |
| | • 독서 감상문 쓰기 • 문단 구성하는 법 알기<br>• 시간의 흐름에 따라 쓰기<br>• 주위 사람을 대상으로 하여 자신의 정서와 감정을 표현하는 글 쓰기<br>• 사실과 의견을 구분하고, 주장이 무엇인지, 주장하는 글이 어떤 특성을 가지고 있는지 기초적인 수준에서 접근한다. |
| 5~6학년 | • 쓰기는 절차에 따라 의미를 구성하고 표현하는 과정임을 이해하고 글을 쓴다.<br>• 목적이나 주제에 따라 알맞은 내용과 매체를 선정하여 글을 쓴다.<br>• 목적이나 대상에 따라 알맞은 형식과 자료를 사용하여 설명하는 글을 쓴다.<br>• 적절한 근거와 알맞은 표현을 사용하여 주장하는 글을 쓴다.<br>• 체험한 일에 대한 감상이 드러나게 글을 쓴다.<br>• 독자를 존중하고 배려하며 글을 쓰는 태도를 지닌다. |
| | • 글쓰기의 과정 이해하기<br>• 설명 대상의 특성에 맞게 쓰기<br>• 근거를 들어 주장하는 글 쓰기<br>• 체험한 일에 대한 감상 쓰기(기행문, 책, 영화, 음악 감상문) |

# 6장 / 초등 어휘력이 공부력이다

# 어휘력 마침표:
# 한자/사자성어/맞춤법

# 01

## 한자 공부는
## 꼭 필요합니다

　우리말은 크게 고유어, 한자어, 외래어로 나뉩니다. 고유어는 본디 우리가 쓰던 말로 순우리말 또는 토박이말로도 불립니다. 외래어는 다른 나라에서 들어와 우리말처럼 쓰이는 말입니다. 한자어는 한자를 바탕으로 만들어지는 말입니다. 국어사전에도 고유어, 외래어, 한자어가 구분되어 있습니다. 단어 옆 괄호 안에 해당 한자가 써있다면 한자어, 영(영어)이나 독(독어)이 써있다면 외래어, 아무 표기가 없다면 고유어입니다.

　우리말은 대략 70%가 한자어일 정도로 한자어 비중이 높습니다.

게다가 추상적인 개념이나 전문 용어는 대부분 한자어입니다. 당연히 교과서의 학습 도구어도 대부분 한자어입니다. 학년이 올라갈수록 교과서가 읽기 어려워지는 이유입니다. 이 말은 교과서를 수월하게 읽으려면 한자어를 익숙하게 쓸 수 있어야 한다는 말이기도 합니다.

## 한자를 배워야 하는 이유

영어는 라틴어와 그리스어의 영향을 많이 받은 언어입니다. 당연히 그리스어와 라틴어에서 유래한 어원을 알면 영어 단어를 수월하게 외울 수 있습니다. 예를 들면 'petro-'와 'peter-' 같은 단어는 '돌과 바위'를 뜻하는 그리스어에서 유래한 어근입니다. 그래서 petroleum석유, petrologist암석학자, petrify돌로 만들다, 겁에 질리게 하다를 보고 돌과 관련된 단어라고 유추할 수 있고, 외울 때도 더 쉽게 기억할 수 있습니다.

우리말도 마찬가지입니다. 한자에 영향을 받은 언어다 보니 한자를 알면 처음 보는 단어라도 뜻을 짐작하기가 수월해집니다. 多많을 다에 '많다'는 뜻이 있다는 걸 알면 '다목적, 다복, 다독, 다각형, 다도해'의 뜻을 쉽게 짐작할 수 있습니다. 즉, 우리가 한자를 공부하는 목적은 한자로 써진 글을 술술 읽고 쓰기 위해서가 아닙니다. 단어를 보고 뜻을 잘 짐작하기 위해서입니다.

'짐작'은 어휘를 확장하는 데 굉장히 중요한 활동입니다. 수학에서도 수 감각을 기르기 위해 가장 많이 하는 활동이 '어림'해보는 활동입니다. 먼저 대략 생각하고 짐작할 수 있는 힘도 어휘력입니다.

예를 들어 '다도해'는 사회 교과서에서 남해안의 특징을 말할 때 나오는 단어입니다. 처음 보는 단어지만 '많을 다, 섬 도, 바다 해'라는 기본 한자를 알고 있으면 '섬이 많은 바다'라고 뜻을 쉽게 유추합니다. 기본 한자를 모르면 '다목적, 다복, 다독, 다각형, 다도해'의 연관 관계를 이해하지 못하고 별개 단어로 기억해야 하므로 단어를 익히고 학습할 때 더 오래 걸려 능률이 떨어집니다.

한자 공부의 목적은 우리말을 깊이 이해하고, 새로운 단어의 뜻을 쉽게 유추하고, 단어들 사이의 연관 관계를 잘 파악하기 위해서여야 합니다. 목적을 바로 세워야 한자 공부를 할 때 방향이 흔들리지 않습니다.

## 한자 공부의 적기

네댓 살부터 한자 학습지나 한자 만화로 한자 공부를 빠르게 시작하는 아이도 있지만, 5~6학년이 될 때까지 익히지 못한 아이도 있습니다. 초등 교육과정에 한자 교육이 들어가 있지만 짧은 시간이라 충분치 않습니다. 따로 시간을 들여 한자 공부를 하라고 하는 이유입니다. 그런데 한자 공부는 언제 시작하는 게 좋을까요?

한글을 정확하게 파악하고 있고, 줄글을 어려움 없이 읽어낼 수 있을 때가 한자 공부를 시작할 적기입니다. 한자는 우리말의 어휘 확장 개념으로 접근해야 합니다. 그러려면 뼈대인 한글을 잘 읽고 쓸 수 있어야 합니다. 즉, 한글이 먼저입니다. 보통의 2~3학년 아이라면 읽기 수준과 쓰기 수준을 고려하여 조금 늦추거나 당길 수 있습니다. 단거리 경주가 아니므로 빨리 시작한다고 마냥 좋은 게 아니고 늦게 시작했다고 조바심 낼 일도 아닙니다.

4학년에 시작하면 시간을 덜 들이고도 더 빨리 습득할 겁니다. 그렇지만 교과서 속 어휘나 수업 중 어휘가 어려워지기 전에 기본 한자를 알고 있어야 합니다. 그래야 공부가 수월해지고 글줄이 긴 책도 더 쉽고 빠르게 이해할 수 있습니다. 정리하면, 초등학교를 졸업하기 전에 기본 한자 공부를 마치는 게 좋습니다.

## 한자 공부의 수준과 양

기본 한자의 개념은 어디까지일까요? 2000년에 교육인적자원부가 공포한 '한문 교육용 기초 한자'는 중학교용 900자와 고등학교용 900자를 합하여 총 1,800자입니다. 고등학교를 졸업 때까지 1,800자를 알아야 한다는 뜻입니다. 1,800자는 한국어문회 한자 능력 급수 3급에서 묻는 한자 수와 같습니다. 1,800자를 초등 시기에 모두 익히기는 어렵습니다. 저는 처음 한자 공부를 하는 아이들에게 한국어문회 한자 능력 급수 7급 수준인 150자를 익히자고 합니다. 바꿔 말하면 초등학교를 졸업하기 전에 '최소' 150자는 익히자는 말입니다.

한자능력검정시험은 한국어문회, 대한검정회, 한자교육진흥회 등에서 치를 수 있습니다. 여기서는 가장 널리 쓰는 한국어문회를 기준으로 말했지만 다른 곳도 급수별 배정 한자는 비슷합니다.

| 급수 | 상용한자 | 쓰기 | 설명 |
|---|---|---|---|
| 3급 | 1817자 | 100자 | 고급 실용한자 활용의 중급 단계 |
| 3급II | 1500자 | 750자 | 고급 실용한자 활용의 초급 단계 |
| 4급 | 1000자 | 500자 | 중급 실용한자 활용의 고급 단계 |
| 4급II | 750자 | 400자 | 중급 실용한자 활용의 중급 단계 |
| 5급 | 500자 | 300자 | 중급 실용한자 활용의 초급 단계 |
| 5급II | 400자 | 225자 | 중급 실용한자 활용의 초급 단계 |
| 6급 | 300자 | 150자 | 기초 실용한자 활용의 중급 단계 |
| 6급II | 255자 | 50자 | 기초 실용한자 활용의 중급 단계 |
| 7급 | 150자 | - | 기초 상용한자 활용의 초급 단계 |
| 7급II | 100자 | - | 기초 상용한자 활용의 초급 단계 |
| 8급 | 50자 | - | 한자 학습 동기 부여를 위한 급수 |

한국어문회 배정 급수표 중에서

7급 배정 한자 중 일부를 보면 '前앞 전, 後뒤 후, 空빌 공, 間사이 간'처럼 어렵지 않지만 사용 빈도가 높은 한자가 보입니다. 이 정도 한자는 쉽게 알지 않을까 생각하시나요? 배우지 않으면 모릅니다. 그런데

이 정도만 알고 있어도 교실에서 단어를 설명해줄 때, 아이 스스로 새로운 글을 읽을 때 큰 도움이 됩니다.

물론 한자 배우기를 즐기거나 어려워하지 않는다면 더 많은 한자를 알면 알수록 좋겠지요. 한국어문회 홈페이지에 들어가보니 초등 시기에는 4급 배정 한자 정도까지, 중고등 시기에는 3급까지 목표로 두고 공부하라고 나옵니다. 3급인 이유는 앞서 말했듯 한문 교육용 기본 한자가 1,800자이기 때문입니다.

## 한자를 공부하는 방법

한자 급수표를 붙여놓고 하루에 다섯 자씩 쓰고 외우게 하고, 단어 시험을 보듯 시험을 보게 하면 아이와 부모 사이가 금방 틀어집니다. 사이가 틀어지면 잔소리와 한숨이 늘다 못해 '그래, 무슨 한자냐. 책이나 읽게 하자' 싶어 포기하기 십상입니다. 분명 알려준 글자인데 뒤돌아서면 까먹는 모습을 보니 답답하고, 저래서 언제 100자를 다 볼까 싶어 불안해질 겁니다.

쓰고 외우는 데 집중하는 한자 공부를 하면 지속하기 어렵습니다. 사실 한자는 아이에게 낯선 외계어 같은 겁니다. 누군가 우리에게 이집트어나 히브리어를 하루에 다섯 글자씩 쓰고 외우게 하고, 며칠 뒤 물어본다면 잘 기억날까요? 아이도 마찬가지입니다.

포기하지 않고 끝까지 한자 공부를 이어가려면 아이가 아는 한글과 계속 연결 지어야 합니다. 한자를 아는 것이 목적이 아니라 한자를 통해 어휘를 확장하는 것이 목적이기 때문입니다. 그렇다면 어떻게 한자를 공부해야 할까요?

## 한자와 관련된 영상을 활용합니다

한자를 친숙하게 만들어주고, 쓸모가 많은 글자라는 인식을 갖게 하는 것만으로도 성공입니다. 영어로 치면 처음 영어 애니메이션을 보여주며 흥미를 유발하는 정도입니다. 아이들의 흥미를 유발할 만한 영상을 몇 개 안내합니다. 교실에서 쉬는 시간에 가끔 보여준 적이 있는데 아이들이 꽤 흥미를 보였던 영상들입니다. 영상을 고를 때 싸우는 장면이나 욕설이 많이 담긴 영상은 제외했습니다.

영상 시청은 하루 30분을 넘기지 않도록 원칙을 정해야 합니다. 아무리 좋은 학습 영상이라도 오래 보는 건 득보다 실이 큽니다. 영상 중 학습 자료를 내려받을 수 있는 것 위주로 추천했지만 처음 볼 때는 교재를 쓰지 말고 그저 보고 듣기만 하길 권합니다. 처음엔 학습이 아니라 익숙하게 하는 게 목적입니다. 보고 듣기만 해도 충분합니다.

| 프로그램명 | 특징 |
|---|---|
| 〈한자왕 주몽〉 | • 2008년 MBC에서 방영한 총 26부작 창작 애니메이션<br>• 한 편당 20분 정도의 길이로 스토리가 있어 몰입도가 높은 편이다.<br>• 한자가 다양하게 나와 저학년부터 고학년까지 골고루 즐겁게 시청할 수 있다.<br>• MBC 다시보기나 유튜브에서 시청할 수 있다. |
| 〈EBS스쿨랜드 한자왕국〉 | • 스토리텔링 학습 애니메이션으로 한자 이외에 철학, 인성, 과학, 예술 부분도 있다.<br>• 총 26부작으로 한 편당 약 10분 길이다.<br>• EBS 초등 홈페이지에서 시청 가능하고 학습 자료를 내려받아 활용할 수 있다. |
| 〈천하무적 한자 900〉 | • 초중학생이 알아야 할 한자 900개를 선정하여 스토리텔링 형식으로 제시한 애니메이션<br>• EBS 초등 – 창의체험 – 한자 영역에 탑재<br>• 총 216강이고 한 편당 5분 정도의 길이로 학습 자료를 내려받아 활용할 수 있다. |
| 〈초등한자공부 5분 한자〉 | • 유튜브 '우리들의 초등학교' 채널에 업로드된 총 25편의 영상<br>• 영상 하나당 5분 정도의 길이로 채널 속에서 교재를 내려받아 활용하기를 권한다.<br>• 스토리텔링 영상은 아니지만 한자어 설명이 좋고, 앞 시간에 배운 한자를 복습하며 진행할 수 있다.<br>• 한국어문회 기준 8급 배정한자 50자를 학습한다.<br>• 흥미 위주의 접근이 아니며, 처음 한자 공부를 시작하기에 가장 적합한 영상이다. |

한자를 배우기에 좋은 영상

## 한자가 들어간 단어를 찾습니다

예를 들면, 오늘 〈천하무적 한자 900〉의 1강인 '일(日)월(月)'에 대한 영상을 봤을 수 있습니다. 영상에서 日은 해의 모습을 본뜬 글자이며, 일요일과 같은 단어에 사용된다는 이야기를 소개하기 때문에 한 번 들은 상태입니다. 영상 시청 후에 제시된 단어(日, 月)가 들어간 한글 단어를 가능한 많이 찾아보는 활동을 해보는 겁니다.

A4 용지나 종합장 가운데에 동그라미를 그려 그 안에 한자 하나를 써둡니다. 그리고 이 단어가 포함되는 단어가 무엇일지 생각하여 한글로 적어봅니다. 아이가 日과 관련된 단어로 '월요일, 화요일, 요일, 매일, 생일, 백일, 일상, 일층'을 찾을 수 있습니다. 물론 처음부터 이만큼 찾기는 어렵습니다. 옆에서 부모도 생각해보고 힌트를 주며 함께 찾아야 합니다.

다음으로 한자 日이 들어간 단어에 동그라미로 표시를 해봅니다. '월요⑪, 화요⑪, 요⑪, 매⑪, 생⑪, 백⑪, ⑪상, ⑪층'에 표시를 하고, 국어사전에서 내가 찾은 단어에 쓰인 한자가 실제로 日이 맞는지 확인합니다. 다른 단어는 모두 日인데, '일층'의 '일'은 '一'이라는 걸 알 수 있습니다. 한자가 사용된 한글을 스스로 찾아보고 맞는지 틀린지 사전으로 확인하는 겁니다.

해 일, 해 일, 해 일, …… 하고 반복해서 열 번 적고 익숙하지 않은 모양을 그림 그리듯 그리는 것보다 훨씬 효과적인 공부법입니다. 스스로 생각하여 한자와 한자어를 연결하며 어휘를 확장할 기회를 주면 됩니다. 아직까지 아이는 한자를 한 번도 쓰지 않았습니다.

## 한글과 연결이 잘되었다면 한자의 기본 획순과 부수 설명을 덧붙입니다

한자를 쓸 때도 기본 규칙이 있습니다. 예를 들면 한자의 획순은 왼쪽에서 오른쪽으로 쓰기, 위에서 아래로 쓰기, 가로 획부터 쓰기 등입니다. 기본 규칙을 알려주고 좀 전에 쓴 한자어를 한자로 바꾸어보자고 합니다. '백일'을 '백日'처럼 말입니다.

보통은 "백 자도 어떻게 쓰는지 궁금해. 알려줘"라고 말합니다. 그럼 "百은 일백 백이고 숫자 100을 뜻해" 정도로 알려줍니다. '우리 아이는 왜 안 궁금해하지?' 싶을 수 있습니다. 그럴 수 있습니다. 아이가 궁금해할 때까지 기다려주세요.

한자를 읽고 쓰는 모든 단계에서 한자어, 즉 지금 쓰고 있는 한글과 연결하는 것만 기억해주세요. '한글 어휘' 익히기에 중점을 둔 한자 문제집이 있는데 바로《초등 국어 한자가 어휘력이다》입니다.

《초등 국어 한자가 어휘력이다》중에서

저는 작은아이와 2권까지 풀어봤습니다. 지금까지 제가 이야기한 내용과 딱 맞아떨어집니다. 총 4권으로 구성되어 있고 8~6급 한자라고 명시되어 있으니 초등학생이라면 이 정도면 충분합니다. 1, 2권은 1~2학년, 3, 4권은 3~4학년 추천이라고 표기되어 있지만 내 실력에 맞게 쓰면 됩니다.

## 한자능력검정시험은 선택입니다

한자능력검정시험을 보게 해야 할지 고민하는 부모도 많습니다. 공부한 내용을 점검할 수 있고 급수증을 받을 수 있어 성취감을 얻기에도 좋습니다. 하지만 급수 획득에 집중한 나머지 공부할 때만 반짝 외웠다 금방 잊어버리고, 줄줄 외우는 사람들조차 실생활에서는 전혀 연결 짓지 못하는 경우를 자주 봅니다. 제 이야기입니다.

저는 대한검정회 한자급수시험으로 사범자격증까지 받았습니다. 한자 급수는 일정 급수 이상이 되면 국가공인자격증으로 인정받습니다. 예를 들어 한국어문회 급수에서 4급까지는 민간자격증이지만 3급 이상은 국가공인자격증입니다. 사범자격증 역시 국가공인자격증이고 꽤 높은 급수지만 저는 지금 한자를 잘 읽지 못합니다. 벼락치기로 급하게 바짝 공부해서 얻은 결과라 제대로 활용을 하지 못하니 어디 가서 자격증이 있다고 말도 못 합니다. (비밀로 해주세요.) 아이들이 저처럼 공부하지 않길 바랍니다. 자격증에 너무 큰 의미를 두지 않길 바랍니다.

한자능력검정시험은 선택 사항입니다. 선택했더라도, 어휘를 확장하고 평소 생활 속에서 활용할 수 있을 만큼 익숙하게 하는 데서 한자 공부를 하는 이유를 찾길 바랍니다. 영어를 공부할 때 AR 지수로 어휘 수준을 확인하고 활용하듯 접근하는 게 맞습니다.

# 사자성어 100개 프로젝트의 힘

한자 공부가 어느 정도 익숙해지면 사자성어로 나아가길 권합니다. 한자라는 거대한 산을 간신히 넘었더니 또 다른 산을 마주한 듯해 부담스러울 수 있습니다. 어휘력을 향상하는 10가지 방법을 등산에 비유하면 지금 우리는 7부 능선을 지났습니다. 심화 과정 또는 고급 과정으로 여기면 편하지 않을까요?

영어 배울 때를 떠올려보세요. 영어 단어를 처음 외울 땐 단어 양을 늘리는 데 집중합니다. 기본 단어 양을 늘리려면 사용 빈도가 높은 단어순으로 외우고요. 어느 정도의 양이 차면 단어 하나를 두고 깊이 살펴봅니다. go나 take 같은 기본 단어가 얼마나 다양한 형태와 뜻으로 사용되는지 배웁니다.

여기서 나아가 숙어와 관용어를 배웁니다. 숙어와 관용어에는 영어권 문화가 그대로 담겨 있습니다. 그래서 단어만 봐서는 결코 뜻을 알 수 없습니다. 'not my cup of tea'가 '내 취향이 아니다'라는 뜻이고, 'a piece of cake'가 '식은 죽 먹기'라는 걸 어떻게 알 수 있을까요?

## 사자성어 공부의 적기

사자성어, 고사성어, 한자 성어는 모두 성어입니다. 성어는 두 단어 이상으로 조합된 말로, 단어 뜻만 봐서는 전체 의미를 알 수 없는 특수한 의미를 담은 어구를 말합니다.

한자 성어는 관용적인 뜻으로 굳어져 쓰이는 한자어로 고사성어와 사자성어가 대표적입니다. 고사성어는 옛이야기古事에서 유래한 성어로 글자 수는 상관이 없습니다. 사자성어 역시 옛이야기에서 유래한 관용어가 많지만 글자 수가 네 글자四字라야 합니다. '막상막하, 일취월장, 설상가상'처럼 말이죠.

사자성어 공부는 언제 시작할까요? 사자성어를 시작하려면 기본 한자 150자 정도는 이미 알고 있어야 합니다. 사자성어가 150자만으로 써진 건 아니지만 그 정도 한자만 알아도 사자성어의 겉뜻을 이해하는 데는 충분하기 때문입니다. 한자를 2~3학년에 시작했다면 사자성어는 초등 고학년, 더 자세히 구분하자면 5학년 2학기부터 시작하길 권합니다.

사자성어에는 겉뜻과 속뜻이 따로 있습니다. 겉뜻을 읽고 난 후 함축된 의미를 파악해 속뜻까지 이해해야 하는데 그러려면 한글 활용 능력이 어느 정도 받쳐줘야 합니다. 그 시기가 보통 5학년 2학기 정도입니다.

사자성어 학습은 뜻을 이해하는 데 그치지 않고 생활 속에서 말과 글로 활용할 수 있는 수준까지 나아가야 합니다. 글을 쓸 때 사자성어를 하나만 넣어도 근사한 문장이 됩니다. 꼭 멋있으려고 배우는 건 아니지만 이렇게 저렇게 활용해보는 연습은 필요하므로 권장합니다.

사자성어를 5학년 2학기에 배우면 좋은 이유가 한 가지 더 있습니다. 사자성어는 역사적 사건을 배경으로 만들어진 게 많습니다. 조선 초기 태조 이성계와 태종 이방원을 이야기하면서 '함흥차사咸興差使'를, 조선 후기 개화파들의 갑신정변을 이야기하면서 '삼일천하三一天下'를 자연스럽게 설명할 수 있습니다. 5학년 2학기 사회 시간에 역사를 배우기 시작하는데 이 시기에 맞춰 사자성어도 함께 배우면 훨씬 재미있게 배울 수 있습니다.

# 사자성어를 공부하는 단계

아이와 사자성어를 공부하기로 결심했다면 무엇부터 시작해야 할까요? 또 얼마나 많이 배워야 할까요? 다다익선多多益善이지만 시작은 늘 한 걸음부터입니다. 단계별로 살펴보겠습니다.

### 1단계 | 생활에서 접근하기

사자성어 역시 쓸 수 있는 어휘를 확장하기 위해 공부합니다. 실생활에 적용할 수 있도록 공부해야 합니다. 첫 시작을 문제집이나 사자성어를 반복해서 따라 쓰는 활동으로 하지 않아야 합니다. 재미도 없지만 힘들게 공부해도 얼마 지나지 않아 싹 잊어버리기 때문입니다.

한 개를 알아도 꼭 맞는 상황에 바로 활용할 수 있어야 내 지식입니다. 사실 생활 속에서 배우고 써먹는 사자성어는 5학년 2학기까지 기다릴 것도 없습니다. 생각보다 많은 상황에서 사자성어를 사용하고 있기 때문입니다. 한자와 사자성어는 물론 뒤에 소개할 관용구와 속담도 마찬가지입니다.

처음 사자성어를 공부할 때도 생활에서 하나씩 적용하면서 접하게 합니다. 예를 들어, 일주일 용돈을 정하면서 사자성어를 슬쩍 써볼 수 있습니다. "일주일에 용돈이 얼마나 필요하니?" / "많이요. 많이 받으면 좋겠어요." / "다다익선이라는 말이구나." 이렇게 말이죠.

평소에 사자성어를 거의 쓰지 않는 부모라면 어색해서 입이 떨어지지 않을 겁니다. 그래도 뱉어보세요. 한 번이 어렵지 두 번은 금방입니다. 우리는 아이가 사자성어와 만날 수 있도록 연결하는 중개인일 뿐입니다. 조금 지나면 아이가 직접 사자성어를 만나러 갈 겁니다. 그때까지는 내가 알고 있는 사자성어를 몇 개라도 좋으니 적절한 상황에 적용해서 알려주고 뜻도 설명해주세요. 생활 속 사자성어라면 아이도 공부로 여기지 않고 이야기로 받아들일 거예요.

이왕 사자성어를 알려주기로 마음먹었다면 이 기회에 아이와 함께 사자성어도 공부하고 어휘도 확장시켜 보면 어떨까요? 내가 가르쳐준 자전거를 어느 순간 나보다 잘 탈 때 "청출어람靑出於藍이네"라며 한마디 툭 던지며 칭찬하는 식입니다.

### 2단계 | 이야기로 접근하기

사자성어 중에는 고사성어가 많습니다. 고사古事, 옛이야기가 바탕이라 옛이야기를 알면 사자성어가 왜 그런 뜻인지 이해하기 쉽습니다. 그래서 사자성어를 공부할 때는 사자성어 이야기가 담긴 영상이나 책을 보는 게 좋습니다.

영상으로는 EBS 초등 사이트http://primary.ebs.co.kr/main/primary에 있는 '스쿨랜드 사자성어'를 추천합니다. 저는 EBS 초등 사이트를 무척 아끼고 좋아합니다. 특히 [창의체험] 갈래에는 교과서에서 다루지 않지만 새롭고 유용한 영상이 많아 자주 활용합니다.

EBS 초등 사이트

그중 '스쿨랜드 사자성어'는 동영상과 웹툰으로 배우는 사자성어 스토리텔링 애니메이션입니다. 강의 개수는 50개고, 영상별 시간은 4~5분입니다. 이 정도만 열심히 봐도 사자성어를 50개나 익힐 수 있습니다. 워크북을 함께 활용할 수 있어 더 유용합니다.

스쿨랜드 사자성어

사자성어는 이야기책과 자료도 꽤 많습니다. 그중《이해력이 쑥쑥 교과서 고사성어 사자성어 100》은 고사성어를 총 100개 담았고, 어떤 상황에서 이 고사성어를 쓰는지 자세히 설명하고 있습니다. 초등 교사가 쓴 책이라 교과과정에 나오는 내용과 사자성어를 연계하여 잘 풀어놓았습니다.《읽으면서 바로 써먹는 어린이 사자성어》는 사자성어를 총 100개 담았고, 각 사자성어의 뜻을 자세히 알려줍니다. 각 사자성어가 어떨 때 쓰이는지 만화로 풀어놔서 쉽고 재미있게 볼 수 있습니다. 이모티콘 캐릭터 작가가 쓰고 그린 책으로 삼각김밥, 가래떡, 찹쌀떡 캐릭터가 등장해서 이야기를 풀어나가는 구성이라 아이들이 친숙하게 받아들입니다.

사자성어를 공부하기 좋은 책

〈GO FISH〉 보드게임에도 사자성어가 있습니다. 그림, 사자성어, 뜻이 써진 카드로, 2장씩 짝을 이루는 카드가 총 100장 들어있습니다. 짝이 같은 카드를 많이 찾는 사람이 이기는 게임입니다. 게임을 하면서 계속 사자성어를 내뱉어야 하므로 사자성어에 익숙해지도록 도와줍니다.

사자성어를 익히기 좋은 보드게임

추천하는 영상, 책, 보드게임은 사자성어를 친숙하게 만들어 흥미를 북돋는 용도입니다. 사자성어의 뜻을 한두 번 들려주고, 활용되는 예를 통해 어떻게 쓰이는지 대충 알 수 있게 흘리는 정도입니다. 물론 이것만 잘 활용해도 사자성어의 속뜻까지 깨치는 아이도 있지만 드뭅니다. 보통 아이라면 스토리나 만화나 게임에 집중한 나머지 사자성어를 실생활과 연결하지 못합니다.

재미있게 사자성어 영상과 책을 봤지만 실생활에서 전혀 활용하지 못할 수 있고, 들어봤다고는 하는데 무슨 뜻인지 전혀 모를 수 있습니다. 괜찮습니다. 영상, 책, 게임은 사자성어로 가는 마중물입니다. 어렵지 않아 하고 들어본 적이 있다고 하고, 천고마비天高馬肥의 뜻은 몰라도 천고마(  )가 나오면 괄호 안에 '비'를 넣어야 한다는 걸 아는 정도만으로도 이 단계의 목적은 달성한 겁니다.

## 3단계 | 독음, 겉뜻, 속뜻, 활용 예를 한꺼번에 살피기

1~2단계는 5학년이 될 때까지 기다릴 필요가 없습니다. 기회가 되고 시간이 나면 바로 할 수 있습니다. 사자성어를 배우기 위한 준비 단계지 실제로 사자성어를 공부했다고는 할 수 없는 단계이기 때문입니다. 사자성어 공부를 시작하라고 할 때의 공부는 3~4단계 공부를 말합니다.

우선 사자성어 공책이나 워크북이 있으면 좋습니다. 앞서 말한 스쿨랜드 워크북도 좋고, 일반 줄 공책이나 수첩도 좋습니다. 제가 사자성어 문제집이 아니라 '나만의 사자성어 공책'을 만들라고 하는 이유는 모르는 한자를 반복해서 적고 암기하는 공부는 하지 않았으면 해서입니다. 빈칸에 한자를 쓰는 것보다 훨씬 손이 많이 가는 방법이지만 훨씬 능동적으로 공부할 수 있는 방법입니다.

공책에 아래와 같이 쓰거나 붙입니다. 사자성어의 독음한자의 음을 한글로 쓰고, 다음 줄에 각 글자를 한자로 씁니다. 다음 줄에는 훈한자

| 전 | 화 | 위 | 복 | 겉뜻 | 불행이 굴러 복이 된다는 뜻 |
|---|---|---|---|---|---|
| 轉 | 禍 | 爲 | 福 | 속뜻 | 불행도 노력하여 힘쓰면 복으로 만들 수 있다는 뜻 |
| 구를 전 | 불행 화 | 할 위 | 복 복 | 상황 | 이현이와 예운이는 번번이 사업에 실패했다. 낙심한 예운이에게 이현이는 "이번 실패를 전화위복의 기회로 삼아 더 노력하자!"라고 말했다. 결국 둘은 실패 속에서 얻은 교훈으로 크게 성공했다. |

의 뜻과 독음을 한글로 씁니다. 오른쪽에는 사자성어의 겉뜻, 속뜻, 용도와 상황을 씁니다.

2단계에서 소개한 사자성어 책이나 보드게임을 이용하고 있다면 그걸 공책에 써도 됩니다. 각 책에서도 앞의 내용을 포함하고 있기 때문입니다. 예를 들어 '스쿨랜드 사자성어'라면 아래와 같이 사자성어의 독음, 한자, 훈과 독음이 써진 한글, 겉뜻과 속뜻이 나온 부분을 오려서 공책에 붙입니다.

| EBS 초등 스쿨랜드 사자성어 | | | 오 비 이 락 |
|---|---|---|---|
| 烏 | 飛 | 梨 | 落 |
| 까마귀 오 | 날 비 | 배 이 | 떨어질 락 |

**[까마귀 날자 배 떨어진다.]**
아무런 관계없이 한 일이 공교롭게 다른 일과 때가 일치하여 의심을 받게 됨.

저는 교실에서 '스쿨랜드 사자성어'를 이용해 아이들과 공부하고 있습니다. 5학년 2학기에 주 3회(월, 수, 금) 하루 2개씩 공부했습니다. 이렇게 하면 한 학기에 사자성어를 100개가량 익힐 수 있습니다.

먼저 '스쿨랜드 사자성어' 워크북을 아이들에게 나눠줍니다. 아이들이 등교하면 오늘 학습할 사자성어 종이를 공책에 붙이고 바로 아래에 한글로 독음과 속뜻을 한 번씩 쓰게 합니다(예: 전화위복 / 불행도 노력하여 힘쓰면 복으로 만들 수 있다는 뜻). 이렇게 하면 아이들은 사자성어를 배우는 동안 한자를 한 번도 쓰지 않습니다. 한자는 사자성어의 속 뜻을 유추하는 데 도움이 되는 예시 자료일 뿐입니다.

교실에서는 학급 아이 전체가 대상이라 전체 내용을 출력해서 제 공하지만, 집에서는 사자성어 책을 보고 공책에 따라 쓰게 하므로 독 음과 속뜻을 추가로 쓰게 하지 않습니다. 하루에 2개씩 익힌다면 공 책 한 면에 1개씩 사이를 띄워 붙입니다. 공책 한 면에 2개씩 붙이면 3~6학년 줄 공책에 사자성어를 100개 정도 붙일 수 있습니다.

제가 아이들에게 사자성어를 알려줄 때 가장 신경 쓴 부분은 '상 황'입니다. 어떤 상황에서 어떻게 활용되는지 알고, 그걸 내 말과 글 로 쓸 수 있어야 비로소 사자성어가 내 것이 됩니다. 그래서 속뜻까 지 쓴 다음에는 꼭 용도와 상황을 꼼꼼히 읽게 합니다.

스쿨랜드 영상을 시청하거나 사자성어 책을 읽은 아이들은 이렇 게 한 번 적은 이후에 그 부분을 다시 한 번 살펴보면서 확인할 수 있 습니다. 이렇게 영상과 책은 2단계에서 흥미 유발 재료로 쓰였다가 3단계에서 활용 재료로 쓸 수 있습니다.

### 4단계 | 활용하여 문장 만들기

공책에 붙인 사자성어 아래에 사자성어를 활용한 문장을 만들게 합니다. 즉, 사자성어의 겉뜻, 속뜻, 활용 상황 아래에 스스로 만든 사자성어 활용 문장을 두세 개 만들어 쓰게 하는 겁니다. 우리말을 배울 때 그 단어를 넣어 짧은 글 짓기를 하는 것과 마찬가지로 사자성어를 넣은 짧은 글 짓기를 하는 겁니다. 오늘 배운 사자성어를 잘 어울리게 활용할 수 있는지 생각해보고 적어보는 이 활동이 제가 아이들과 사자성어를 배울 때 가장 신경 쓰는 부분입니다.

사자성어를 활용할 수 없다면 사자성어를 배울 필요가 없습니다. 내가 직접 쓸 수 있는 사자성어를 배워야 합니다. 물론 아이들은 제가 생각한 것보다 훨씬 잘합니다. 이렇게 글로 사용하는 상황을 연습하다 보면 어느 순간 대화에서도 사자성어가 묻어납니다. "이러지도 저러지도 못하는 진퇴양난의 순간이군", "선생님, 애들이랑 운동장에서 잡기 놀이를 하다가 제가 애들한테 둘러싸였어요. 사면초가 상황에서 간신히 탈출했지 뭐예요"라는 말을 하기 시작합니다. 아이들이 교실에서 사자성어를 내뱉는 순간은 첫아이가 첫 단어를 한글로 내뱉는 순간마냥 신기했습니다.

이렇게 한 학기에 사자성어 100개를 진행하는 동안 저는 하교할 때 예시 2개를 잘 썼는지 물어보는 정도로 확인을 마쳤습니다. "목숨을 걸고 어떤 일에 임하는 모습을 의미하는 사자성어는?" 하고 물으면 "배수지진"으로 답하고, '배수지진'이 들어간 문장을 2개 정도 말하면 통과입니다. 부모님도 아이의 사자성어 공부를 돕고 싶다면 이 정도만 해도 되지 않을까 싶습니다.

더불어, 공부를 시작한 지 사흘째라 사자성어를 6개 익혔다면 항상 처음부터 다시 한 번 읽어보라고 합니다. 검사할 때도 처음부터 다시 물어봅니다. 반복하는 시간들이 자꾸 쌓이도록 말입니다. 내가 만든 사자성어 공책을 항상 처음부터 오늘 배운 것까지 살펴보고, 30~40개 정도 외웠을 때는 20개 정도부터 다시 반복해서 읽도록 합니다.

아이들과 함께 사자성어 공부를 하다 보면 다른 과목은 크게 어려워하지 않았는데, 유독 한자 뜻을 이해하지 못해 어려워하고 싫어하는 아이를 만납니다. 어휘가 약한 아이입니다. 이 아이들은 과목의 평가 내용이 조금만 어려워져도 점수가 요동칩니다. 사자성어와 한자 공부가 학습과도 정확하게 연결된다고 느끼는 이유입니다. 속뜻을 이해하고 활용하기가 안 돼 어려워하는 겁니다.

이렇게 어려워하고 하기 싫어하는 아이라면 욕심을 버려야 합니다. 100개가 아닌 30개나 20개 정도로 목표를 줄이고, 하루 2개가 아닌 하루 1개 정도로 속도를 늦춰야 합니다. 이렇게라도 천천히 하면서 한글 독서를 보강해주는 게 좋습니다. 지금 보이지 않는 어휘의 격차가 금방 학습으로 느껴질 겁니다.

# 관용어와 속담으로
# 한 단계 뛰어넘기

국어 6학년 1학기 5단원 '속담을 활용해요'에서는 속담을 공부합니다. '속담' 단원이 6학년 때 처음 나온다는 게, 조금 늦다 싶나요? 해당 단원을 살펴보면 '지금 내가 알고 있는 속담 중에서 이 상황에 적절한 속담이 무엇인지', '비슷한 속담으로는 무엇이 있는지'처럼 우리가 지금 사용하는 말과 글에 적절한 속담을 찾아 활용하는 방법을 알려줍니다. 이어서 '나만의 속담 사전 만들기' 활동을 하고 마무리합니다.

# 관용어와 속담을 배워야 하는 이유

관용어와 속담을 왜 배워야 할까요? 꼭 배울 필요가 있을까요? 속담이나 관용어는 우리말의 윤활유 역할을 하고, 생각이나 의견을 더 쉽고 효과적으로 전달하는 역할을 합니다. 듣는 사람에게 흥미를 유발하기도 하고요.

## 교과서로 관용어와 속담 배우기

학교에서는 속담을 어떻게 지도하는지, 교과서에 나온 속담에는 무엇이 있는지 살펴보겠습니다. 교과서가 정답은 아니지만 공부 방향을 잡기에 교과서만 한 기준도 없습니다.

오른쪽 그림은 국어 6학년 1학기 5단원 '속담을 활용해요'의 내용입니다. 앞 시간에 속담이 왜 필요한지 배운 다음 등장하는 부분으로, 2시간 동안 수업하는 내용입니다. 여기서부터 여섯 쪽에 걸쳐 속담이 11개 나오고, 속담 뜻을 확인하고, 비슷한 사례를 활용할 수 있는지 쓰도록 되어 있습니다.

사자성어도 한자도 속담도 접근 방식은 모두 같습니다. 그 자체를 익히는 것보다 '내 말과 글에서 활용할 수 있느냐?', '내가 알고 있는 상황과 새롭게 배운 상황에 접목해 쓸 수 있느냐?'가 중요합니다. 앞서 한자를 배울 때 '日'을 사용하는 낱말을 모두 찾아봤고, 사자성

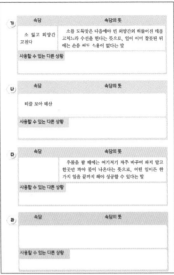

| 속담 | 속담의 뜻 |
|---|---|
| 소 잃고 외양간 고친다 | 소를 도둑맞은 다음에야 빈 외양간의 허물어진 데를 고치느라고 수선을 떤다는 뜻으로, 일이 이미 잘못된 뒤에는 손을 써도 소용이 없다는 말 |

사용할 수 있는 다른 상황

| 속담 | 속담의 뜻 |
|---|---|
| 티끌 모아 태산 | |

사용할 수 있는 다른 상황

| 속담 | 속담의 뜻 |
|---|---|
| | 우물을 팔 때에는 여기저기 자주 바꾸어 파지 말고 한곳만 파야 물이 나온다는 뜻으로, 어떤 일이든 한 가지 일을 끝까지 해야 성공할 수 있다는 말 |

사용할 수 있는 다른 상황

| 속담 | 속담의 뜻 |
|---|---|
| | |

사용할 수 있는 다른 상황

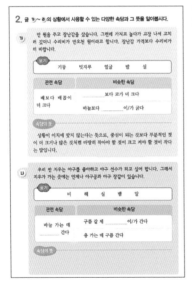

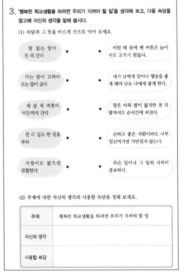

국어 6학년 1학기 5단원 '속담을 활용해요' 중에서(150, 151, 152, 154쪽)

어를 배울 때도 활용 문장 두세 개를 만들어 쓰라고 했습니다. 속담 공부를 할 때도 "소 잃고 외양간 고친다"의 뜻을 아는 데서 그치는 게 아니라 내가 쓰는 말과 글에 활용해보는 게 중요합니다.

150~151쪽 1번 문제를 보면 '속담', '속담의 뜻', '사용할 수 있는 다른 상황'을 쓰라는 부분이 나옵니다. 한데 자세히 보면 '사용할 수 있는 다른 상황'은 예시가 하나도 보이지 않습니다. 이 속담을 활용할 만한 다른 상황을 스스로 찾아보라는 의미입니다.

152쪽 2번 문제는 제시된 상황에서 어떤 속담을 쓸 수 있을지 관련 속담을 알려주고, 비슷한 속담을 만들어보게 합니다. "배보다 배꼽이 더 크다"는 흔히 사용하는 속담이지만 옆에 나온 "_____보다 코가 더 크다"나 "바늘보다 _____이/가 굵다"라는 속담은 생소할 겁니다. 이 활동은 '비슷한 속담'을 아는 것보다 '관련 속담'인 "배보다 배꼽이 크다"를 정확하게 이해하는 게 우선입니다. '배와 배꼽의 관계'를 정확히 알면 '비슷한 속담'을 쉽게 유추할 수 있기 때문입니다.

154쪽 3-(2)번 문제는 '행복한 학교생활을 하려면 우리가 지켜야 할 일'이라는 주제에 대해 내 생각을 쓰고 적당한 속담을 묻는 내용입니다. 아이들이 어떤 주제를 생각했느냐에 따라 "가는 말이 고와야 오는 말이 곱다"가 나올 수도, "백지장도 맞들면 낫다"가 나올 수도 있습니다.

이렇게 두 시간을 배우고 나면 다음 시간에는 '이야기 하나'를 읽고 등장인물에게 해주고 싶은 말을 속담을 활용해서 이야기하는 활동을 합니다. ① 지문 읽기 → ② 등장인물의 성격 파악하기 → ③ 적절한 속담을 찾아 인용하기 순입니다.

## 속담을 공부하는 방법

지금까지 6학년 아이들이 속담을 배우는 과정을 살펴봤는데, 보면서 어떤 생각이 드나요? 생각보다 어렵게 느껴지지 않나요? 네, 맞습니다. 이 부분을 어려워하는 아이들이 제법 많습니다. 속담은 어떤 상황을 압축해서 표현한 말입니다. 게다가 현재가 아닌 옛 사람들의 삶과 이야기라 더 어렵게 느껴질 수 있습니다.

"발 없는 말이 천리 간다"를 처음 들으면 무슨 말인지 도무지 알 수 없습니다. 이 속담에 담긴 속뜻, 천리가 가지는 상징성을 잘 이해하지 못하기 때문입니다. '천리가 뭐지?', '발이 없는데 어떻게 멀리 간다는 거지?', '발 없는 말과 천리가 무슨 관계가 있는 거지?' 싶습니다.

초등 6학년이면 속담의 뜻 알기, 생활 속 상황에 활용하기, 비슷한 속담으로 연결하기, 주제에 맞게 속담 연결하기까지 할 수 있어야 합니다. 어떻게 공부해야 하는지 살펴보겠습니다.

## 1단계 | 교과서에서 제시하는 속담

우선 교과서에 나온 속담은 확실히 알고 가야 합니다. 속담 단원을 공부하는 데 총 8차시(1교시 40분 기준)가 걸립니다. 길면 길고 짧다면 짧은 시간입니다. 속담이 익숙하고 속뜻 활용까지 잘하는 아이라면 어려울 게 없지만, 익숙하지 않은 아이라면 이 단원을 배울 때만 잠깐 알았다 금세 잊어버릴 시간입니다.

그래도 교과서로 한 번 배워두면 생전 처음 보는 속담보다는 익숙할 겁니다. 더 익숙해질 때까지 자주 확인하길 바랍니다. 다음은 교과서에서 한 번이라도 언급되는 속담을 추린 것입니다.

| | |
|---|---|
| 바늘 가는 데 실 간다 | 가루는 칠수록 고와지고 말은 할수록 거칠어진다 |
| 콩 심은 데 콩 나고 팥 심은 데 팥 난다 | 말이 많으면 쓸 말이 적다 |
| 누워서 떡 먹기 | 사람은 죽으면 이름을 남기고 범은 죽으면 가죽을 남긴다 |
| 시작이 반이다 | 호랑이도 제 말 하면 온다 |
| 백지장도 맞들면 낫다 | 호랑이에게 물려가도 정신만 차리면 산다 |
| 사공이 많으면 배가 산으로 간다 | 호랑이가 호랑이를 낳고 개가 개를 낳는다 |
| 하나를 보면 열을 안다 | 말 한마디에 천 냥 빚도 갚는다 |
| 엎친 데 덮친다 | 고래 싸움에 새우 등 터진다 |
| 가는 말이 고와야 오는 말이 곱다 | 고양이 목에 방울 달기 |
| 소 잃고 외양간 고친다 | 낫 놓고 기역자도 모른다 |
| 티끌 모아 태산 | 낮말은 새가 듣고 밤말은 쥐가 듣는다 |

| | |
|---|---|
| 우물을 파도 한 우물만 파라 | 내 코가 석 자 |
| 하룻강아지 범 무서운 줄 모른다 | 원숭이도 나무에서 떨어진다 |
| 배보다 배꼽이 더 크다 | 닭 쫓던 개 지붕 쳐다보듯 |
| 쥐구멍에도 볕 들 날 있다 | 가재는 게 편이다 |
| 발 없는 말이 천리 간다 | 달면 삼키고 쓰면 뱉는다 |
| 세 살 적 버릇이 여든까지 간다 | 쇠뿔도 단김에 빼랬다 |
| 천리 길도 한 걸음부터 | 도둑이 제 발 저리다 |
| 지렁이도 밟으면 꿈틀한다 | 구더기 무서워 장 못 담글까 |
| 독장수구구는 독만 깨트린다 | 구슬이 서 말이라도 꿰어야 보배다 |
| 까마귀 고기를 먹었나 | 그림의 떡 |
| 살은 쏘고 주워도 말은 하고 못 줍는다 | 금강산도 식후경 |
| 아 해 다르고 어 해 다르다 | 번갯불에 콩 구워 먹는다 |
| 입은 비뚤어져도 말은 바로 해라 | 뛰는 놈 위에 나는 놈 있다 |
| 말이 씨가 된다 | 입이 열 개라도 할 말이 없다 |

6학년 국어 교과서에 나오는 속담

## 2단계 | 주제에 맞춰 속담 분류하기

교과서에 나온 속담을 거뜬히 아는 아이라면 주제에 맞추어 속담을 분류하는 활동을 해봅니다. 예를 들면 동물과 관련된 속담, 날씨와 관련된 속담, 말과 관련된 속담, 음식이 들어가는 속담, 노력과 관련된 속담과 같이 주제를 정하고 어울리는 속담으로 무엇이 있는지 찾아보는 겁니다. 속담은 개수를 무작위로 늘리기보다 주제별로 늘리는 게 기억하기도 좋고 쓰기도 편합니다.

특별히 준비할 건 없습니다. A4 용지 한 장을 4등분하고 각 영역마다 주제를 적습니다. 교실에서는 모둠당 종이 한 장을 나눠주고 1분 동안 한 명씩 돌아가며 쓰게 합니다. 완성된 종이를 보면 내가 생각하지 못한 속담이 보일 겁니다.

다음으로 함께 쓴 속담이 해당 주제에 적합한지 살펴보고 의논하게 합니다. 끝말잇기를 자주 하면 어떤 글자마다 고민하지 않아도 바로 튀어나오는 단어가 생기듯, 이런 활동은 몇 번만 해도 주제에 맞는 속담이 바로바로 튀어나옵니다. 소소하지만 속담을 확장하고 주제에 따라 분류하여 체계화시켜 기억할 수 있도록 돕는 활동입니다.

집에서는 다른 아이와 속담을 주고받을 수 없으므로 주제를 적은 종이를 눈에 띄는 곳에 붙여두고 오며가며 생각날 때마다 쓰게 하면 좋습니다. 그 시간만큼은 그동안 흘려들었던 속담이 뚜렷하게 들릴 것이고, 글을 읽어도 속담이 도드라져 보일 겁니다. 무언가 의식하고 있고 주제별 속담을 모으고 있다는 사실 하나만으로도 속담에 대한 민감도가 상승합니다. 한 번씩 생각해서 적는 게 어렵다면 속담책이나 사전을 이용해서 찾아봐도 좋습니다.

주제별로 속담을 분류하고 모으는 일이 끝나면 그것만으로도 한 장짜리 속담 사전이 됩니다. 그중 마음에 드는 속담을 활용해 가상 일기를 쓰거나 이야기를 만든다면 더욱 좋겠지요.

### 3단계 | 반대되는 속담, 비슷한 속담 생각해보기

속담 중에는 뜻이 같은 속담도 있고 뜻이 전혀 다른 속담도 있습니다. 예를 들어 "아는 것이 힘이다"와 "모르는 게 약이다"는 뜻이 반대되는 속담입니다. "빛 좋은 개살구"와 "보기 좋은 떡이 먹기도 좋다"도 마찬가지고요. 속담을 하나 익힐 때마다 이 속담과 비슷한 속담이 있는지, 반대되는 속담이 있는지 생각해보면서 속담을 확장시켜 봅니다.

이건 속담을 주제별로 분류하는 것보다 어렵습니다. 속담 책과 사전을 이용해서 연결할 수 있어야 하는데, 그러자면 속뜻을 정확히 알고 있어야 합니다.

예를 들어 아이가 "낫 놓고 기역자도 모른다"를 배웠다면 '비슷한 뜻을 가진 속담에 무엇이 있을지' 책을 뒤져보는 겁니다. "하나를 가르치면 열을 안다" 같은 반대되는 속담은 어렵지 않게 찾지만, 비슷한 속담을 찾기는 쉽지 않을 겁니다. 수학처럼 한 속담에 정확히 반대되는 속담과 비슷한 속담이 정해진 건 아닙니다. 스스로 생각해보고 그 뜻을 파악하여 관계를 생각해보는 과정이 중요합니다.

### 4단계 | 잘못된 속담 찾아 고쳐보기

속담이 조상 대대로 내려온 생활 모습과 상황을 함축적으로 나타낸 문장이다 보니 지금 쓰기에 무리가 있는 것도 있습니다. 남녀를 차별하는 속담이나 장애인을 비하하는 속담 등이 그런 예에 해당합니다. 무턱대고 받아들였다간 안 쓰느니만 못할 때도 있습니다.

예를 들어 국가인권위원회에서는 "눈 뜬 장님", "꿀 먹은 벙어리", "장님 코끼리 만지기" 같은 관용어와 속담은 장애인을 비하할 의도가 없다 하더라도 사용을 자제하라고 권고합니다. "암탉이 울면 집안이 망한다"나 "여자 팔자는 뒤웅박 팔자다" 같은 속담도 요즘 시대에 맞지 않는 부적절한 속담입니다.

속담을 처음 배울 때는 아이들이 아무런 비판 없이 받아들일 수 있습니다. 부모가 봐서 적절하지 않은 속담은 바꾸는 활동을 해보길 권합니다. 시대가 바뀌고 상황이 바뀌니 속담도 바뀔 수밖에 없습니다. 옳고 그름을 가릴 수 있는 비판적인 눈으로 시대에 맞게 속담을 변형하는 활동을 한다면 더 의미 있는 활동이 되리라 믿습니다.

# 04

## 맞춤법,
## 이 정도만 지켜주세요

초등학교 저학년 꼬물이들이 손에 힘을 꽉 주고 연필을 잡고 쓴 글은 맞춤법이 틀려도 무척 귀엽습니다. 저 역시 일곱 살 때 부모님께 "김사합니다"라고 쓴 편지가 있으니까요.

초등학교 저학년 아이들이 쓴 글은 해석하기도 어려울 정도로 맞춤법이 어긋난 경우가 많습니다. 온갖 추리와 유추를 해야 겨우 해석할 수 있을 정도인데 그럼에도 아이들은 부끄러워하기보다 당당합니다. '제가 이 정도나 글씨를 썼어요'라며 뿌듯해하는데 차마 "이 단어는 맞춤법이 틀렸단다"라고 말할 순 없습니다. 이때 아이에게 할 대답은 정해져 있습니다. 깜짝 놀란 표정으로 "이야, 대단한데! 어쩜 이런 멋진 글을 쓸 수가 있지?"라고 답하며 감동해야 합니다. 그렇게 해야 아이는 신나서 한 줄이라도 더 씁니다.

문제는 학년이 올라가도 맞춤법을 자주 틀리는 아이들이 많다는 겁니다. 저학년과 다른 점이라면 이 아이들은 당당하지 못하고 자꾸 위축됩니다. 고학년인데 여전히 '내가'와 '네가'를 구별하지 못하고, '안다/앉다/않다'와 '낳다/낫다'를 엉뚱한 곳에 써서 의미가 달라집니다. 발음은 비슷하지만 뜻이 전혀 다르기 때문입니다. 오해가 생길 수 있으므로 조심스레 고쳐주는데, 이마저도 반복되면 아이는 자꾸 주눅이 듭니다.

이런 이유로 3~4학년인데 기본적인 맞춤법과 띄어쓰기를 몰라 애를 먹는다면 맞춤법 공부를 따로 시작해야 합니다. 내 생각을 글로 표현해야 할 일이 부쩍 많아지고 또 중요해지는 시기이기 때문입니다.

실제로 아이들의 수행 평가지와 글쓰기 공책을 보면 정말 난감한 맞춤법이 자주 등장합니다. '헷갈릴 법도 하지' 수준이 아니라 '어? 어떻게 이 단어를 이렇게 쓰지?' 할 정도로 놀라운 맞춤법입니다. '그레서' 정도는 귀여운 수준이고 '지구온나나'나 '일해라절해라' 같은 단어도 심심찮게 나옵니다.

# 맞춤법을 어려워하는 이유

제가 교직 생활을 시작한 15년 전과 비교하면 확실히 요즘 아이들이 맞춤법과 띄어쓰기를 힘들어합니다. 다른 과목 공부를 제법 하는 아이조차 예외는 아닙니다.

도대체 어떤 아이들이, 무엇 때문에 맞춤법을 어려워하는 걸까요? 책을 많이 읽으면 맞춤법은 알아서 고쳐진다고 여기는데 그것도 아닙니다. 분명 책을 많이 읽는데도 맞춤법을 어려워하는 아이가 많습니다. 난감하지요? 어떻게 해야 할까요? 먼저 아이들이 왜 맞춤법을 어려워하는지 찾아보겠습니다.

### 글보다 영상이 익숙한 세대입니다

부모 세대와 아이 세대까지 가지 않아도 됩니다. 지금 20대와 10대는 또 다른 세대입니다. 지금 초등학생은 태어났을 때부터 스마트폰과 태블릿PC를 보면서 자란 세대입니다. 이 말은 글보다 영상이 익숙하고 편한 세대라는 말입니다. 상대적으로 글을 접하고 읽고 이해하는 경험과 기회가 줄었습니다. 소리 나는 대로 쓰는 경향이 두드러지고, '개'와 '게'처럼 발음이 비슷한 모음을 제대로 구분해서 쓰지 못합니다.

## 내 생각을 글로 써볼 기회가 많지 않습니다

학교에서는 '일기 지도'를 적극적으로 할 수 없습니다. 2005년 국가인권위원회에서 초등학교에서 일기를 강제적으로 작성하게 하고 검사하고 평가하는 건 아동의 사생활과 비밀 보장, 양심의 자유 등을 침해할 우려가 크다고 발표했기 때문입니다.

1~2학년 받아쓰기 급수제도 비슷합니다. 2018년부터 서울시교육청에서 1~2학년 교실에 '숙제 없는 학교'를 운영하면서 받아쓰기 시험도 사라졌습니다. 특히 1학년에서는 알림장 쓰기나 받아쓰기처럼 한글을 알아야 할 수 있는 교육 활동을 지양하고, 선행 학습이나 부모님의 도움이 필요한 숙제를 내지 않도록 하고 있습니다. 이런 환경에서 1학년 아이들에게 받아쓰기 시험을 보게 하기는 어렵습니다.

요즘 아이들이 맞춤법을 유난히 어려워하는 이유는 쓰기의 경험과 내 글을 쓴 이후 피드백을 받은 경험이 이전보다 줄었기 때문입니다. 문제는 학년이 올라가면서 자연스레 익숙해질 줄 알았던 한글 맞춤법이 전혀 나아지지 않고, 3~4학년이 돼도 내 말을 글로 쓰는 걸 꺼려 한다는 겁니다. 글을 쓰는 게 자신 없는 겁니다.

## 맞춤법 공부를 시작하기 전에

그럼 맞춤법을 어떻게 지도해야 할까요? 많이 읽고, 많이 써보게 해야 합니다. 책을 좋아하고 많이 읽는 아이라고 맞춤법을 잘 아는 건 아니지만 글을 적게 읽는 아이가 맞춤법을 잘 알기란 더 어렵습니다. 특히 제대로 된 글을 많이 접하지 않은 상태에서 인터넷에 떠도는 비문, 욕설, 줄임말을 먼저 접한 아이라면 '책', 적어도 맞춤법이 틀리지 않은 '글'부터 접하게 해야 합니다.

정확한 맞춤법보다 각종 축약어와 비문을 먼저 만나는 아이는 제대로 된 맞춤법을 배우기가 한층 어렵습니다. 내가 자주 듣고 본 말과 글이 훨씬 익숙하기 때문입니다. 그래서 책을 더 입력해줘야 합니다. 교과서도 좋고 다른 책도 좋습니다.

다음으로 글을 쓰게 해야 합니다. 말과 글은 자주 써야 늡니다. 어느 날 갑자기 말과 글이 느는 경우는 없고, 그렇게 나온 말과 글이 완벽할 리는 더욱 없습니다. 학교에서 적극적으로 지도하지 못하는 부분이니 꼭 채워줘야 합니다. 고학년이건 저학년이건 초등 글쓰기의 시작은 늘 일기입니다.

이 시기에 쓰는 일기는 어른들이 쓰는 일기와 조금 다릅니다. 생활문에 가깝습니다. 나만의 비밀과 은밀한 내용은 드뭅니다. 아이들이 매일 "오늘은 한 일이 없는데. 쓸 일이 없는데"라고 말하는 이유도 경험한 일을 주로 쓰기 때문입니다. 부모라면 함께 보고 늘려가도 괜찮다고 하는 이유입니다.

물론 "내 일기를 보여주기 싫어!"라고 선언하는 아이가 있을 수 있습니다. 좋습니다. 그럴 땐 일기가 아니라 '주제가 있는 글쓰기'로 바꿔주세요. "그래, 너도 많이 컸구나. 그럼 글쓰기의 형태를 좀 바꿔보자"라고 유연하게 대체해주시고 꾸준히 이어나가주세요.

저 역시 제 아이들에게 일기만큼은 꾸준히 쓰게 합니다. 날마다 빠트리지 않고 쓰게 하며, 이것이 네 역사책이라고 장황하게 설명합니다. 교실에서는 일주일에 두 번 정도 주제 글쓰기로 긴 글쓰기를 지도합니다. 당연히 처음에는 "싫은데요", "안 할래요" 합니다. 그래도 해버릇하면 어느 순간 빠져듭니다. 작은 행동도 몇 번 반복되면 습관이 되고, 습관이 되면 꾸준히 쓰기도 가능해집니다.

아이가 아홉 살 때까지는 받아쓰기를 해야 합니다. 일주일에 10문제 정도 기억하고 연습하고 확인하는 경험을 꼭 하길 권합니다. 이 시기가 맞춤법의 많은 부분을 결정하는 시기이기 때문입니다. 물론 5~6학년 아이라도 받아쓰기를 6개월 이상 꾸준히, 일주일에 한 번씩 하면 효과가 나타납니다. 하지만 5~6학년이면 공부할 과목도 늘고 과제도 많아져서 맞춤법 공부를 마음먹기 쉽지 않습니다. 상대적으로 덜 바쁘고, 이제 막 한글에 익숙해져가는 아홉 살 때까지 받아쓰기를 지속하라고 하는 이유입니다.

받아쓰기 급수를 학교에서 나누어 주지 않는다면 국어 교과서를 펴서 단원별로 마음에 드는 문장을 10개 고릅니다. 이야기가 있는 읽기 지문에서 어떤 건 겹받침이 있는 문장, 어떤 건 'ㅐ'가 들어간 문장과 같이 아이들이 헷갈려 하거나 어려워할 만한 문장을 고르면 좋습니다. 매주 금요일 저녁 엄마와 함께 확인해보자고 약속을 정해 실천하길 바랍니다.

# 맞춤법을 공부하는 방법

맞춤법 공부는 많이 읽고 많이 쓰는 게 기본입니다. 더 자세히 살펴보겠습니다.

### 글쓰기로 익히는 맞춤법

아이의 맞춤법 향상을 위해 가장 먼저 할 일은 일기 쓰기나 주제 글쓰기입니다. 물론 아이들은 어지간해서는 안 쓰려고 합니다. 그럼에도 시작할 수 있다면 해야 하고, 시작했다면 정말 잘하신 겁니다.

그런데 아이가 쓴 글을 보았더니 이건 도저히 읽을 수 없는 수준일 수 있습니다. 그래도 화를 내면 안 됩니다. 중간에 아이가 "이 단어는 어떻게 써?"라고 물어보면 그때 알려주면 그만입니다. 아이가 맞춤법을 틀리게 쓰더라도 아무 말도 안 하는 편이 낫습니다. 자기 생각을 써 내려가는데 자꾸 맞춤법을 들이대면 생각을 표현하기를 주저할 수 있습니다.

그렇다고 아예 맞춤법을 교정해주지 말라는 건 아닙니다. 적절한 피드백만 해줘야 합니다. 저는 다음과 같이 피드백하고 있습니다.

① 우선, 여러 번 말씀드린 것과 같이 아이 스스로 쓴 글을 교정할 기회를 주는 것입니다. 첫 시작은 아이가 쓴 글을 스스로 소리 내어 읽어보게 하는 것입니다. 읽다가 헷갈리는 맞춤법이 있는지, 어려운 단어가 있는지를 확인하고 동그라미 표시를 하라고 합니다.

② 아이가 헷갈린다고 표시한 단어를 찾아보게 합니다. 바로 알려주는 것보다 스스로 찾아서 알게 하는 게 좋습니다. 국어사전을 꾸준히 활용하는 아이라면 국어사전을 이용해도 좋고, 네이버나 다음에 있는 맞춤법 검사기를 활용해도 괜찮습니다. 스스로 틀린 맞춤법을 교정하는 단계입니다.

③ 몇 차례 교정하다 보면 아이가 유독 어려워하는 맞춤법 유형이 보입니다. 겹받침이 유독 안 된다거나 '되'와 '돼', '안'과 '않'처럼 자주 틀리는 부분이 보일 겁니다. 이때 유형을 설명해주면 됩니다. 맞춤법도 기본 법칙 안에서 움직이므로 그 부분만 설명해주면 됩니다.

④ 마지막으로 헷갈리는 부분의 유형과 관련된 문장을 변형하여 만들어보게 합니다. 정말 이해했고 스스로 구분해서 사용할 수 있는지 확인하는 단계입니다. 아이가 스스로 문장을 만들기 어려워한다면 그 부분이 들어간 문장을 책에서 찾아 적어도 괜찮습니다.

## 받아쓰기로 익히는 맞춤법

학교에서 받아쓰기 급수제를 한다면 그 부분을 중요하게 생각하고 열심히 할 수 있도록 집에서 함께 지도해주세요. 서울은 '숙제 없는 학교'를 운영하지만 나머지 지역은 그렇지 않으므로 받아쓰기 시험을 보는 학교라면 적극 활용해야 합니다.

일주일에 10문제 내외의 시험을 보기 위해, 대다수 아이들은 부모님과 함께 미리 연습하고 모의시험을 보고 옵니다. 문장 부호 쓰는 법, 헷갈리거나 어려웠던 단어들을 다시 생각해보고 틀린 부분은 한

번 더 연습해서 오지요. 그런 연습이 쌓이고 쌓여야 내 맞춤법이 됩니다.

간혹 "앞으로는 손으로 쓰는 것보다 타자를 칠 일이 많은데 굳이 손으로 일일이 써가며 받아쓰기에 중점을 두는 것이 중요한가요?"라고 묻는 부모님도 있습니다. 아이들이 우리가 자랄 때와는 사뭇 다른 세상을 살고 있는 게 맞지만 손으로 잘 적지 못하는 것을 타자로 잘 표현하는 것이 가능할까요?

더불어 연필을 바른 자세로 쥐고 글씨를 쓰는 연습은 아이가 타자를 칠 때보다 훨씬 더 많은 힘을 들이고 섬세하게 해야 하는 작업입니다. 아이의 두뇌 발달에도 효과적이지요. 받아쓰기를 시작하세요. 맞춤법은 기본입니다. 저학년 때 기본을 잘 다져두어야 내 생각을 표현하는 데 위축되지 않습니다.

## 필사로 익히는 맞춤법

아이가 고학년인데 받아쓰기가 웬 말이냐며 부끄럽다고 협조하지 않는다면(사실 5~6학년도 맞춤법 문제가 심각해서 아이들과 함께 교실에서 진행하기도 합니다) 필사를 권합니다.

한 글자 한 글자를 보고 따라 적는 경험을 통해, 맞춤법이 제대로 된 글을 읽고 쓸 수 있습니다. 눈으로 보고 따라 적는 필사는 글의 내용을 기억하는 데 효과적일뿐더러 좋은 글귀를 천천히 마음속에 새기기에도 좋은 독서 방법입니다. 시중에는 필사 책이 많이 나와있습니다. 서점에 들러 표지가 예쁜 것, 제목이 마음에 드는 것, 글귀가 좋은 것 등 내 마음에 드는 책 한 권과 예쁘고 칸이 넓은 공책 한 권을 사가지고 오길 권합니다.

## 수업과 잇는 맞춤법 공부 시기

맞춤법은 학교에서도 배웁니다. 초등학교 교과서에 제시된 맞춤법 학습 시기와 내용을 살펴보면 다음과 같습니다. 초등학생 시기에 꼭 알고 넘어가야 할 원칙인데, 이 정도만 알아도 글을 읽고 이해하고 쓰는 데 전혀 문제가 없습니다.

| 학년 - 학기 | 단원 | 학습 내용 |
|---|---|---|
| 1-1 | 전체 | • 자음, 모음, 받침, 문장 부호에 맞게 띄어 읽기 |
| 1-2 | 1 소중한 책을 소개해요 | • 낱말의 받침에 유의하며 글 쓰기<br>예: 낚시, 깎다, 묶다와 같이 'ㄲ' 받침, 'ㅆ' 받침이 같은 낱말끼리 선 잇기 |
| | 2 소리와 모양을 흉내 내요 | • 여러 가지 받침이 있는 낱말 알기<br>예: 았, 앉, 몫, 없, 끊다, 여덟, 얹다, 값, 가엾다, 괜찮아<br>• 겹받침이 들어간 낱말 익히기<br>예: ㄲ, ㄴㅈ, ㄴㅎ, ㄹㄱ, ㄹㅁ, ㄹㅂ |
| | 3 문장으로 표현해요 | • 여러 가지 받침 살펴보기<br>예: 굵, 얇, 뚫다, 젊다, 핥다, 꿇다, 넓다, 옮기다, 밝다, 읽다, 흙, 볶음밥, 삶다 |
| | 8 띄어 읽어요 | • 내용을 잘 알 수 있게 띄어 읽기<br>• 문장이 끝나는 곳에서 띄어 읽기 |

| | | |
|---|---|---|
| 2-1 | 5 낱말을 바르고 정확하게 써요 | • 소리가 비슷한 낱말이 헷갈렸던 경험 나누기<br>예: 닫히고 vs 다치고, 반듯이 vs 반드시, 식혀서 vs 시켜서 |
| | | • 소리가 비슷한 낱말의 뜻 구분하기<br>예: 거름 vs 걸음, 맞히다 vs 마치다, 깁다 vs 깊다, 달이다 vs 다리다, 이따가 vs 있다가, 늘이다 vs 느리다, 같이 vs 가치, 붙이다 vs 부치다 |
| | | • 소리가 비슷한 낱말에 주의하며 글 읽기<br>예: 같다 vs 갔다, 맞습니다 vs 맡습니다, 바칩니다 vs 받칩니다 |
| | | • 알맞은 낱말을 사용해 마음을 전하는 글 쓰기<br>예: 편지 쓰는 법 알기 |
| | | • 마음을 전하는 편지 쓰기<br>예: 편지 내용 점검하기 |
| | 7 친구들에게 알려요 | • 받침이 뒷말 첫소리가 되는 낱말 바르게 읽기<br>예: '길이, 동물원, 할아버지, 웃음, 일요일, 입에, 집으로' 처럼 '받침+ㅇ'이 오는 경우 받침이 다음 글자 ㅇ으로 옮겨져 발음이 된다는 것을 학습함 |
| 2-2 | 6 자세하게 소개해요 | • 글자와 다르게 소리 나는 낱말에 주의하며 소개하는 글 쓰기<br>예: '바람을, 깨끗이, 많이, 길에, 옆에, 그림을, 동물을'과 같이 발음과 실제 글자 모양이 다른 경우를 구별하고 소개하는 글 쓰기 |
| | 8 바르게 말해요 | • 바른말 알기<br>예: 작다 vs 적다, 잊어버리다 vs 잃어버리다, 많다 vs 크다, 가리키다 vs 가르치다 |
| | | • 소리와 글자가 다른 낱말 알기<br>예: 접시 [접씨], 주먹밥 [주먹빱], 먹고 [먹꼬] |
| 6-2 | 7 글 고쳐쓰기 | • 글을 고쳐 쓰는 방법 알기<br>예: 글 수준, 문단 수준, 문장 수준, 낱말 수준에서 글을 고쳐 쓰는 방법을 배우는데 그중 맞춤법에 맞지 않은 낱말을 확인하는 과정에서 잠깐 언급함 |

2015 개정 교육과정 국어 교과의 맞춤법 학습 내용 일부

교육과정과 교과서를 더 꼼꼼히 보면 다음과 같은 맞춤법과 관련한 특징을 발견할 수 있습니다.

① 2015 개정 교육과정 이전인 2018년까지는 고학년에서도 맞춤법 원칙을 배웠지만, 현재 교육과정에서는 1학년 2학기부터 2학년까지에 맞춤법 학습이 집중돼 있습니다. 고학년 때는 글을 쓰고 고치면서 단어의 사용이 맞춤법에 틀리지 않는지 확인하는 정도로만 짚고 갑니다. 맞춤법 공부의 황금기가 1~2학년이기 때문입니다. 1~2학년에서 공부하는 맞춤법을 보면, 가장 기본적이지만 아이들이 아직도 어려워하는 겹받침을 사용하는 다양한 단어를 배우고, 소리는 비슷한데 전혀 다른 뜻인 단어를 구분해 쓰는 걸 배웁니다.

② 이전 교육과정에서는 맞춤법을 문법 영역으로 여겨 규칙을 설명하고 적용하는 방식으로 학습했습니다. 그러나 현재의 교육과정에서는 아이들이 '생활' 속에서 직접 접하는 단어들을 '소리'에 기준을 두어 유사한 단어의 뜻을 구별하는 데 중점을 두고 학습합니다. 즉, 규칙이 아니라 구분으로 학습하는 겁니다. 그렇다고 맞춤법 학습량이 줄어든 건 아닙니다. 1~4학년 보조 교과서인 국어 활동에 '기초 다지기'가 나오는데 매 단원이 끝나는 곳마다 단어를 읽는 법과 둘 중 적당한 단어를 고르는 내용이 나와있습니다. 맞춤법을 집중해서 배우는 학년이 있고, 이후로는 꾸준히 생활에서 익숙해질 수 있게 반복하도록 교과서를 구성한 셈입니다. 5~6학년에는 국어 활동이 없고, 한 학기에 국어 (가)와 (나)만 있기 때문에 해당되지 않습니다. 1~4학년 국어 활동의 단원 마무리 1쪽 '기초 다지기'를 잘 활용하기 바랍니다.

③ 맞춤법이 항상 글쓰기와 연계되어 나옵니다. 1학년 2학기부터 책 소개 글,

편지글, 안내장 쓰기 준비 과정으로 맞춤법을 배웁니다. 맞춤법이 중요한 이유 중 하나도 글쓰기를 통해 생각을 정확하기 전달하기 위해서입니다. 따라서 맞춤법만 따로 아는 것은 의미가 없습니다. 맞춤법은 실과 바늘처럼 글쓰기와 항상 함께 가는 존재입니다. 특히 고학년은 본인이 글을 쓰고 고칠 때 맞춤법을 활용해야 합니다. 반대로 생각하면 맞춤법 내용을 기억하고 적용하는 데 가장 효과적인 방법은 글을 써보고, 스스로 고쳐보는 활동입니다.

## 맞춤법 공부에 도움이 되는 책과 사이트

많이 읽고, 많이 쓴다는 기본 방향과 글쓰기, 받아쓰기, 필사 같은 구체적인 방법을 실천하는 데 도움을 받을 수 있는 책과 사이트를 소개하겠습니다. 중학년 이상 아이 중 맞춤법을 너무 힘들어하는 아이들에게 《기적의 받아쓰기》를 보게 한 적이 있는데 많은 도움을 받았습니다.

| 종류 | 설명 |
|---|---|
| 찬찬 한글 | • 한국교육과정평가원에서 2019년 한글 고유의 특성과 원리를 초등학교 저학년 수준에 맞게 가르치기 위해 개발한 한글 해득 교재<br>• 2020년 인천광역시교육청이 34차시 교재 내용을 영상으로 제작하여 유튜브에서 시청할 수 있게 하였다.<br>• '찬찬 한글' 학생용 교재 내려받기 : [기초학력향상지원사이트 꾸꾸] - [학습자료] - [국어]<br>• 사이트 내 '찬찬 한글' 진단 도구를 통해 한글 해득 수준을 확인할 수 있다.<br>• '찬찬 한글'을 전자책으로 볼 수 있는 곳 : [경남교육사이버도서관] - [정기간행물] - [기타] - [찬찬한글] |
| 《기적의 받아쓰기》 3, 4권 | • 총 4권으로 이루어진 받아쓰기 교재로 초등학교 저학년 아이들이 가장 많이 사용하는 받아쓰기 교재 중 하나다.<br>• 초등 중학년 이상으로 맞춤법을 어려워하는 아이라면 연음법칙, 된소리, 겹받침 등이 나오는 3, 4권만 다시 보아도 괜찮다. |
| 네이버 맞춤법 검사기 | • 네이버 맞춤법 검사기로 검색 또는 [네이버] - [국어사전] - [맞춤법] 검색<br>• 헷갈리는 단어의 맞춤법이나 문장에서 적절한 단어를 알려주고, 500자 이내의 글에서 맞춤법이 틀린 부분을 고쳐준다. 내가 쓴 글을 퇴고하거나 모르는 단어가 있을 때 사용할 수 있다. |
| 다음 맞춤법 검사기 | • [다음] - [어학 사전] - [맞춤법 검사기]<br>• 1000자까지 글을 입력하여 수정할 수 있다.<br>• 다음이나 네이버의 맞춤법 검사기는 기능적인 부분에서 차이가 없으니 편한 것으로 사용하면 된다. |

맞춤법 공부에 도움이 되는 책과 사이트

# 05

## 문법,
## 초등에서도 배웁니다

국어에서 '문법'은 무얼 말하는 걸까요? 앞서 이야기한 단어의 짜임이나 맞춤법도 문법이고, 어휘를 늘리기 위한 다양한 방법 또한 단어 활용과 관련된 내용이므로 문법입니다. 넓히자면 한도 끝도 없이 넓어지는 게 문법이지만 이 책에서는 문법을 높임 표현, 품사, 문장 성분, 문장 호응, 띄어쓰기 기본 원칙과 같이 초등학교 4~6학년 교과서에 나오고 배우는 내용을 중심으로 이야기하겠습니다.

교과서에 나오는 문법은 보통 어색한 문장을 찾아보고 자연스럽게 바꾸어보는 형태로 제시되는 문제들입니다. 맞춤법이 2학년

1학기에 중점적으로 나온다면, 문법은 5학년 1학기 4단원 '글쓰기의 과정'에 집중적으로 나옵니다. 국어의 문장을 이루는 성분, 품사, 시제, 수동과 피동, 서술어와 주어의 호응, 높임 표현에 관한 내용입니다.

5학년 교과서에 나오는 이 내용은 중학교와 고등학교에서 품사, 문장 성분의 이름으로 계속 다루어집니다. 초등학교 교과서에서 이 부분을 어떻게 다루는지, 아이들이 어느 정도의 수준과 내용으로 공부하고 알고 있어야 하는지 살펴보겠습니다.

## 문장 구성 성분 이야기

국어 5학년 1학기 4단원 '글쓰기의 과정'에 나온 내용을 살펴보겠습니다. 문장을 구성하려면 주어, 목적어, 서술어가 필요한데, 목적어는 있을 수도 있고 없을 수도 있으며, '주어-(목적어)-서술어' 순서로 쓴다고 나옵니다. 교과서에서 표현한 대로 문장 성분을 정리해보면 다음과 같습니다.

문장에서 동작이나 상태의 주체가 되는 말을 **주어**라고 하고, 주어의 움직임, 상태, 성질 따위를 풀이하는 말을 **서술어**라고 해요. 그리고 문장에서 동작의 대상이 되는 말을 **목적어**라고 해요.

국어 5학년 1학기 4단원 '글쓰기의 과정' 중에서

다음으로 그림을 보고 문장을 완성하면서 자연스럽게 문장 성분을 파악할 수 있도록 합니다(㉮ - 주어, ㉯ - 서술어, ㉰ - 목적어).

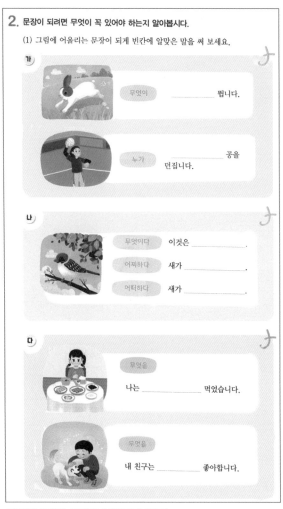

**2.** 문장이 되려면 무엇이 꼭 있어야 하는지 알아봅시다.

(1) 그림에 어울리는 문장이 되게 빈칸에 알맞은 말을 써 보세요.

국어 5학년 1학기 4단원 '글쓰기의 과정' 중에서

다음으로 문장에서 반드시 들어가야 할 부분과 들어가지 않아도
되는 부분을 구별하게 합니다.

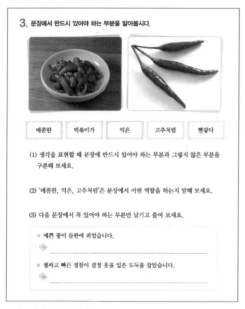

위 첫 번째 그림에서는 '떡볶이가(주어) 빨갛다(어떠하다)'가 문장에
꼭 필요한 성분이고, 나머지 '매콤한, 익은, 고추처럼'은 꼭 있어야 하
는 단어가 아닙니다. 이 단어를 걷어내고 뜻을 이해할 수 있으려면
문장의 구성이 한눈에 잘 보여야 합니다. 반대로 글쓰기를 연습할
때는 기본 구성에 꾸며주는 말을 하나씩 넣는 식으로 문장을 풍부하
게 만들 수 있습니다.

아이들은 긴 문장 속에서 문장의 기본 구성이 되는 주어와 목적어, 서술어를 구별하고, 나머지 단어는 좀 더 실감나게 표현하기 위한 보조 도구가 된다는 걸 배웁니다. 이 구분은 긴 호흡으로 문장을 읽을 때도 중요합니다. 문장이 조금 길어지면 아이들의 이해도가 확 떨어지는데, 그건 어려운 단어 탓이기도 하지만 무엇이 어떻다는 걸 한번에 이해하지 못해서기도 합니다.

## 문장의 호응 관계

3학년 1학기 3단원 '알맞은 높임 표현'과 5학년 1학기 4단원 '글쓰기의 과정'에 나온 내용을 살펴보겠습니다. 문장에서 앞에 어떤 말이 오고 그 말과 짝인 말이 반드시 뒤따라오는 것을 '호응'이라고 합니다. 다음 몇 개의 문장을 보고 무엇이 어색한지 한번 찾아보세요. 실제 교과서에 있는 예시문입니다.

- 숲속에서 다람쥐와 새가 지저귑니다.
- 어젯밤에 비와 바람이 세차게 불었습니다.
- 하늘에 구름과 별이 반짝입니다.
- 나는 동생보다 키와 몸무게가 더 무겁다.

어색한 부분을 찾았나요? 언뜻 살펴보면 다 맞는 것 같고 그냥 지나칠 법도 한 문장 아닌가요? 위 예시는 교과서에서 '주어'와 '서술어'의 호응이 맞지 않다고 제시되는 예입니다.

### 주어와 서술어의 호응

첫 번째 문장을 살펴보겠습니다. 주어는 '다람쥐와 새'입니다. 서술어는 '지저귑니다'이죠. 그런데 새는 지저귀는 게 맞지만 다람쥐는 지저귀기에는 좀 무리가 있네요. 이렇게 주어를 2개 이상 연결해서 쓰면 서술어와 호응이 되지 않는 주어가 생기기도 합니다. 이럴 때는 각 주어에 맞는 서술어를 각각 사용해야 합니다. 위 문장이라면 '숲속에서 다람쥐가 뛰어놀고 새가 지저귑니다.'와 같이 바꿔야 자연스럽습니다. 문장을 길게 썼을 때 자주 틀리는 부분입니다.

글이나 말에서 내 생각과 감정을 좀 더 명확하게 전달하려면 기본적인 문법을 잘 알아두어야 합니다. 주어가 2개 이상인 문장을 쓸 때 서술어와 호응이 이루어지는지 잘 살펴보게 지도하고, 되도록 한 문장에는 주어와 서술어를 하나씩만 써야 간결해진다고 알려주길 권합니다.

두 번째 문장은 대개 의심 없이 넘어가는 문장입니다. 저 역시 거부감이 생기지 않는 걸 보면 평소 자주 본 문장이거나 쓴 문장이 아닐까 싶습니다. 그러나 저 문장도 문법에 맞지 않은 문장입니다. '어젯밤에 비가 내리고 바람이 세차게 불었습니다.'라고 해야겠죠.

## 동작을 하는/당하는 주어와 서술어의 호응

주어와 서술어의 관계를 나타낼 때 주어가 동작을 하는 것인지 당하는 것인지 구별하여 서술어를 써야 합니다. '업다 - 업히다'의 관계에서 업는 것은 내가 누군가를 업는 것, 업히는 것은 누군가 나를 업는 상황에서 나는 업혀 있는 것입니다. 물건이나 사람이 무언가를 하는 때인지 당하는 때인지 확인하고 서술어를 써야 합니다.

다음은 교과서 예시입니다. 왼쪽 예에서는 바다가 '본 게 아니라 보인 것'입니다. 오른쪽 예에서는 '동생이' 주어이므로 '누나에게 업혔다'가 맞고, '도둑'이 주어이므로 '경찰에게 잡혔다'가 맞습니다. 반대로 '누나'와 '경찰'이 주어라면 '업었다'와 '잡았다'로 써야 합니다.

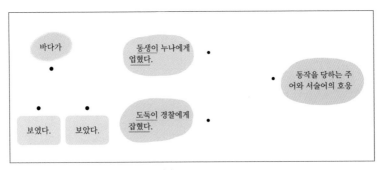

국어 5학년 1학기 4단원 '글쓰기의 과정' 중에서

## 시간을 나타내는 말과 서술어의 호응

'어제, 오늘, 내일, 작년, 내가 유치원에 다닐 때, 내가 어른이 된다면'처럼 문장 안에 시간을 알려주는 단어와 구절이 있다면 서술어도 시간과 어울리게 써야 합니다. '어제'는 과거 이야기를 할 때 쓰는 말이므로 서술어도 과거를 나타내는 '~였다'와 '~했다'처럼 써야 합니다. 짧은 문장은 쉽지만 문장이 조금만 길어져도 아이들은 서술어 호응을 놓칩니다. 실제로 처음에 썼던 '시간'을 잊고 서술어를 현재형으로 끝내는 아이들이 많습니다.

## 높임의 대상을 나타내는 말과 서술어의 호응

3학년 1학기 3단원 '알맞은 높임 표현' 단원에서는 높임을 표현하는 방법과 잘못된 높임 표현의 예시에 대해 배웁니다. 높임을 표현하는 방법은 다음과 같습니다.

- '-습니다' 또는 '요'를 써서 문장을 끝맺습니다.
- 높임을 나타내는 '-시-'를 넣습니다.
- 높임의 대상에게 '께서'나 '께'를 사용합니다.
- 높임의 뜻이 있는 특별한 단어를 사용합니다.

읽어보면 누구나 알고 있고 어렵지 않은 표현입니다. 하지만 현실에서는 물건이나 사물을 높여 부르거나 높임의 대상을 잘 못 써 내가 도리어 높아지곤 합니다.

> · 이 구두는 특별 할인 제품이시고요.
> · 주문하신 아메리카노 나오셨습니다.
> · 그 핸드폰은 매진되셨어요.

각 문장의 주어는 '구두', '아메리카노', '핸드폰'입니다. 따라서 '이 구두는 특별 할인 제품입니다.', '주문하신 아메리카노 나왔습니다.', '그 핸드폰은 매진되었습니다.'라고 표현해야 합니다. 상점에서 손님을 높이는 표현인 줄 알고 잘못 사용하는 문법의 예입니다.

물건을 높이는 표현은 사람을 높이는 표현이 아닙니다. '화장실은 이쪽이세요', '할인이 적용되셨어요', '이 구두는 굽이 높으셔서', '제품은 20,000원이세요'와 같은 표현 역시 사물을 높인 잘못된 표현입니다.

마지막으로, 웃어른 말씀을 전달하는 상황에서 쓰는 높임법에 대해 이야기하겠습니다. 아이들이 가장 헷갈려 하는 부분입니다. 우리 엄마가 한 이야기를 옆집 아주머님께 전달할 때, 선생님께 들은 이야기를 다른 친구에게 전달할 때, 행동의 주체가 누군지를 파악하고 어떤 부분을 높여야 하는지를 생각해야 합니다. 이 부분 또한 3학년 1학기 3단원에 나옵니다.

교과서 예시를 보겠습니다. 다음은 선생님께서 부탁한 내용을 친구에게 전달하는 과정입니다. '선생님이 너 오시래.'라고 이야기하면 오는 대상인 친구를 높이는 상황이 됩니다. 선생님을 높이고, 친구는 높이지 않아야 하므로 '선생님께서 너 오라고 하셔.'가 맞고 '오라고 하셔'를 줄여 '오라서'를 사용해도 괜찮습니다.

국어 3학년 1학기 3단원 '알맞은 높임 표현 ' 중에서

다음은 엄마가 옆집 어른께 김치를 갖다 드리라고 심부름을 보낸 상황입니다. 옆집 어른에게 가서 전달할 때 '어머니께서 갖다주래요.'라고 이야기한다면 어머니는 높이고 옆집 어른은 높이지 않는 상황이 됩니다. '어머니께서 갖다드리래요.'라고 말해야 맞습니다. 심

부름 다녀온 상황을 엄마에게 전달할 때도 '옆집 어른이 고맙다고 했어.'가 아닌 '옆집 어른께서 고맙다고 하셨어.'라고 해야 정확한 높임 표현이 됩니다.

국어 3학년 1학기3단원 '알맞은 높은 표현' 중에서

간단한 높임 표현 방법부터 잘못된 높임 표현, 말을 전달하는 과정의 정확한 높임 표현 사용하기까지가 3학년 수업에서 배우는 내용입니다. 5학년에서는 문장 내용 중 높임 표현에 이상이 없는지 확인하고 스스로 고칠 수 있도록 합니다.

### 호응을 이루는 관용구

'만약'이라는 단어를 사용했다면 그 구절은 '~라면', '~다면'과 같이 짝을 이루는 표현과 함께 사용해야 의미가 매끄럽습니다. 이전 교육과정에서는 나왔는데 이번 교육과정에서 사라진 내용이 있습니다. 그중 하나가 부정의 뜻을 가진 서술어와 호응하는 단어입니다.

| | |
|---|---|
| 비록 | '~지라도', '~지마는'과 같은 어미가 붙는 말과 함께 쓴다. |
| 결코<br>전혀<br>별로 | '아니다', '없다'와 같이 부정의 뜻을 가진 말과 함께 쓴다. |

# 띄어쓰기 기본 원칙

혹시 박규빈 작가의 《왜 띄어 써야 돼?》라는 그림책을 본 적 있나요? 저학년 아이들과 띄어쓰기 수업을 할 때 자주 활용하는 그림책입니다. 아이가 저학년이라면 함께 읽어보기에 좋습니다. 깔깔거리며 재미있게 읽을 수 있으면서도 띄어쓰기가 왜 중요한지, 띄어 쓰거나 띄어 쓰지 않을 때 어떻게 뜻이 달라질 수 있는지 알 수 있습니다. 이 그림책에 나온 띄어쓰기 사례는 다음과 같습니다.

| | | |
|---|---|---|
| 엄마는 서울 시어머니 합창단 | ⇒ | 엄마는 서울시 어머니 합창단 |
| 아버지 가죽을 먹습니다. | ⇒ | 아버지가 죽을 먹습니다. |
| 관계자 외출 입 금지 | ⇒ | 관계자 외 출입 금지 |
| 선생님은 이 상하다. | ⇒ | 선생님은 이상하다. |

글자를 다 맞게 써도 띄어쓰기에 따라서 의미가 완전히 달라질 수 있습니다. '오늘밤나무사온다.'는 띄어쓰기에 따라 문장이 세 가지로 바뀔 수 있습니다.

① 오늘밤 나무 사온다.
② 오늘 밤나무 사온다.
③ 오늘밤 나 무 사온다.

띄어쓰기에 대한 몇 가지 규정을 살펴보겠습니다. 교과서에서 안내하는 것이니 아이들이 최소한 이 정도만이라도 지킬 수 있으면 좋겠습니다(2009 개정 교육과정 국어 5학년 1학기 5단원, 현재 국어 활동 4학년 1학기 3, 5, 7단원 '기초 다지기').

① 여러 가지 예나 사실을 늘어놓거나 두 말을 이어주는 '등, 대, 및, 겸'은 띄어 써야 합니다.

| 등 | 국어, 수학, 영어 등 | 및 | 독서 및 글쓰기 |
|---|---|---|---|
| 대 | 오늘 발야구는 1반과 3반이 7 대 6 | 겸 | 놀이터 겸 비밀 공간 |

② 단위를 나타내는 낱말은 띄어 써야 합니다.

| 살 | 동생은 여덟 살입니다. | 마리 | 강아지 다섯 마리 |
|---|---|---|---|
| 자루 | 연필 열두 자루 | 곳 | 어젯밤 모기한테 세 곳이나 물렸다. |

③ 앞에 꾸며주는 말 없이는 혼자서 쓸 수 없는 '것', '수', '적', '줄', '만큼', '대로', '뿐'은 띄어 씁니다. 단, '만큼', '대로', '뿐'은 이름이나 수를 나타내는 단어 뒤에서는 붙여 씁니다.

| 것 | 그 길은 공사 중이니 조심할 것 | 만큼 | 노력한 만큼 얻게 될 거야. |
|---|---|---|---|
| 수 | 할 수 있어요. | | 집만큼 편한 곳도 없어. |
| | | 대로 | 될 수 있는 대로 빨리 오세요. |
| 적 | 비행기를 타 본 적이 없기 때문에 | | 설명서대로 따라 해 보자. |
| | | 뿐 | 소문으로만 들었을 뿐이에요. |
| 줄 | 그것을 할 줄 아는구나. | | 너 하나뿐이야. |

지금 살펴본 문법 영역의 기본 목표 또한 말이나 글을 통한 의사소통에서 내 의견을 정확하게 전달하는 데 있습니다. 이 부분을 외우는 게 중요한 것이 아니라 내 글에 적용하여 글을 발전시키는 데 목적이 있습니다. 아이가 맞춤법과 문법을 어려워한다면 교과서를 먼저 활용하길 권합니다. 3~4학년 국어 활동 교과서면 충분합니다. '기초 다지기' 부분만 따로 복사해서 모아 하나의 책자로 사용해도 좋습니다.

'기초 다지기'를 기본 교재로 삼은 후 아이가 쓴 글 중에서 하나를 골라봅니다. 아이에게 빨간 펜을 주고 자신의 글을 스스로 점검해보게 합니다. 지금 막 쓴 글을 난도질당하면 기분이 좋지 않으니 이전 학년에서 쓴 일기 글 등이 있다면 그것을 활용해도 좋습니다. 고학년 수업에서는 노래 가사를 활용하여 문법에 맞지 않는 부분 찾기 활동을 진행하기도 합니다. 아이가 스스로 피드백해볼 글이 필요하니 가능하면 아이가 쓴 글이 더 좋습니다.

스스로 어떤 부분이 약한지 확인하는 것이야말로 가장 빠른 교정법입니다. 하나를 찾을 때마다 보물찾기에서 보물을 찾은 것처럼 점수를 부여하는 것도 좋은 방법입니다. 아이가 많이 틀릴수록 부끄러워할 게 아니라 맞춤법을 교정할 수 있는 기회라 여길 수 있도록 칭찬하고 격려해주세요.

**자주 틀리는 맞춤법과 문법**

국립국어원 홈페이지에 들어가면 '한국어 어문 규범https://kornorms.korean.go.kr
- 한글 맞춤법 규정(총 6개 장, 57항)'에 맞춤법과 관련된 기본 규칙이 모두 정리되
어 있습니다. 한글 어문 규정집 및 한글 맞춤법 표준어 규정 해설 파일을 출력하여
1부 두고 읽어보길 권합니다.

### 1 | '안'과 '않' 구별하기

서술어를 꾸며줄 때는 '안'을 쓰고 '~지'와 함께 서술어를 이룰 때에는 '않'을 씁니다.

• 밥을 안 먹을 겁니다. → 밥을 먹지 않을 겁니다.

• 지금은 비가 안 옵니다. → 지금은 비가 오지 않습니다.

• 지금 안 할 거면 쉬었다가 하세요. → 지금 하지 않을 거면 쉬었다가 하세요.

### 2 | '되'와 '돼' 구별하기

• 됩니다, 되다: 다른 것으로 바뀌거나 변하다.

• 뱁니다: 단어 없음. '돼'는 '되어'의 줄임말

　　되어서 → 돼서

　　되어라 → 돼라

　　되었다 → 됐다

• 안 돼(O), 안 되(X)

　　'되'는 단독으로 쓸 수 없습니다. '되니, 되고, 되어서, 되다'와 같이 뒤에 어미를 붙
　　여서 사용해야 합니다. '돼'는 '되어'의 줄임말이므로 '안 돼'라고 쓰는 것은 가능합
　　니다.

• 안 되지(O), 안 돼지(X)

　　'되'는 단독으로 쓸 수 없고, 뒤에 어미를 하나만 붙여서 사용할 수 있습니다. '안+
　　되+지'는 가능하지만 '안+되+어+지'는 어말어미가 '어'와 '지' 2개이므로 불가능

합니다. 따라서 나는 '아이돌이 되고 싶다'가 맞고, '나는 아이돌이 돼고(되+어+고) 싶다'는 틀립니다.

## 3 | '이'와 '히' 구별하기

'~하다'를 붙일 수 있는 단어 뒤에는 '히', 붙일 수 없는 단어 뒤에는 '이'를 씁니다.

- ~이 : 같이, 많이, 높이
- ~히 : 과감히(과감하다), 분명히(분명하다), 나란히(나란하다), 고요히(고요하다), 말끔히(말끔하다), 적절히(적절하다)

## 4 | '든지'와 '던지' 구별하기

- 든지 : 나열된 동작이나 상태, 대상들 중 어느 것이나 선택될 수 있음을 나타내는 연결어미
  예) 집에 가든지 학교에 가든지, 노래를 부르든지 춤을 추든지, 먹든지 말든지
- 던지 : 과거의 일 또는 지나간 일을 회상할 때나 어떤 일이 과거에 완료되지 않고 중단되었다는 의미를 나타낼 때 쓰는 연결어미
  예) 얼마나 시끄럽던지, 어찌나 춥던지

## 5. '장이'와 '쟁이' 구별하기

- 장이 : 그것과 관련된 기술을 가진 사람
  예) 대장장이, 옹기장이, 양복장이
- 쟁이 : 그것이 나타내는 속성을 많이 가진 사람
  예) 떼쟁이, 욕심쟁이, 심술쟁이, 겁쟁이, 멋쟁이

## 참고 문헌

- 교육부(2015). 2015 개정 교육과정
- 문화체육관광부(2020). 2019년 국민 독서실태 조사.
- 초등학교 3-6학년 국어 교과서. 교육부
- 초등학교 3-6학년 국어 교사용 지도서. 교육부
- 초등학교 3-6학년 수학 교과서. 교육부
- 초등학교 3-6학년 사회 교과서. 교육부
- 초등학교 3-6학년 과학 교과서. 교육부


- 김영환, 이성인, 이현아(2013). 초등학생의 학습만화 선호 성향이 국어어휘력에 주는 영향 분석. 교육정보미디어연구 제19권 3호
- 신명선(2003). 국어 사고 도구어 교육 연구. 서울대학교
- 양정실(2016). 초등학교 교과서의 어휘 실태 분석 연구. 한국교육과정평가원
- 이삼형(2017). 국어 기초 어휘 선정 및 어휘 등급화를 위한 기초 연구. 국립국어원
- 이삼형(2020). 국어 기초 어휘 선정 및 어휘 등급화 연구. 국립국어원
- 이영신 외(2018). 미디어 이용 시간 및 부모의 상호작용에 따른 아동의 어휘력 차이. 열린부모교육연구 10권 1호.


- SBS스페셜제작팀(2010). 밥상머리의 작은 기적. 리더스북
- 권영애(2018). 자존감, 효능감을 만드는 버츄프로젝트 수업. 아름다운사람들
- 김윤정(2016). 친구에게. 국민서관
- 김지영(2021). 내 마음 ㅅㅅㅎ. 사계절

- 마셜 B.로젠버그(2017). 비폭력대화. 한국NVC센터
- 박성우(2017). 아홉 살 마음 사전. 창비
- 밤코(2019). 모모모모모. 향
- 백희나(2017). 알사탕. 책읽는곰
- 사이다(2017). 고구마구마. 반달
- 스티븐 크라센(2013). 크라센의 읽기 혁명. 르네상스
- 안녕달(2015). 수박수영장. 창비
- 연세대학교 언어정보개발연구원(2020). 동아 연세 초등 국어사전(2020 개정판). 동아
- 이가령(2014). 이가령 선생님의 싱싱글쓰기. 지식프레임
- 이영근(2020). 영근 샘의 글쓰기 수업. 에듀니티
- 이현아(2020). 그림책 한 권의 힘. 카시오페아
- 전광진(2020). 속뜻풀이 초등국어사전. 속뜻사전교육출판사
- 진수경(2018). 뭔가 특별한 아저씨. 천개의바람
- 짐 트렐리즈(2012). 하루 15분 책읽어주기의 힘. 북라인
- 최승필(2018). 공부머리 독서법. 책구루
- 토박이 사전 편찬실(2018). 보리국어사전. 보리

## 참고 기사

- MIT News. "Back-and-forth exchanges boost children's brain response to language"(2018. 02. 13.)

- EBS 〈당신의 문해력〉 https://home.ebs.co.kr/yourliteracy
- EBS 〈지식채널e〉 https://jisike.ebs.co.kr
- EBS 초등 https://primary.ebs.co.kr/main/primary
- SBS 스페셜 〈난독시대- 책 한번 읽어볼까?〉
  https://programs.sbs.co.kr/culture/sbsspecial
- SBS 일요특선 〈당신의 아이는 무엇을 보고 듣고 있나요?〉
  https://programs.sbs.co.kr/culture/sundaydocum/vod/52376/22000380299
- 국립국어원 표준국어대사전 https://stdict.korean.go.kr
- 그림책 박물관 http://www.picturebook-museum.com
- 내가 그린 꿈 https://blog.naver.com/reporter_gg
- 내 친구 서울 https://kids.seoul.go.kr
- 부크크 https://www.bookk.co.kr
- 초등한자공부 5분 한자
  https://www.youtube.com/playlist?list=PL6ZqXU6Jpq32zhgUmfv9DzbpZ
  etHTuoAz
- 한국검인정교과서협회 http://www.ktbook.com
- 한국어기초사전 https://krdict.korean.go.kr
- 한자왕 주몽 http://www.imbc.com/broad/tv/ent/h_jumong